国家自然科学基金面上项目（51974125）
河北省教育厅科学技术研究项目（BJK2022067）

不明采空区对矿井水害影响综合判定研究

主　编　秦洪岩
副主编　李　洋　苏　礼　曹艺钟　乔　宁

中国矿业大学出版社
·徐州·

内容提要

本书主要采用现场踏查、理论分析、现场实测等手段研究不明采空区对矿井水害的影响，基于煤层最小间距、煤层导水裂隙带最大高度、煤层底板最大破裂带深度和保护层厚度等主要影响因素，提出上部煤层采空区积水对下部煤层开采危险性的判定方法及准则。同时，依据井口位置、采出煤量、最小揭煤距离和井底存在积水等情况的调查结果，建立早期小矿采空区位置、开采范围和积水情况的推测方法，并基于井下瞬变电磁法的基本原理和特点，提出基于煤层交线和拟视电阻率断面图的采空区解释方法。

本书可供从事矿山开采的技术人员参考，也可供水文地质、采矿等相关专业的师生参考。

图书在版编目(CIP)数据

不明采空区对矿井水害影响综合判定研究 / 秦洪岩主编. — 徐州 ：中国矿业大学出版社，2024.1

ISBN 978 - 7 - 5646 - 6147 - 2

Ⅰ. ①不… Ⅱ. ①秦… Ⅲ. ①采空区—影响—煤矿—矿山水灾—研究 Ⅳ. ①TD745

中国国家版本馆 CIP 数据核字(2024)第 036803 号

书　　名 不明采空区对矿井水害影响综合判定研究
主　　编 秦洪岩
责任编辑 章　毅
出版发行 中国矿业大学出版社有限责任公司
(江苏省徐州市解放南路　邮编 221008)
营销热线 (0516)83885370　83884103
出版服务 (0516)83995789　83884920
网　　址 http://www.cumtp.com　**E-mail**:cumtpvip@cumtp.com
印　　刷 苏州市古得堡数码印刷有限公司
开　　本 787 mm×1092 mm　1/16　**印张** 14.5　**字数** 284 千字
版次印次 2024 年 1 月第 1 版　2024 年 1 月第 1 次印刷
定　　价 58.00 元

前 言

水害是影响矿山安全生产的重大灾害之一，尤其是未探明的采空区积水，这使得下部煤层开采存在着极大的隐患。随着煤矿开采时间的久远及近年来乡镇煤矿的整合，采空区积水已成为煤矿透水事故的主要诱因，约有70%的矿井透水事故是采空区积水引起的。采空积水区积存于生产开拓水平以上，以静储量为主，水量集中，一旦揭露突然溃出，具有很大的冲击力和破坏力，对生产安全危害极大，对排水能力较小的矿井，还容易造成淹井等问题。

本书以大同煤矿集团临汾宏大胜利煤业有限公司(以下简称胜利煤矿)不明采空积水区为研究对象，建立胜利煤矿各煤层开采覆岩和底板变形破坏的分析模型，并结合经验公式法和数值模拟法得出各煤层各分区导水裂隙带高度和底板破裂带深度的最大可能值；根据各煤层与最近上部含水层间距和导水裂隙带高度，得出各分区煤层的采空区均为充水区，都有积水存在可能性的结论。

首先，基于煤层最小间距、煤层导水裂隙带最大高度、煤层底板最大破裂带深度和保护层厚度等主要影响因素，提出上部煤层采空区积水对下部煤层开采危险性的判定方法及准则，并对2#煤层和6#煤层各分区采空区积水对10#煤层开采的危险性进行判定。结果表明，2#煤层各分区积水的危险性分别属于原岩渗透型和近似原岩渗透型，而6#煤层各分区积水的危险性皆为突水型，对10#煤层构成严重威胁。

其次，依据井口位置、采出煤量、最小揭煤距离和井底存在积水等情况调查结果，建立早期小矿采空区位置、开采范围和积水情况的推测方法，并对6#煤层各早期小矿的采空区位置、开采范围和积水情况进行推测，分别得出6#煤层的点、线、面采空区推测结果。同时，根据瞬变电磁法的基本原理和地面物探结果的特点，提出推断采空积水区边界的解释方法。采用该方法对 $6^{\#}$ 煤层的采空积水区进行推测，得出探测区内 $6^{\#}$ 煤层共存在3个采空积水区的结果。

最后，基于井下瞬变电磁法的基本原理和特点，提出基于煤层交线和拟视电阻率断面图的采空区解释方法，并分别采用井下物探和井下钻探对地面物探和小矿推测结果进行验证分析。结果表明，地面物探测得的采空积水区范围具有较高的可靠性，不明采空区的推测结果对于进一步的探测具有重要的参考价值。

在本书编写过程中得到了王猛副教授、张大明副教授、张峰副教授等给予的支持和指导，在此表示真挚的谢意。书中如有不妥之处，恳请广大读者批评指正。

编者

2023年5月

目　录

第 1 章　绪论 ······ 1
1.1　研究背景及意义 ······ 1
1.2　国内外研究现状 ······ 2

第 2 章　矿井概况及周边矿井与小煤窑踏查情况 ······ 17
2.1　矿井概况 ······ 17
2.2　井田开拓 ······ 25

第 3 章　矿井充水因素分析及井田区域划分 ······ 27
3.1　矿井充水因素分析 ······ 27
3.2　井田区域划分 ······ 28

第 4 章　不明采空区及积水的判定 ······ 39
4.1　小窑踏查判定分析 ······ 39
4.2　井下物探判定分析 ······ 52

第 5 章　地面物探方案设计及实施 ······ 129
5.1　工程布置 ······ 129
5.2　试验工作参数确定 ······ 131
5.3　GPS 定点定线测量工作 ······ 134
5.4　完成工作量与质量评价 ······ 137

第 6 章　地面物探测试数据处理及采空区特征分析 ······ 142
6.1　地面物探测试数据分析 ······ 142
6.2　采空积水区判定 ······ 143
6.3　探测资料分析解释方法 ······ 146
6.4　探测资料分析解释 ······ 147

6.5 采空积水区确定 …… 200

第7章 井下探放水及矿井水水质分析 …… 202

7.1 井下探放水 …… 202

7.2 矿井水水质分析 …… 208

第8章 采空积水区综合判定 …… 216

8.1 采空积水区验证分析 …… 216

8.2 采空积水区积水情况判定 …… 217

参考文献 …… 222

第1章 绪 论

1.1 研究背景及意义

安全生产是煤矿企业永恒的主题，是实现企业可持续、健康稳定发展的前提条件。过去许多小煤矿和煤窑乱采乱掘，严重破坏了资源赋存状况，在采掘过程中没有保留下来采掘资料，甚至最基本的井上井下对照图和采掘工程平面图都没有，且多采用刀柱式开采方法，小窑开采积水不出井，多存于井下，因此形成了许多不明采空积水区。随着煤矿开采深度的增大，下部煤层多采用综合机械化开采，采用全部垮落法管理顶板有时上覆采空区积水灌入下部采掘空间，巷道掘进有时掘通积水区、导水裂隙带或者断层破裂带构造，造成透水事故。因此，必须在开采前对小窑、古窑、采空区积水的危险进行判定、勘查和治理，否则将导致重大安全事故的发生。

近几年来，山西煤矿就发生过多起类似透水事故。如 2010 年 3 月 28 日王家岭煤矿透水事故，造成 38 人死亡、115 人受伤，直接经济损失约 4 937.29 万元。该矿井田范围内小窑开采历史悠久，井田内及附近共有 18 个小煤矿。在未按照设计要求完成 201 盘区三维地震勘探，未查明老窑采空区位置和范围、积水，建设、施工和井下物探单位未严格执行《煤矿防治水规定》并对物探成果进行认真审查，对探测出的异常现象没有按照设计要求预留 20 m 进行钻探验证的情况下，且在发现透水征兆后未及时采取撤出井下作业人员等果断措施，导致老空区积水透出，造成 +583.168 m 标高以下的巷道被淹和人员伤亡。再如，2013 年 9 月 28 日山西焦煤集团有限责任公司汾西矿业集团正升煤业发生的死亡 10 人的“9 · 28”透水事故，2015 年 4 月 19 日大同煤矿集团有限责任公司姜家湾煤矿发生的死亡 21 人的透水事故等。不明采空区积水是目前众多煤矿面临的重大安全隐患。

胜利煤矿是兼并重组整合后形成的矿井，设计生产能力为 60 万 t/a，主要开采位于最下部的 10# 煤层。重组之前，在井田内及其周边星罗棋布着 40 多个开采年代不同的早期关闭的小矿井，从而形成了许多位置、范围和积水情况不明的采空区，特别是上部煤层的积水采空区，对 10# 煤层的安全开采构成了巨大的隐患。

为了确保安全生产，确定上部煤层采空区积水对10#煤层开采的威胁程度和探明构成威胁的不明采空区位置、范围和积水情况是胜利煤矿的当务之急。本书将依据胜利煤矿的现状，以首采区和各早期小矿为主要研究对象，选择适合的理论及方法分析上部煤层采空区积水对10#煤层开采构成的威胁，并结合多种技术手段和分析方式，探索出一套不明采空区位置、范围和积水情况的探测分析方法，对井田内具有危险性的不明采空区进行探测分析。研究成果将对矿井的防治水方案具有理论指导意义和实际应用价值，同时也可供其他有类似情况的矿井借鉴。

1.2 国内外研究现状

1.2.1 导水裂隙带发育高度研究现状

1.2.1.1 国外研究现状

国外很早就对导水裂隙带发育高度进行了研究，并制定了一些相关的规程和规定。

英国煤管局认为水体下采煤时，顶板拉伸破坏和上覆岩层厚度尤为重要。1968年颁布了海下采煤条例相关规定，在海下采煤时，深部采用长壁法开采，上覆岩层最小厚度为105 m，而且必须有厚度为61 m、夹有页岩的含煤地层，煤层允许最大采厚为1.7 m，深厚比为61∶1[1]。

苏联于1973年发布了确定导水裂隙带高度的方法，1981年颁布了有关水体下开采的规程。这些规定要求根据覆岩中黏土层厚度、煤厚、重复采动等条件的变化来确定安全采深。但这些规定大多是统计经验而没有深入的理论和方法研究。俄罗斯沿用苏联的规定，有隔水层时，防水煤岩柱高度为采高的20～40倍；无隔水层时，依照覆岩中不同性质岩层的比例取采高的20～60倍。

美国把在地表大型水体下的安全采深定为采高的60倍，另外，对煤柱回收提出了不同水文地质条件下应采用的不同方案。

日本国土面积比较小，国内资源比较匮乏，其水体下开采主要为海下采煤，日本曾经有11个矿井进行过海下采煤，海下的水患防治措施严密，安全规程根据冲积层的组成与赋存厚度规定了允许与禁止开采的情况，开采煤层到海底要留设最小高度为100 m的防水煤岩柱。

波兰对安全煤柱的高度也做了规定：在含水体下的煤层露头处应留设防水安全煤柱，其高度为开采煤层厚度的8倍，最小垂直厚度为20 m[2]。

西德学者克拉茨（H.Kratzsch）（1961）总结概括了煤矿开采沉陷的预计方

法，并发表《采动损害及其防护》一文。

匈牙利采矿专家还提出了因采动引起的回采松动带高度的计算公式：

$$h = CM(1 - \eta_0) \tag{1-1}$$

式中 h——回采松动带高度，包括采空区、冒落带及裂隙带总高度，m。

η_0——充填率，%。

M——采高，m。

C——松动系数，单层长壁陷落法，取 25；单层长壁充填法、多层冒落法，取 20；多分层充填法，取 15。

匈牙利专家认为，不同岩石的隔水阻水作用不同，可选定一种标准隔水岩层（石），再将其他岩石与其对比，换算成质量等效系数，计算出具体条件下各种岩石组成的相对隔水层厚度（r），其计算式为：

$$r = \frac{\sum m\sigma - \alpha}{p} \tag{1-2}$$

式中 r——相对隔水层厚度，m/Pa；

m——水体与开采煤层间各种岩层的厚度，m；

α——不可靠相对隔水层厚度，确定防水煤柱尺寸时，$\alpha = 10$ m；

σ——每种岩石与标准岩石相比较的质量等效系数；

p——地下水水压力，Pa。

2013 年，孟加拉国巴拉普库利亚煤矿针对基岩强含水层水体下安全开采问题，在分析该矿 1204 工作面具体地质条件与开采条件基础上，利用钻孔冲洗液漏失量观测法对该工作面覆岩破坏高度进行了现场探测[3]，确定了工作面开采后导水裂隙带发育高度，并通过矿井各工作面开采涌水量分析对探测结果进行了验证。同时应用快速拉格朗日分析法（FLAC3D）数值模拟方法，模拟计算了首分层和二分层开采覆岩最大导水裂隙带高度[4]，并与经验公式计算结果进行对比分析，综合确定首分层开采覆岩最大导水裂隙带高度为 65 m，裂采比为 21.67，并给出了中硬顶板条件下分层综采导水裂隙带发育高度的计算公式。

1.2.1.2 国内研究现状

目前，国内确定导水裂隙带高度的方法主要有 7 类：第一类是经验公式法；第二类是物理模拟法；第三类是数值模拟法；第四类是现场实测法；第五类是现代数学预测法；第六类是力学模型计算法；第七类是综合预计法。

(1) 经验公式法

在由原煤炭工业局（现已撤销）制定的《建筑物、水体、铁路及主要井巷煤柱留设与压煤开采规程》中，根据煤层倾角和覆岩岩性分别列出了两种计算公式。经验公式法概念明确，简单易求，但每个矿区的具体地质条件、开采条件、采煤方法都不尽相同，所以得出的结果一般只作为参考数据，需结合其他方法来综合判定。

有些矿区结合自身的采煤经验，建立简单的经验公式，如经验裂采比，即导水裂隙带高度与采厚的比值。这种经验公式只能作为参考。

(2) 物理模拟法

物理模拟就是用相似材料建立模型进行模拟。该方法需要在研究开采煤层覆岩破坏的工程地质模型基础上，结合矿区地质结构特点和上覆岩层的物理力学性质参数，用相似材料建立上覆岩层的实体模型。这一模型可以模拟不同地质采矿条件下开采过程中的覆岩破坏规律和高度，并与其他方法得到的结果进行对比分析，建立导水裂隙带发育高度计算模型。

刘新河等[5]在对申家庄矿导水裂隙带高度进行研究时，采用相似材料模拟技术，以位于水体下的申家庄矿 2 号矿体 2201 采区为原型建立了相似模型，模拟分析了覆岩的移动和破坏规律，得出了导水裂隙带发育高度。

(3) 数值模拟法

煤层开采引起的上覆岩层破坏实际上是一个渐进的过程，具有一定的规律性。由于监测手段的局限，现场实测和物理模拟都不能获取覆岩破坏过程中的充足信息，而数值模拟则填补了这一不足。随着计算机技术的发展，数值模拟成了过程分析的有效手段。数值模拟法主要包括有限元方法和离散元方法，有限元方法是迄今为止在应力和变形分析方面最为成熟的方法之一。

刘红元等[6]在研究采动影响下覆岩破坏的动态发展过程中，应用自行开发的岩层破断过程分析系统(RFPA^{2D})模拟了煤层开挖岩梁悬露后在重力作用下发生离层、弯曲、沉降、端部和中部开裂直至冒落的全过程，再现了采动影响下覆岩破坏的动态发展过程。

近期发展起来的 FLAC 已被程序化、实用化，其基本原理类似离散单元法。陈建杰等[7]运用数值模拟的方法对 1930 煤矿导水裂隙带高度进行了预测，得出了模拟区内开采的最大裂隙带高度为 83 m。通过钻孔实测得出的值与模拟预测值大致相同，说明将该方法应用于导水裂隙带高度预测中，能够取得较为满意的效果。

(4) 现场实测法

① 注水试验法

注水试验法是采用钻孔双端封堵测漏装置探测垮落带和裂隙带高度的一种探测方法。该方法既可以在井下采区附近巷道或硐室内向采煤工作面采空区上方打小口径孔探测，也可以在观测煤层上方已掘进的专用巷道内向下打钻进行探测。

20世纪90年代中期，山东科技大学与肥城矿业集团合作采用钻孔双端封堵测漏装置，首次在井下垂孔中成功地测出了杨庄煤矿8608工作面开采后的导水裂隙带发育高度[8]。随后在鲍店煤矿、兴隆庄煤矿等矿井也得到成功应用。

② 高密度电阻率法

高密度电阻率法的基本原理是利用岩体结构破坏前后产生的电阻率差异，探测导水裂隙带的发育范围。对于地下一定的岩体，采动以前电阻率是一个定值。采动以后，由于岩石破裂改变了原生岩体结构，同时温度和湿度也发生变化，电阻率随之发生变化。因此，测量同一岩体在不同时间内的电阻率变化，就可能判断岩体的形变程度，确定煤层顶板裂隙带高度。

河北邢台矿业集团东庞矿采用高密度、高分辨电阻率法对2101采空区覆岩垮落带、裂隙带、弯曲下沉带(以下简称“三带”)发育情况进行了测试[9]。通过对11个剖面采空区“三带”物探预测图的分析和视电阻率拟断面等值线分析，获得了“三带”的发育高度。

大柳塔煤矿采用电法仪对12610综采工作面导水裂隙带进行了探测，获得的导水裂隙带发育高度范围为45～50 m[10]。

③ 超声成像法

超声成像法是使用超声成像数控测井仪对钻孔进行扫描，扫描获得的孔壁图像和曲线直接显示和反映了覆岩破坏和裂隙发育情况，并可用于判断导水裂隙带发育高度。

淮南某矿区煤层开采后导水裂隙带高度的确定是以地面钻探为主，利用超声成像技术进行了辅助探测，从得到的图像中可清楚观测到覆岩破坏带发育高度，避免了钻探的误判[11]。

④ 声波CT层析成像法

这是一种用人工激发的声波，通过被检测介质的传播，利用传感器接收探测数据，依据一定的物理和数学关系反演物体内部物理量的分布，最后得到清晰的、不重叠的分布图像的物探技术。由于岩石的声波传递速度与岩石的物理力学性质有显著的相关性，声波波速与岩石的抗压强度成正比，波速大说明岩体强度高，岩体完整性好；反之，则说明岩体完整性差。因此，将声波层析成像的波速切面与地质剖面进行对比，可得出岩体破坏范围。

在淮南孔集矿－250 m水平西二、西四采区A组煤试采过程中，1998年3月和1999年12月分别进行了声波CT探测试验，探明了A组煤采后工作面顶板岩层导水裂隙带高度和底板岩层破坏深度[12]。

⑤ 微地震(MS)监测法

地下岩石由于人为因素或自然因素发生变形破坏时，会产生一种微弱的地震波向周围传播。利用在空间上不同方位设置的微地震传感器，可以接收和记录这些微地震波的到达时间、传播方向等信息，通过相关计算确定岩石破裂点（面），即震源的空间位置。根据震源的空间位置和频度，确定覆岩裂隙带和导水裂隙带的高度。

李凤琴等[13]利用微地震监测技术监测到岩石破裂的两种破坏形式：剪切破裂和张性破裂，并依此初步判断所监测的范围内是否存在导水裂隙带，并将这一技术在华丰煤矿进行了应用，解释结果与钻孔观测结果十分接近。

（5）现代数学预测法

① 人工神经网络预测法

人工神经网络（ANN）简称神经网络，是基于现代生物学研究人脑组织的成果基础上，用大量的处理单元广泛连接成复杂网络，进而模拟人脑的学习、记忆、推理、归纳能力，为解决复杂问题提供了一种简单有效的方法。由于矿区水文地质条件的特殊性和复杂性，很难用准确的数学模型对矿井开采后形成的导水裂隙带高度进行描述，而比较可行的方法就是利用分析矿区导水裂隙带高度的观测资料建立矿井导水裂隙带的发育规律与矿区地质及水文地质条件之间的映射关系。反向传播（BP）神经网络恰好具有这方面的优势，不需要建立精确的数学模型，就能够实现从输入空间到输出空间的非线性映射。因此 BP 神经网络可用于矿井导水裂隙带高度发育规律的预测。

李振华等[14]分析归纳出采深、煤层倾角、煤层厚度、煤层硬度、岩层结构、顶板岩石单轴抗压强度、开采厚度和采空区斜长是影响导水裂隙带高度的主要因素。根据全国典型案例建立基于 BP 神经网络的导水裂隙带高度预测模型，确定了 BP 神经网络所需的输入样本和测试样本，运用 MATLAB 软件对网络进行训练，得到优化的网络模型，并利用建立的模型预测了焦作煤业集团赵固一矿 11011 工作面导水裂隙带高度。

② 层次分析法（AHP）

AHP 法是 20 世纪 70 年代由美国运筹学家托马斯·萨蒂（Thomas L. Saaty）提出的，经过近半个世纪的发展已经成为一种比较成熟的解决多目标复杂问题的有效方法。其基本原理是对评价系统的各种要素分解成目标层、中间层和决策层，逐层分析形成一个从上到下的递阶层次关系。

杨国勇等[15]从开采厚度、开采深度、工作面斜长、岩石抗压强度、岩层组合特征等因素进行分析，采用层次分析法研究影响因素的权重，采用模糊聚类分析法对 10 个工作面的导水裂隙带发育高度进行了聚类，研究所得结果与经验值和实测值基本一致，为预测煤层顶板裂隙带发育高度提供了一种新的方法。

③ 支持向量机（SVM）法

SVM是V.N.Vapnik领导的AT&T Bell实验室研究小组在1995年提出的一种新的、非常有潜力的分类技术，SVM是一种基于统计学习理论的模式识别方法，主要应用于模式识别领域，SVM与神经网络类似，都是学习型的机制，但与神经网络不同的是，SVM使用的是数学方法和优化技术。

谭希鹏等[16]以采高、顶板覆岩强度以及开采方式作为特征因子，建立了导水裂隙带发育高度回归模型。利用该模型预测了谢桥1121工作面及白庄7507工作面导水裂隙带发育高度。结果表明：运用SVM回归模型预测导水裂隙带发育高度具有较好的可行性。

④ 趋势面分析法

趋势面分析法是以多元回归分析理论作为基础的一种统计方法。其基本原理是运用最小二乘法将离散变量拟合成一个光滑的数学曲面，用以表述因变量与自变量之间的关系及变化趋势。

陈凯等[17]选取采高、硬岩岩性比例系数、斜长、采深和推进速度等影响因子作为影响导水裂隙带发育高度的关键因素，以20例综采工作面导水裂隙带发育高度实测数据为基础，根据趋势面分析理论和方法，建立了导水裂隙带发育高度的趋势面分析预测模型。

(6) 力学模型计算法

① 关键层法

煤层开采引起的导水裂隙演化与采动岩层破断运动有关。采动岩层破断运动受关键层的控制，导水裂隙演化必然受关键层结构的影响。因此，研究基于关键层理论的导水裂隙带高度预计方法，可以充分体现具体开采条件下覆岩关键层结构特征，避免对顶板岩性进行统计均化的不足，降低了预计误差。

卜万奎[18]针对不同关键层位置导水裂隙带发育高度不同的问题，在关键层理论模型框架内，考虑岩层的分层力学性质变化，建立了采场覆岩的力学模型。并运用RFPA^{2D}进行数值模拟，对顶板导水裂隙带发育高度随关键层位置的变化进行了分析，得出当关键层位置在0～60 m范围内由低到高增加时，导水裂隙带高度有减小的趋势，证明了关键层位置对导水裂隙带高度有控制作用。

② 其他力学模型

桂和荣等[19]在重点模拟大采高条件下覆岩低抗拉特性的基础上，建立了“大采高FEM-NTA耦合模型”。在淮南矿业集团新集矿应用该模型对导水裂隙带高度进行了预测，预测裂采比为10.60～10.85。经钻探验证，预测精度较为理想。

施龙青等[20]针对大采深条件下工作面覆岩运动的特点，基于采场顶板“上四带”划分理论，推导出了考虑开采厚度、开采深度、工作面跨度、岩石力学性质、岩层组合特征、含水层水压等因素的导水裂隙带理论计算公式。

(7) 综合预计法

综合预计法是结合两种及两种以上方法预测导水裂隙带的方法。蒋庄煤矿通过分析工作面地质条件，在覆岩破坏发育高度经验公式预测的基础上，选择井下仰上孔观测方法，施工了一个采前孔与两个采后孔，进行了注水漏失量观测。通过分析采前、采后注水漏失量随钻孔深度变化曲线，获得了导水裂缝带发育高度[21]。

榆阳煤矿分别采用了经验公式法、数值模拟法、现场钻探和试验方法对延安组 3# 煤层覆岩导水裂隙带发育高度进行了研究。研究结果表明，实际的导水裂隙带高度明显大于计算得到的数值，而数值模拟的冒落带高度和导水裂隙带发育高度得到了现场实测结果的验证，两者结果基本吻合[22]。

1.2.2 采空区及其积水探测技术研究现状

目前，国内外对于采空区及其积水探查的方法主要以采矿情况调查、工程钻探、地球物理探测为主，以变形观测、水文试验等为辅。美国等西方发达国家以物探法为主[23-24]。

1.2.2.1 国外研究现状

矿山物探包含很多种分支方法，根据其自身具有不同的原理，可分为地震法、电法和电磁法三类[25]。地震法类主要包括地面高分辨率二维和三维地震勘探、横波及多波多分量地震勘探、井下高分辨率地震勘探、槽波地震勘探、面波(瑞利波)地震勘探、岩体声波探测和微地震探测。电法类包括直流电法和交流电法。直流电法利用的场源有人工和天然两种。利用人工场源的直流电法主要有电阻率剖面法、电阻率测深法、充电法、直流激发极化法等。利用天然场源的直流电法有自然电场法等。交流电法主要指频率测深法，还包括电测深法(地面电测深法、顶底板电测深法)、电剖面法、高密度电阻率法和偶极法等。电磁法类主要包括无线电透视法、矿山雷达法、天然交变电场法以及瞬变电磁法等。

(1) 物探法

① 电法

电法勘探主要以岩石电性差异为基础，通过测量分析地下电场分布变化规律来研究矿区地质问题。更准确地说，它主要是利用采空区与围岩的电性差异来研究采空区的形态及分布。

该方法基于常规电阻率法勘探原理并利用多路转换器的供电，测量电极的自动转换，配合常规电阻率的测量方法及电阻率成像等先进技术进行高分辨、高效率电法勘探[26]。它是通过程控式多路电极转换器选择不同的电极组合方式和不同的极距间隔，用供电电极向地下供直流电(或超低频)电流，同时测量电极间观测电势差，并计算出视电阻率。各电极同时或不同时沿选定的测线按规定的电距间隔移动，可预先人工打好电极，仪器自动切换，快速完成野外数据的采集。高密度电阻率法集中了电阻率剖面法和测深法的优点，观测工作简单，工效高，采集的信息量大。当采空区存在积水时，电法勘探能取得较好的效果。电阻率法早期广泛应用于溶洞的探测，由于其具有较好的垂向分辨率，取得了较好的应用效果。在20世纪80年代初，该法开始用于探测煤矿采空区[27]。

在美国的采空区探测中，电法、电磁法和地震法都得到较为充分的应用，并且处于世界先进水平。其中，高密度电阻率法、高分辨率地震勘探技术尤为突出。这些技术由美国陆军和矿产管理局联合开发，最初在20世纪70年代用于越南战场搜寻地道等军事掩体，后经理论上的深入研究和探测方法上的不断完善，于20世纪80年代开始用于矿山开采中的地下废巷道的探测[28]。20世纪60年代，苏联在顿巴斯煤矿采用直流电法探测巷道间小构造，取得了成功。近年来，国外高密度电法仪器发展飞快，测量道数从单通道发展到多通道，科研样机的通道数已达512，观测参数从单一的视电阻率发展到视电阻率、自然电位和激电等多参数观测。高密度电法仪器主要有瑞典ABEM公司研发的Terrameter SAS 4000和SAS 1000、美国AGI公司研发的SuperSting R8/IP和SuperStingR1/IP以及加拿大先达利公司推出的SARIS-Scintrex Automated Resistivity Imaging System。就当前技术而言，高密度电法的有效探测深度已达到100 m，最大探测深度可达150 m[29]。

② 地震法

地震法是利用地下介质弹性和密度的差异，通过观测和分析人工地震产生的地震波在地下的传播规律，推断地下岩层性质和形态的地球物理勘探方法。地震法是实施钻探前勘测石油与天然气资源的重要手段，在煤田和工程地质勘查、区域地质研究和地壳研究等方面也得到广泛应用。对于一般土层，其有效探测深度为40 m，对基岩的有效探测深度不超过100 m，可以探测出尺寸大于埋深1/10的洞穴。地震法基于射线走势的运动学原理，能够对地震波的时间场进行准确观测，因此具有探测精度较高、探测深度易实现、多解性较少等优势。国外通常用来进行地下采空区探测的地震法主要有瑞利波法、地震折射波法、高分辨率反射波法和地震CT法等。

美国早期采用地震折射波法，在野外用扇形折射排列来探测浅部采空塌陷区，并取得了较好的效果。但由于其探测深度浅、受地表影响较大，而逐渐被高分辨率反射波法所取代。20世纪80年代，美国开始采用高分辨率反射波法，结合钻孔资料，来探测高速公路下伏采空区的分布范围及其顶底板的状态，在堪萨斯州、匹兹堡、科罗拉多州等地区都取得了良好的效果，近年来也多利用该法所产生的绕射波来准确测定位于花岗岩内铁路隧道的埋深和位置，由此可见，该法也可以用于探测地表浅部坚硬围岩中的巷道和采空区。

槽波地震勘探是利用在煤层中激发和传播的导波来探查煤层不连续性。煤矿井下槽波地震技术具有完整的理论基础，F.F.Evison 于 1955 年在新西兰煤矿首次发现煤层间的波导现象，1963 年德国 T.C.Krey 在理论上和实践中证明了煤层中槽波的存在[30]。20 世纪 80 年代，槽波地震探测方法已发展成熟，并以其高成功率、高实用性，获得了业界的广泛好评。英国在 1987 年还研发了钻孔槽波法[31]。同时，德国和匈牙利也先后研制成功多款型号的防爆矿用槽波地震仪[32]。

③ 电磁法

用于采空区探测的电磁法主要有地面地质雷达、孔中地质雷达、瞬变电磁法、甚低频电磁法、钻孔无线电透视等[33]。由于电磁法具有快速、方便、高效率、低成本等优点，适用于采空区大范围探测，大致圈定地下采空区的位置和分布范围。地质雷达、瞬变电磁和钻孔无线电透视是电磁法中几种新的探测技术，目前在地下采空区的探测中应用较为广泛。

瞬变电磁(TEM)法是近年来发展快速并得到广泛应用的一种时间域电磁勘探方法，可以探测到较大深度的采空区，其探测条件、精度与电法类似。纵观整个瞬变电磁法探测技术的发展历程，苏联早在 20 世纪 50 年代就基本建立了瞬变电磁法的解释理论和野外施工方法，欧美各国也于 20 世纪 70 年代开始大规模研究和应用该方法，但用于采空区的探测很少[34]。20 世纪 80 年代以后随着计算机技术的发展，国内外学者在 TEM 正演模拟和反演解释等基础理论以及应用方面做了大量的工作，使瞬变电磁勘探理论日趋完善。美国的 N.R.Garg 等在瞬变电磁近似反演方面做了大量研究工作，他们利用空间和时间滤波延拓的方法圈定出了 TEM 测区内异常体的大致位置；美国的 C.T.Barnett 认为，如果围岩的电阻率很高，目标体可以看作被隔离的导体，在地表观测到的不同延迟时间的瞬变二次场是由薄板导体内不同感应等效电流线圈产生的，为此，采用最小二乘法反演了不同延迟时间的感应等效电流线圈的位置、大小及方向，从而获得薄板导体的几何参数。美国的 A.King 利用瞬变电磁技术进行了成功找煤；E.A.Quincy 及 D.F.Moore 以瞬变电磁法为研究基础探查了美国怀俄明州的煤矿自燃形成的采空区[35]。

近年来地质雷达技术方面发展迅猛，地质雷达在美国、瑞典、加拿大等国已成为探测地下空洞的一种有效方法，具有很高的分辨率，可以较准确地确定地下采空区的深度和位置，但探测深度较浅，一般在 30 m 以内[36]。

(2) 微重力勘探法

微重力勘探是应用高精度重力仪(10 μGal 级)测量上覆松散介质密度值与下伏完整稳定岩层密度值,通过重力场的变化规律来推测接触带的深度、形状、微弱层厚度、完整基岩分布。空洞(人防、采空、岩溶、陷落柱)及其影响带与周围完整岩土体存在密度值差异,会产生相应的重力异常,通过异常规律来推测空洞的产状要素和几何形状[37]。它不受电磁场等人为干扰、接地条件的影响及工作场地大小等因素的限制,且具有工作方法简单、效率高、成本低等特点,对埋深浅、探测目标微小的采空区和溶洞具有较好的分辨能力,能够弥补其他物探法的不足,特别是与其他工程地球物理勘探方法(如工程电法勘探、工程地震勘探等方法)相配合,能取得更为理想的效果。

微重力勘探早期在美国、法国、波兰等国主要用于寻找油气田、地热资源等[38]。重力勘探是在20世纪初由研究地球重力场的需要发展起来的。20世纪30年代后期,琼恩证明用垂直重力测量法能很有效地进行岩石密度测定[39]。20世纪50年代,哈默和史密斯首先论证了地下重力测量法的潜在价值。泰森、鲍涅米斯玛和斯特克勒创立了垂直重力梯度测量法[40]。20世纪60年代,艾格米森证实了地面重力图未能发现的构造在地下重力图上能容易地被辨认出来。20世纪70年代以来,随着高精度微伽重力仪的出现,应用微重力法成功解决工程勘察中某些地质构造问题的试验研究成果陆续发表。仅在近几年,微重力勘探才逐渐被用于探测岩溶、煤矿采空区、陷落柱等。

(3) 放射性勘探

放射性勘探又称放射性测量或“伽马法”。地壳内天然放射性元素衰变放出的α、β、γ射线,穿过物质时,将产生游离、荧光等特殊的物理现象,人们根据放射性射线的物理性质利用专门仪器(如辐射仪、射气仪等),通过测量放射性元素的射线强度或射气浓度来寻找放射性矿床以及解决有关地质问题,也是寻找与放射性元素共生的稀有元素、稀土元素以及多金属元素矿床的辅助手段。放射性物探法有γ测量、辐射取样、γ测井、射气测量、径迹测量和物理分析等。放射性勘探的主要缺点是探测深度有限,必须与其他地质工作配合进行[41]。

1932年,加拿大的沃格特(W. Voget)首次使用装有盖革计数器的野外辐射仪。1949年,美国普林格尔(R.W.Pringle)和劳洛顿(K. I.Rouloton)试制成功了第一批闪烁式野外辐射仪,并在加拿大阿萨巴斯卡湖附近的铀矿区试验成功[42]。1944年,航空放射性测量开始实验性飞行。1949年,美国、加拿大和英国开始设计航空闪烁辐射仪,1950年开始大量生产。20世纪60年代后期,美国、英国、加拿大、日本等国家开始采用汽车γ能谱测量[43]。20世纪70年代,测氡技术有了新的发展。1979年,卡德和贝尔将金属片或塑料埋于地下,聚集土壤中放射气体的沉淀物并取得了很有意义的结果,自此开创了大规模应用放射性测量的先河[44-45]。其由于简单灵活、成本低、灵敏度高，并能发现微弱的放射性异常，受到各国地质工作者的青睐。在苏联、美国等国家，科学家们利用放射性测量来查明地下采空区的平面分布位置。

近 20 年来，伴随着计算机技术的快速发展，日本在工程物探与检测方面进行了大量的研究、试验及应用，物探法成为工程建设中必不可少的技术手段。日本目前是世界上工程物探与检测技术最先进的国家。他们用于工程物探与检测的主要方法有折射法地震勘探、浅层反射法地震勘探、电法勘探、电磁法勘探、地质雷达勘探、放射性勘探、速度、电法、密度测井、VSP 与 TSP 勘探等 17 种方法，其中应用最广泛、精度较高、效果较好的是前 5 种方法。特别是日本 VIC 公司，其于 20 世纪 80 年代开发研制的 GR-810 型佐藤式全自动地下勘探机，在采空区、岩溶等空洞探测中应用效果良好，且后续推出的一系列产品都处于国际领先水平[46]。欧洲一些国家工程物探技术也较全面，在采空区的探测上，俄罗斯多采用电法、瞬变电磁法、地震反射波法、井间电磁波透射、射气测量技术等，英、法等国以地质雷达方法应用较多，微重力法、浅层地震法也有使用。虽然目前物探法已发展得较为成熟，但也有其不足之处，如多解性、间接性以及误差性等，这些都会影响探测结果的准确性。

1.2.2.2 国内研究现状

我国采空区的探测采用以钻探为主、其他方法为辅的方式进行。目前，我国对于不明采空区及其积水的探测和推断主要有以下几种方法。

(1) 资料调查分析法

在分析、预测采掘工作面可能遇到的采空区积水问题时，要结合上部煤层开采的实际水文地质资料，分析研究工作面水文地质情况，从而更准确地了解采掘区域的情况。当发现有突水隐患时，有针对性地提出并实施预测及防治措施。在采掘上下 2 个煤层时，详细记录上层煤开采工作面的水文地质情况并填绘到矿井充水性图上，这样，在采掘下部煤层时能够参照并分析水文地质特征，根据分析所得到的结果及时地预测、预报，并采取井下或者地面探放方法消除积水隐患。在实践中，煤层采空区的低洼处易形成老空区积水，可利用煤层底板等高线图，推测和探放上层煤的积水区，消除开采下层煤时的突水隐患。

(2) 钻探法

钻探技术作为最基础且最为准确的采空积水区探查手段，曾经受到极大限制，但最近十几年来，国内外钻探技术有了很大发展，研制出适用于各种工作场合的钻机。目前，地面钻机和井下坑道钻机均可实现“随钻测斜，自动纠偏”。近年来，水平钻机的出现又填补了钻探方面的一个空白，提高了探放水的技术水平，扩大了应用范围。钻探技术已经能够满足对老空积水区探查的要求，但钻孔探测的成本较高。

(3) 物探法

① 电法

我国对高密度电法勘查地下采空区的研究也取得了一定的成果。朱四新[47]应用高密度电法对贵州省威宁县炉山镇煤矿采空区进行了探测，探测效果良好；薛金芳等[48]应用高密度电法对某测区进行探测，成功地圈定出测区内某煤矿旧巷道及以往采空区的具体位置和分布范围；钟韬[49]利用超高密度电法对采空区进行地球物理勘察，研究证实了超高密度电法较普通电阻率法在数据采集、数据处理、数据异常分辨率等方面的优越性。

② 地震法

近年来，我国对三维地震方法探测老窑采空区的研究和实践也比较多，三维地震方法一方面是从已知资料出发，在反射波对比的基础上，选择具有显著性的主干剖面；另一方面在剖面上，分析反射波同相轴的消失、扭曲、突变等异常现象，最后圈定出老窑采空区。

叶红星和王建文等[50-51]采用三维地震勘探方法对红柳林煤矿房柱式采煤形成的采空区进行了勘探，对探测到的地震波场进行了正演模拟，分析了不同采空区地震波振幅特征、频谱特征及绕射波对采空区地震响应的影响，利用均方根(RMS)振幅属性圈定了小煤窑采空区范围。钻探验证结果表明，利用地震属性解释采空区的应用效果良好。

③ 电磁法

在我国，对瞬变电磁法的研究始于20世纪70年代[52]，较早开展这项工作的有朴化荣、曾孝箴等[53-54]，他们将脉冲式航电仪用于地质填图和找矿中；蒋邦远[55]等将瞬变法用于普查勘探金属矿，随后又研制出了DCM-1型电磁脉冲瞬变系统；牛之琏[56]等将瞬谱电磁法用于金属矿勘探，取得了明显的成果，并与智通研究所合作研制并生产了SD-1型智能化瞬变电磁仪；朴化荣[53]用G-S逆拉氏变换法实现了电性源瞬变电磁测深的正演计算；李貅[57]用线性数字滤波技术实现了大回线源瞬变电磁测深的正演计算，并将大回线源瞬变电磁测深法广泛用于地热和地下水调查、工程调查和地质灾害调查，又将瞬变电磁法用于大地电磁测深曲线的静校正，取得了良好的效果。

中国地质科学院物化探研究所、中国有色金属工业总公司地质研究院、中南工业大学等单位相继研制了瞬变电磁仪器，深入开展了理论和技术方面的研究，获得了大量有价值的研究成果及成功的应用经验，从而推动了瞬变电磁法研究和应用的纵深发展。

20世纪80年代，牛之琏[56]较为系统、全面地介绍了瞬变电磁法原理，并在金属矿勘探方面做了一定的研究。20 世纪 90 年代，朴化荣[53]和方文藻等[58-59]系统地研究了电偶源瞬变电磁测深一维正演及视电阻率响应问题，并将瞬变电磁法应用到石油工程和水文工程领域。陈明生等[60]直接从时间域出发，应用时域有限差分(FDTD)法分析地下和地面的瞬变响应，证明了瞬变场响应的滞后现象，即异常地质体一旦引起瞬变响应，就会出现延时。肖怀宇[61]研究了瞬变电磁法三维数值模拟，在前人研究的基础上，针对地形起伏的三维地电模型，提出了 Maxwell 微分方程组的一种时间域有限差分解法。

21 世纪以来，胡承林[62]应用瞬变电磁法在岩溶地区进行面积性控制测量，在上覆低阻层条件下，通过分析视电阻率及二次场的变化，准确推断出岩溶及破碎带的分布情况。薛国强等[63]使用重迭回线瞬变电磁法对某拟建高速公路桥址进行了地下灰岩溶洞勘察，结合一维地电模型正演计算结果对资料做出了解释，查明了地下溶洞的赋存状态，探测成果得到了钻孔资料的验证。张运霞等[64]采用瞬变电磁勘探技术，查明了地表水涌入矿井的通道，划出了灰岩的岩溶裂隙富水区，从而有的放矢地实施了帷幕注浆截流治水工程。

近些年来，我国应用瞬变电磁法成功探测采空区及采空积水的案例较多，在山西、贵州、吉林、河北、内蒙古和新疆等省(自治区)的煤矿采空区探测中取得了较好的效果。陈善乐等[65]等基于瞬变电磁法探测原理，利用多匝数小回线测量装置对马坊煤矿进行了探测，从视电阻率变化、分布规律等方面对水文地质物性条件和含水异常区进行地质解释，并利用钻探对探测结果进行了验证。张江燕等[66]通过地面与井下两种瞬变电磁仪，对黔南台隆区煤矿采空区的位置及含水情况进行探测，并利用打反向钻孔与水质化验分析的方法对探测结果的准确性进行验证，证实了瞬变电磁法在该煤矿采空区探测中取得了良好的效果。解海军等[67]从理论、试验出发，研究了附加效应的特点及探测曲线特征，并根据这些特点应用该附加效应对积水采空区进行探测，取得了良好效果。

我国利用地质雷达方法探测地下采空区也取得了重要的成果。刘敦文等[68]从试验模型的角度研究了地质雷达对不同采空区充填物的反映特点，并进行了现场模拟试验，分析、识别了采空区内充填物类型及状态，证明了应用地质雷达技术可以高效、准确地探测采空区及充填情况。刘圆等[69]以某金矿探测为例，探讨了地质雷达对隐覆采空区无损探测中的应用，证明地质雷达技术是一种无损探测，其探头直接与岩石表面接触，受地形条件影响小，不受机型振动和游散电流场干扰。地质雷达探测效率高、探测周期短，其剖面能高清晰、高分辨、准确地反映地下一定深度的异常区域。

邱钰[70]以华南山区高速公路下伏的典型小煤窑采空区为研究对象，开展了地质雷达技术的应用研究，实践证明地质雷达技术对小煤窑采空区的探测效果显著，可以较为准确地圈定规模较小的采空区范围。张金才等[71]应用地质雷达对山西兴无煤矿、乌鲁木齐矿务局露天矿、平顶山矿务局三矿等十余个矿井的采空区进行了探测，并对地质雷达探测矿井和露天矿的采空区及断层露头的方法和经验进行了系统的总结。

(4) 综合物探法

虽然物探法具有探测范围大、成本低、效率高、易操作等优点，但每一种物探法均受到应用条件的限制和一些地质环境因素的影响，出现不可避免的多解性，采用单一的物探法往往很难取得预期的勘探效果，因此，形成了采用两种或两种以上互补的物探法进行勘探的工作方式，用以提高勘探成果的可靠性。

付天光[72]对神木县某煤矿采空区分布范围及积水情况进行综合物探，结果表明，瞬变电磁法有效弥补了浅层二维地震法无法判断采空区积水性的局限，充分发挥了各自的优势，提高了采空区及其积水情况的探测效果。闫长斌等[73]提出了以探地雷达和瑞利波法组合的综合探测方法，采用瑞典地质公司生产的RAMAC/GPR探地雷达和长春科技大学工程技术研究所生产的SE2404EX型综合探测仪，对甘肃省白银厂坝锌矿下伏采空区进行了探测与定位技术研究，取得了令人满意的探测结果。新疆夏阔坦煤矿综合自然电位法、磁法、高分辨率电阻率法和活性炭吸附测氡法等，结合地形地质测量、地表踏勘与测温、红外成像等方法推断老窑采空区火灾情况，探测结果为火区的治理提供了重要的技术依据。霍州煤电集团兴盛园煤矿采用矿井瞬变电磁法、探地雷达和音频电透视三种勘探方法对1-101工作面隐伏导水构造及小窑采空破坏区进行了探测，综合分析结果，为工作面的防治水工作提供了充足的地质依据[74]。

(5) 微重力勘探法

我国于20世纪80年代就开始微重力测量的试验研究工作，近几年逐渐用于岩溶、煤矿采空区、陷落柱等的探测工作。1988年，中国地震局地震研究所和兰州铁路局合作，利用微重力法有效查明了青藏铁路察尔汗盐湖区的地下溶洞。但由于微重力测量干扰因素多，如地形起伏、密度变化、表层不均匀、固体潮湿的影响等，往往很难进行准确校正，大大影响了其推广应用。微重力勘探对未塌陷的地下空洞有一定的效果，但当探测深度加大，便仅能探测到体积较大的空间。该方法与其他工程地球物理勘探方法相比，在技术和仪器等方面尚不成熟，有待进一步提高和完善。

(6) 采空区三维激光扫描法

采空区三维激光扫描法是利用激光的高精确度对地下采空区的位置、大小进行三维探测的新型方法。激光三维扫描仪能够迅速记录与观测对象有关的大量三维数据信息，具有全自动扫描、操作方便、数据处理简单等特点，同时探测人员无须进入采空区，探测精确、直观、分辨率高，三维模拟还可建立采空区的空间立体模型[75]。但由于需要钻孔，所以前期准备工作量大，探测周期较长，且容易受环境影响，探测深度有限，目前仅在金属矿山采空区得以应用，而较少在煤矿采空区及塌陷区应用。

陈凯[76]研制了一套高精度采空区三维激光扫描监测系统，可以快速、全面地扫描采空区的形态，计算采空区的体积，并对变形区域进行标示；该系统还实现了远程控制，系统测量精度高达 2 cm。杨彪[77]以三维激光探测系统为手段，综合运用 QVOL、Surpac 等软件工具，完成对铜坑矿采空区的现场精密探测并建立其三维空间模型，准确掌握采空区的三维形态、空间位置、实际边界、顶板面积及体积大小等信息，实现了对采空区相关信息的准确、有效获取。

(7) 化探法

地球化学勘探是通过系统测量天然物质的地球化学性质，发现各种类型地球化学异常的一种调查方法[78]。现有地球化学勘查方法主要是根据采样对象来分类的。如岩石地球化学测量、土壤地球化学测量、水地球化学测量、水系沉积物地球化学测量、湖积物地球化学测量、气体地球化学测量和生物地球化学勘查等。各种测量方法又因地质地理条件及选用的具体采样物质不同而发展成若干方法的变种。

在煤矿采空积水区探查中，通过水质化验、示踪试验等[79]，利用不同积水区、不同时间、不同含水层的水质差异确定水源，并评价含水层水文地质条件，确定各含水层之间的水力联系。具体技术方法包括：水化学快速检测技术、透水水源快速识别技术和连通试验[80]。

(8) 水文地质条件写实分析法

井巷地质、水文地质条件分析主要是对井下已揭露的地质与水文地质现象进行观察、测量、统计计算等分析研究，从而达到了解、掌握矿井水文地质条件的目的。常用的井巷地质、水文地质条件写实分析技术方法有：井巷地质现象与水文地质现象描述、井巷地质现象与水文地质现象摄影、矿井地质构造与裂隙测量、地质统计与地质作图等[81-82]。

用井巷地质、水文地质条件分析方法，可以直接确定采空区积水的范围、积水高度，然后计算积水量。例如，晋能控股煤业集团白洞煤业大同有限公司井田 14# 煤层东 303、东 402 老空积水区有明确的出水点标高，又可以在采掘工程平面图通过等高线划定积水范围，方法简单、准确。

第 2 章　矿井概况及周边矿井与小煤窑踏查情况

2.1　矿井概况

2.1.1　矿井交通位置

胜利煤业有限公司井田位于临汾市尧都区西北部的一平垣乡张家庄—官地—卓里村一带。井田范围由 6 个拐点连线圈定而成，大致呈一南西—北东向展布的不规则长方形，长 3.5 km，宽 1.6～2.65 km，面积为 7.145 6 km^2，批采标高为 839.96～439.96 m，拐点坐标见表 2-1。

表 2-1　矿区范围拐点坐标

点号	北京 54 坐标系(6°带)		点号	西安 80 坐标系(3°带)	
	X/m	Y/m		X/m	Y/m
1	4 015 230.00	19 539 820.00	1	4 015 181.08	37 539 750.96
2	4 014 457.00	19 540 533.00	2	4 014 408.07	37 540 463.97
3	4 013 560.00	19 540 306.00	3	4 013 511.07	37 540 236.97
4	4 011 260.00	19 539 455.00	4	4 011 211.05	19 539 385.96
5	4 012 840.00	19 537 300.00	5	4 012 791.06	19 537 230.94
6	4 014 500.00	19 538 295.00	6	4 014 451.07	19 538 225.95

自井田内卓里村向东南约 2.5 km 有公路与 329 线临(汾)—大(宁)公路相通，沿临大公路向东南约 28 km 可达南同蒲铁路临汾煤焦发运站，同时可达大(同)—运(城)高速公路及霍(县)—侯(马)一级公路，至大运高速公路最近路口约 28 km，井田北部有魏村镇到坂底的县道通过，东南方向约 5 km 可达魏村镇，矿区交通较为便利。

2.1.2 自然地理条件

2.1.2.1 地形、地貌

井田位于吕梁山南段东坡与临汾盆地的转换地带。区内以黄土残垣地形为主，沟谷较发育，切割强烈。主要梁垣、沟谷走向呈西北—东南向，总体地势西高东低，最高点位于井田西南部二十亩坡山梁上，其海拔标高为 927.25 m，最低点位于井田东南部沟谷中，其海拔标高为 674 m，相对高差 253 m。属黄土残垣侵蚀剥蚀型低山地貌。

2.1.2.2 水系

本区属黄河流域汾河水系。沟谷一般无水流，仅雨季有短期细流，大雨洪水亦排泄迅速，有水季节多沿途渗入地下，极少量汇入汾河。

2.1.2.3 气象

井田内昼夜温差大，为四季分明的温带半干旱季风型大陆气候。据临汾市尧都区气象站观测，近十年内年最低日平均气温为－15 ℃，年最高日平均气温为 30 ℃，年平均气温为 13 ℃。一月最冷，平均气温为－4.5 ℃；7 月份最热，平均气温为 26 ℃。年降水量最小为 330.2 mm，最大为 553.4 mm，多年平均降水量为 455.9 mm。降水主要集中在七月至九月。蒸发量最小为 1 503.5 mm，最大为 1 907.4 mm，多年平均为 1 717.7 mm。蒸发量约为降水量的 3.8 倍。霜冻期从当年 10 月中旬到翌年 4 月上旬，无霜期为 180～200 d。最大冻土深度为 0.62 m。年主导风向为北风及东北风，最大风速为 20.7 m/s。最大积雪厚度为 33 cm。

2.1.3 矿井地质条件

2.1.3.1 区域地层

井田位于霍西煤田西部吕梁山南段东坡一带，区内第四系黄土覆盖较广泛，地形切割强烈，陡峭的沟谷两侧和底部有基岩出露，主要地层由老到新有：奥陶系中奥陶统峰峰组，石炭系密西西比亚系本溪组、宾夕法尼亚亚系太原组，二叠系乌拉尔统山西组、下石盒子组，第四系更新统。区域地层分区属山西区长治—临汾小区，区域地层特征详见表 2-2。

2.1.3.2 矿井地质构造

井田位于霍西煤田西部，其大地构造位置位于勍香—太林南北向褶带南部之克城—南湾里复式向斜的东南部边缘地带，属勍香—太林南北向褶带与洪洞—临汾凹陷的转换交界部位，也属于马头山断裂与罗云山断裂的交会转换部位。

表 2-2　区域地层简表

地层单元				厚度/m	岩性特征
界	系	统/亚系	组		
新生界	第四系	全新统		0～30	由冲积层和洪积层组成，分布于河床及Ⅰ级阶地。成分为砾石、卵石、砂层夹粉土及粉质黏土。一般厚 0～30 m。分布于山前盆地、河谷、沟谷底部
		更新统	马兰组	0～25	分布广泛，岩性为浅黄色粉土、粉质黏土，具垂直节理，含钙质结核，局部夹砾石层。山区及丘陵地带一般厚 0～25 m
			离石组	0～50	灰黄色、浅红色粉质黏土，夹有 2～3 层棕红色古土壤及灰白色、灰黄色钙质结核层。山区及丘陵一般厚 0～50 m
			午城组	0～18	黄红色、灰绿色等杂色粉质黏土，夹卵石、砾石层，呈尖灭状，含钙质结核，山区及丘陵地带一般厚 0～18 m
	新近系	上新统	静乐组	0～20	由紫红色、深红色黏土夹钙质结核组成，局部地段夹棕黄色、棕红色黏土或亚黏土条带，含 Fe、Mn 结核或薄膜。山区及丘陵地带一般厚 0～20 m
			保德组	0～30	下部主要由多种颜色的黏土、亚黏土、亚砂土、砂层、砂砾层及砾石层组成；上部由棕黄色、棕红色黏土、亚黏土及少量亚砂土组成。山区及丘陵地带一般厚 0～30 m。与下伏基岩呈不整合接触
中生界	三叠系	中三叠统	二马营组	520	灰白色、浅灰绿色及肉红色长石砂岩为主，夹紫红色泥岩，厚 520 m 左右
		下三叠统	和尚沟组	200	以紫红色砂质泥岩为主，夹紫红色细砂岩，厚 200 m 左右
			刘家沟组	390	以砖红色薄板状砂岩为主，夹红色砂质泥岩，厚 390 m 左右
古生界	二叠系	乐平统	石千峰组	150～190	岩性为黑紫色、棕红色、鲜红色泥岩夹长石石英砂岩，顶部含薄层石膏泥岩，厚 150～190 m
			上石盒子组	350～450	以紫色、褐色、黄褐色及杏黄色等杂色泥岩、砂质泥岩为主，夹黄绿、灰绿、灰白色长石石英砂岩，厚 350～450 m
		乌拉尔统	下石盒子组	85～136	由灰白色中—粗粒砂岩、灰色砂质泥岩、泥岩夹煤线组成，顶部出现紫斑泥岩，厚 85～136 m
			山西组	45～76	重要含煤地层之一，以深灰色泥岩、砂质泥岩及灰白色中—粗粒砂岩为主，中下部含主要可采煤层，厚 45～76 m
	石炭系	宾夕法尼亚亚系	太原组	71～142	海陆交互相沉积，由灰色、灰黑色砂岩、泥岩、石灰岩及煤层组成，中下部含主要可采煤层，厚 71～142 m
		密西西比亚系	本溪组	5～33	平行不整合于奥陶系中奥陶统之上，底部为铁铝岩，其上为薄层砂、泥岩，夹 1～3 层薄层石灰岩及不稳定薄煤层，厚 5～33 m。与下伏奥陶系平行不整合接触

表 2-2(续)

地层单元				厚度/m	岩性特征
界	系	统/亚系	组		
古生界	奥陶系	中奥陶统	峰峰组	64～126	上部深灰色薄—巨厚层灰岩。中部灰色中厚层角砾状灰岩与泥质白云质灰岩互层。下部浅灰色、灰黄色薄—中厚层含泥质白云质灰岩。厚 64～126 m
			上马家沟组	154～250	上部灰色、浅灰色灰岩夹灰质白云岩、含泥质白云岩和石膏。中部灰色浅灰色薄—中厚层豹皮状灰质白云岩、白云质灰岩互层。下部浅灰、灰黄色角砾状薄板状含泥质灰岩、灰质白云岩、白云质灰岩。厚 154～250 m
			下马家沟组	92～146	上部灰色、浅灰色薄—中厚层灰岩、灰质白云岩、白云质灰岩和石膏互层。下部黄灰色泥灰岩、页岩。底部为含底砾的石英砂岩。厚 92～146 m
		下奥陶统	冶里组、亮甲山组	103～137	灰黄色、灰色、浅灰色含燧石结核白云岩夹燧石层底部为黄绿色泥质白云岩。厚 103～137 m

井田受克城—南湾里复式向斜及马头山断裂与罗云山断裂的控制，地层总体倾向北东，复合北东—南西走向的次一级褶曲构造，总体构造形态为向南东倾伏的宽缓向斜构造，西部伴有背斜、向斜。地层总体起伏 140 m 左右，地层倾角为 5°～18°，靠近断层地层倾角稍大。通过本次工作，在井田内发现断层四条，分述如下：

F_2 正断层：位于井田内西北部，倾向北西，倾角为 65°，落差一般为 8～14 m，属张扭性正断裂。

F_3 正断层：位于井田内中部偏西北，走向基本平行于 F_2 断层（相距约 550 m），倾向北西，倾角为 65°，落差一般为 6～13 m，属张扭性正断裂。

F_4 正断层：位于井田中南部，走向北东—北北东，距 F_2 断层 150～870 m 左右，倾向北西—北西西，倾角为 70°，落差一般为 20～50 m，属张扭性正断裂。

F_5 正断层：位于井田西部，走向北西，倾向南西，倾角 65°，落差一般为 15～20 m，属张扭性正断裂，有被北东向断裂错断的现象。

井田主要断裂构造见表 2-3。

表 2-3　井田主要构造一览表

名称	性质	走向/(°)	倾向/(°)	倾角/(°)	落差/m	延伸长度/m	控制程度
F_2	正断层	44	314	65	8～14	＞2 300	初步控制
F_3	正断层	44	314	65	6～13	2 300	初步控制
F_4	正断层	44～15	314～285	70	20～50	1 600	初步控制
F_5	正断层	346	256	65	15～20	＞250	初步控制

此外，井田西北部矿界外发育 F_1 正断层。该正断层属于区域性万安断裂的西南段，整体走向北东向，属于本区的煤田边界断裂，规模大，延伸长度＞4 000 m，倾向南东，倾角为 65°，落差为 150～200 m，属张扭性正断层。井田内未发现陷落柱和岩浆岩。

综上所述，依据《煤、泥炭地质勘查规范》(DZ/T 0215—2002)附录 D 构造类型划分原则，井田范围内地质构造类型属简单类型。

2.1.3.3　*主要可采煤层*

井田内主要可采煤层为 2#、6# 和 9#＋10#＋11# 3 个煤层，其中 2# 煤层为全区发育、基本采空的薄—中厚煤层；6# 为井田内局部发育、下部蹬空的薄煤层。分述如下：

2# 煤层：位于山西组下部，上距 K_8 砂岩底 15～20 m，下距 6# 煤层50 m，距钻孔揭露煤层厚度为 1.00～2.59 m，可采区平均厚度为 1.52 m。不含或含一层夹矸。顶板为粉砂岩、砂岩、泥岩，局部有炭质泥岩伪顶，底板为泥岩、粉砂岩。该煤层在井田内厚度变化较大，结构简单，属稳定可采煤层。井田内煤层有露头，南西部已被剥蚀，属无煤区；有煤部位基本已采空，矿井已于 2006 年关闭。

6# 煤层：位于太原组中段 K_5 砂岩之下 5 m 左右，下距 9#＋10#＋11# 煤层平均 42 m，距钻孔揭露煤层厚度为 0.00～1.25 m，可采区平均厚度为 1.05 m。不含夹矸，顶底板多为泥岩、粉砂岩；该煤层在井田内西南部发育，属局部可采的不稳定煤层。据本次调查，可采范围已被地方小窑、老窑采空。

9#＋10#＋11# 煤层：位于太原组下段顶部 K_2 灰岩之下，在井田内为全区发育的稳定可采中厚—厚煤层。煤层厚度为 2.06～6.09 m，平均为 4.60 m。一般含 2 层夹矸。在井田东北部有分叉现象，在井田北部有变薄现象。顶板为 K_2 灰岩，K_2 灰岩底面凹凸不平，局部发育有伪顶(最厚达 2 m)，底板为泥岩。与 2# 煤层间距为 84 m 左右。该煤层除井田南部有剥蚀及南部和东部有采空外，其余大部可采。

井田内可采煤层特征见表 2-4。

表 2-4　可采煤层特征表

地层	煤层编号	煤层厚度/m 最小～最大/平均	煤层间距/m 最小～最大/平均	夹石层数	结构	顶板岩性/底板岩性	可采性	稳定性
山西组	2#	1.00～2.59/1.52		0～1	简单	粉砂岩/泥岩	基本采空	稳定
			41.84～59.1/50.47					
太原组	6#	0.00～1.25/1.05		0	简单	粉砂岩/泥岩	基本采空	不稳定
			33.04～47.97/42.3					
	9#＋10#＋11#	2.06～6.09/4.60		0～2	简单	石灰岩/泥岩	全区可采	稳定

2.1.3.4　*矿井水文地质*

(1) 矿井地表水

井田位于吕梁山南段东侧与临汾盆地的转换地带。区内黄土覆盖较厚，沟谷发育，侵蚀较强烈，地表径流条件良好，不易接受大气降水的补给；西北—南东向发育 4 条较大的沟谷，沟底多有基岩出露。较大的为刁底河，属季节性水流，汇水面积约 35 km^2，沟谷年最大洪水流量约 22.5 万 m^3，清水流量约 30 万 m^3，除雨季外，基本无溪流。井田内无地表水体，煤系地层有出露，煤层位于当地侵蚀基准面附近，断裂构造从沟谷切过，雨季地表水可通过河沟溪流及老窑口、断裂破碎带补给煤层顶底板含水层或直接向老采空区充水。

井田最高洪水位高于所在位置河床 2～3 m。井口及工业场地周边历史最高洪水位标高低于井口标高。总体评价井田及其附近地表水系不发育，地下水补给条件差，属缺水区。

(2) 矿井重要含水层

根据区内岩层含水性特征划分的含水岩组及含水层自上而下有：

① 第四系松散孔隙含水岩组及其含水层

本区第四系广泛分布，岩性为土黄色亚砂土、棕红色亚黏土、砂砾石层。土层孔隙、解理发育，透水性好，不易形成含水层。同时由于赋存部位高，一般透水而不含水。分布于沟谷中的砂砾含水层，一般厚 1～5 m，分布不稳定，富水性受季节影响较大，为弱含水层。

② 二叠系乌拉尔统下石盒子组碎屑岩孔隙—裂隙含水岩组及其含水层

该含水岩组分布于井田北部，在刁底河谷以东有出露，是井田内出露范围最广的基岩地层，岩层倾向多与地表水流方向一致，岩性主要为厚层砂岩夹泥岩，其中含水层主要为砂岩层(K_9、K_8 及其他砂岩层)。其中 K_8 砂岩位于 2 号煤层之上 5.33～19.62 m,为煤层顶板间接充水含水层,厚度一般为 4.60～16.35 m,平均为 8.34 m,为灰色中粒长石石英杂砂岩,浅埋藏地带,风化裂隙发育,富水性弱,易接受大气降水沿裂隙渗透补给。随埋深增加,风化裂隙减弱,富水性亦减弱。K_9 砂岩厚度为 2.95～9.00 m,平均为 6.41 m。富水性与 K_8 砂岩相似。本次调查该含水岩组含水层地表泉水流量为 0.05～0.10 L/s,水质类型为 HCO_3-Na 型水,矿化度低,属富水性弱的裂隙含水层。

③ 二叠系乌拉尔统山西组碎屑岩孔隙—裂隙含水岩组及其含水层

该含水岩组在井田内广泛分布,西部有出露,含水层有“中间砂岩”和 K_7 砂岩。“中间砂岩”是分布在 2 号煤层之上的一层灰白色中厚层、中—细粒结构、主要成分为石英含煤屑的杂砂岩,层位较稳定;砂岩之上有较厚的泥岩隔挡,地表水补给甚少,同时地层相对完整,垂向、侧向补给均不易,为弱含水层。K_7 砂岩是位于 2[#]、3[#] 煤层之下的含水层,为灰白色中粒含煤屑长石石英杂砂岩,厚 1.55～8.52 m,孔隙式胶结,胶结物以黏土为主,裂隙不发育,上距 2[#] 煤层9.12～16.68 m,中间以黏土质泥岩为主,间夹砂质泥岩、砂岩,含水层主要接受侧向补给,本次调查泉水流量为 0.05 L/s,亦为弱含水层。ZK302 抽水试验单位涌水量小于 0.01 $m^3/(s \cdot m)$,水位标高为 757.479 m,水质类型为 $HCO_3 \cdot SO_4$-$Na \cdot Ca$ 型水,矿化度低,属富水性弱的砂岩裂隙含水层。

④ 石炭系太原组碎屑岩夹碳酸盐岩岩溶—裂隙含水岩组及其含水层

该含水岩组上部在井田西部、南部临沟出露,含水层主要包括 K_5 砂岩、K_4 砂岩(局部为灰岩)、K_2 灰岩、K_3 灰岩和 K_1 砂岩,总厚度为 22.07～44.25 m,平均为 35.20 m。其中 K_5 砂岩和 K_4 砂岩为钙质胶结,含水性差,K_2 灰岩、K_3 灰岩为含生物碎屑灰岩,是太原组主要含水层,浅部较深部风化裂隙及岩溶发育,富水性较好或为透水层,深部裂隙岩溶不发育,含水性差。灰岩与砂岩层间均有 2 m 至数米厚的泥岩隔水层,使它们均成独立的弱含水层。本次调查泉水流量为 0.08 L/s;钻孔至该层位时普遍有循环液漏失情况,消耗量明显增大,最大可达 4～6 m^3/h。ZK302 抽水试验单位涌水量为 0.000 36 $L/(s \cdot m)$,水位标高为 750.489 m,水质类型为 $HCO_3 \cdot SO_4$-$Ca \cdot Na$ 型水,矿化度低,属富水性弱的岩溶含水层。

⑤ 奥陶系中奥陶统碳酸盐岩岩溶—裂隙含水岩组及其含水层

该含水岩组区内仅在刁底河谷内有零星出露,隐伏于石炭系地层之下,岩性主要由中厚层石灰岩、泥质白云岩、泥灰岩、膏溶角砾岩等组成,含水空间主要为溶洞,层间裂隙,垂直节理,由于岩溶发育不均一,属不均一含水层,接受层间侧向补给。深部奥陶系中奥陶统岩溶含水层接受层间侧向补给。根据以往资料，在本井田以西约 2 km 处的一平垣新村 2005 年 11 月竣工的深水井井深 702 m，揭露奥陶系及寒武系灰岩、泥灰岩、白云岩厚度为 700 m，井口坐标 X=4 011 537 m、Y=19 536 640 m，井口高程为 734 m，水位埋深为 248 m，水位标高为 486 m，涌水量为 5.56 L/s；在本区西北距本区约 13 km 处的新生二矿 2008 年 4 月竣工的深水井井深 747 m，揭露奥陶系灰岩、泥灰岩、白云岩厚度 420 m，井口坐标 X=4 017 500 m、Y=19 527 300 m，井口高程为 1 280 m，水位埋深为 453.8 m，水位标高为 826.20 m，涌水量为 2.32 L/s，水质类型为 $SO_4 \cdot HCO_3$-Ca 型水。据区域已知点推断的井田奥灰岩溶水位为 489～505 m，本次 ZK103 孔终孔孔深 265.45 m，揭露奥陶系中奥陶统上马家沟组豹皮灰岩 46.96 m，奥陶系中奥陶统上马家沟组碳酸盐岩岩溶—裂隙含水层组地下水位为 206.98 m，水位标高为 491.781 m。井田内 9# +10# +11# 煤层底板标高最低标高为 580 m，高于奥陶系中奥陶统上马家沟组碳酸盐岩岩溶—裂隙含水层组地下水位 88 m 左右，不受奥灰岩溶水的威胁。

(3) 矿井隔水层

赋存于石炭系密西西比亚系本溪组底部的铝土质、铁铝质泥岩厚 15.10～27.65 m，稳定性、连续性好，对下部奥陶系灰岩含水层和其上覆含水层有良好的阻隔作用，除此之外，石炭系宾夕法尼亚亚系和二叠系各含水层之间也分布着大量泥岩、粉砂质泥岩，它们对各含水层也有一定的阻隔作用，若无断裂贯通，各含水层不会发生水力联系。

(4) 地下水的补给、径流及排泄

石炭系宾夕法尼亚亚系太原组溶裂系含水层组，接受大气降水补给后，顺岩层倾向径流，一部分沿层间裂隙顺层径流；一部分则由矿坑水排泄。二叠系砂岩裂隙在裸露地区接受大气降水补给后，一部分沿层面裂隙顺层径流或越层下渗，一部分在基岩出露区以下降泉形式排泄于沟谷中。

井田内大气降水是井田主要充水水源，井田内松散层孔隙水、碎屑岩夹石灰岩岩溶裂隙水含水层富水性弱，奥陶系石灰岩岩溶裂隙水含水层富水性强，水量丰沛，由西北向东南径流，于龙子祠泉出露排泄或在泉域山前各透水段向盆地潜流排泄。

① 奥陶系岩溶水

本区为隐伏岩溶区，处于霍西煤田龙子祠泉域岩溶水系统的径流区，地表水系不发育。龙子祠泉域有 574 km^2 的碳酸盐岩地层出露，接受大气降水入渗补给，是龙子祠泉的主要补给来源。其次为煤系地层沟谷汇集的地表径流入渗补给。区域奥陶系灰岩水自西向东、自北向南流动，于龙子祠泉出露排泄或在泉域山前各透水段向盆地潜流排泄。

② 石炭系、二叠系砂岩、层间灰岩裂隙水

该含水岩组的补给主要是来自区域大气降水和河流及沟谷松散层的有限下渗补给，部分来自侧向补给。地下水一般顺地层倾斜方向运移，在沟谷切割深处以泉的形式排出地表，一部分在构造裂隙发育地带越层下渗，加入区域裂隙水循环。此外，煤矿开采时的矿坑水抽排也是其主要排泄途径之一。

③ 第四系孔隙水

河谷松散层孔隙水与地表水联系密切，主要接受大气降水和地表水的入渗补给，经短距离的径流后，一般以泉的形式排泄于沟谷中。

2.2　井田开拓

2.2.1　开拓方式

胜利煤业有限公司由原山西龙达飞煤业有限公司及一块空白区整合而成。胜利煤矿于 2011 年开始建设，设计生产能力为 60 万 t/a，服务年限为 14.96 a。

原山西龙达飞煤业公司建于 1970 年，于 2007 年关闭。矿井开采 2# 、9# +10# +11# 煤层，且 2# 煤层基本开采完毕，井田面积为 1.366 km^2。矿井共有主立井及副斜井两个井筒，主立井净直径为 4.0 m，净断面面积为 12.57 m^2，垂深为 283 m，落底于 9# +10# +11# 煤层下部。副斜井净宽 2.5 m，净断面面积为 6.03 m^2，倾角为 26.5°，斜长 457 m，落底于 9# +10# +11# 煤层。

胜利煤矿采用斜井开拓。在现有工业广场的西北部生产区内新掘进一斜井作为矿井的主斜井，担负全矿井煤炭提升任务，兼作进风井及安全出口；刷大改造原龙达飞煤矿副斜井作为胜利煤矿副斜井，担负全矿井的提矸、下料等辅助提升任务，兼作进风井及安全出口；将原龙达飞煤矿主立井抬高 2 m 后，改造成为胜利煤矿的回风立井，担负全矿井的回风任务兼作安全出口。

井筒落底后，沿西北—东南方向平行布置三条大巷至井田边界，分别为北胶带大巷、北轨道大巷、北回风大巷，巷道间距为 30 m，巷道护巷煤柱(巷中至停采线)宽 30 m。全井田共划分为 1 个水平 2 个采区，开采 9# +10# +11# 煤层，水平标高为+602 m，2 个采区为北部一采区与南部二采区。

2.2.2　生产系统

(1) 运煤系统

采煤工作面：采煤机落煤装煤→刮板输送机运煤→转载机转载→顺槽带式输送机→北胶带大巷带式输送机→井底煤仓→主斜井→地面。

掘进工作面：掘进煤→北胶带大巷带式输送机→井底煤仓→主斜井→地面。

(2) 辅助运输系统

人员、材料、设备由地面→副斜井→井底车场→北轨道大巷→回风顺槽→采煤工作面。

2.2.3 采煤方法及工艺

(1) 采煤方法

根据矿井开拓部署,分析地质钻孔资料,结合矿井采掘设备情况和生产管理水平,设计 9# +10# +11# 煤层采用综合机械化采煤方法,液压支架选用一次采全高和放顶煤两用支架,初期煤层厚度小于 4 m 时采用综采一次采全高,当煤层厚度大于 4 m 时采用综采放顶煤开采,顶板管理采用全部垮落法。

(2) 采煤工艺

依据井田开拓布置方式和采煤方法的选择综合分析考虑,确定初期煤层厚度小于 4 m 时采用综采一次采全高;当煤层厚度大于 4 m 时,在利用现有设备的基础上,增加一部 SGB630/180 型后部刮板输送机进行放顶煤开采。

① 一次采全高工艺

采煤机采用端头斜切进刀方式,双向割煤。液压支架支护方式为及时支护。

工作面回采工艺:机组端头斜切进刀→采煤机割煤→移柱(架)→推移刮板输送机。

② 放顶煤工艺

采煤机采用端头斜切进刀方式,双向割煤。液压支架支护方式为及时支护。

工艺流程:采煤机割煤、运煤、移架、推前刮板、放煤、拉后刮板,采空区顶板自行垮落。

第3章　矿井充水因素分析及井田区域划分

3.1　矿井充水因素分析

3.1.1　地表水对煤层开采的影响

井田属黄土残垣型低山地貌，沟谷较发育，属缺水区，大气降水是本区地下水的主要补给来源；煤层位于当地侵蚀基准面附近，地形有利于自然排水，井田内及周边无大的地表水体，仅发育季节性的沟谷，雨季来临时，自然降水大部分顺沟谷流出井田，小部分沿岩石裂隙渗入地下转为地下水；地下水补给条件差，排泄条件好，故大气降水一般不会产生充水危害。但由于区内 2# 煤层埋藏浅，煤层采空范围内放顶和顶板冒落沉降易使地面产生变形，出现地裂缝、裂隙等，在雨季或长时间的阴雨天气，地表水可以通过这些裂缝、裂隙下渗灌入采空区并补给地下水，使地下水量增加，在巷道中可能出现滴水或涌水，造成矿井充水。此外，井田内断裂构造从沟谷切过，雨季地表水可通过河沟溪流、老窑口、断裂破碎带补给煤层顶底板含水层或直接向老采空区和矿井充水。

3.1.2　构造对矿井充水的影响

井田内发现大致平行的断裂构造 3 条，均为张性正断裂，走向北东东，倾向北西西，倾角为 65°～70°，断距为 15～60 m，断裂带宽 30～50 m，断裂带内岩块大小混杂，棱角明显。陷落柱和断裂破碎带是沟通上下含水层以及地表水的良好通道，在雨季和丰水期也是储水构造，是生产矿井重要的充水来源和通道，在生产中应对其进行进一步的勘查和超前探放水工作，并按照《煤矿防治水规定》留设足够的防隔水煤柱，避免对生产矿井产生严重充水或突水危害。

3.1.3　可采煤层直接或间接充水含水层的影响

主要可采煤层以顶板砂岩、灰岩充水为主，主要充水含水层富水性弱，对煤层开采影响不大，但其在开采过程中通过与塌陷裂隙或构造裂隙带沟通，使得局部地段与风化裂隙带水及地表水、底板灰岩水发生水力联系时，地表水、风化裂隙带水、底板灰岩水将补给砂岩、灰岩含水层而进入巷道。

3.1.4 小窑和老窑积水对矿井充水的影响

井田煤炭开采历史悠久，以往煤矿开采形成的采空区及地方小窑多年形成的古空区积水是矿井充水的主要来源和因素，也是井下发生水害的主要隐患。

3.2 井田区域划分

井田区域划分就是将胜利煤矿整个井田划分成三类区域，分别为确定的采空积水区、确定的未采区以及疑似采空积水区。目的就是通过将井田区域进行划分，明确井田范围内的采空积水区、未采区及疑似采空积水区的位置、范围。采空区和未采区位置、范围确定，可以将这两部分的区域剔除，不做研究，从而进一步缩小研究的范围，并将研究分析的重点放在疑似采空积水区区域。通过将井田区域进行划分，可大大减少研究工作量，提高工作效率。

井田区域划分主要是根据地面钻探及抽水试验结果来进行分类划分的。通过地面钻探，能够起到控制煤层，查明矿井基本地质条件的作用；通过抽水试验能够确定各含水层静止水位标高，并结合其他手段可对可采煤层、采空区位置、范围、积水情况等进行研究。

3.2.1 勘查类型的确定

井田位于霍西煤田西部，其大地构造位置位于勍香—太林南北向褶带南部之克城—南湾里复式向斜的东南部边缘地带，属勍香—太林南北向褶带与洪洞—临汾凹陷的转换交界部位，也属于马头山断裂与罗云山断裂的交会转换部位。

依据《煤、泥炭地质勘查规范》(DZ/T 0215—2002)附录 D 构造类型划分原则，井田范围内地质构造类型划归简单类型。

井田内主要可采煤层有 2# 、6# 、9# +10# +11# 3 个煤层。其中，2# 煤层已基本采空；6# 煤层为薄煤层，不可采；9# +10# +11# 煤层为全区发育的中厚～厚煤层，除小部分被采空外，其余大部煤层厚度变化相对稳定，变化规律明显，结构为简单—较简单，煤类单一，煤质变化小，为全区大部可采煤层，其稳定程度划归稳定类型。

综上所述，根据《煤、泥炭地质勘查规范》(DZ/T 0215—2002)附录 D 关于勘查类型确定方法的描述，按照确定的井田地质构造复杂程度和煤层稳定程度，将井田勘查类型综合确定为一类一型。

3.2.2 钻探工程

(1) 钻探工程布置原则

① 勘探线方向基本垂直区域构造线走向和地层走向，大致平行布置。本井田构造以断裂为主，断层走向北东—南西向，故本次以北西—南东向布置勘查线。

② 钻孔一般布置在勘查线上，孔距原则上不大于线距。

③ 钻孔均采用一孔多用的原则进行布置。

（2）钻探工程间距的确定

根据钻探工程的布置原则和钻探工程基本线距的规定，并考虑井田面积较小、开采周期较短、矿井经济效益等因素，最终确定在地面布设 4 条勘探线，由南至北依次为 1#、2#、3#、4# 勘探线，勘探线方向基本垂直区域构造线走向，大致平行布置，方位角为 315°～327°，线距为 630～910 m。钻探工程共完成 11 个有效地面钻孔，孔距为 620～820 m，其中水文地质孔 2 个，总钻探工程量为 2 149.11 m。

（3）钻探工程成果分析

根据 11 个地面钻孔收集得到的信息，分别绘制出了其相应的钻孔柱状图，并通过整理分析，绘制了钻探工程成果一览表，见表 3-1。

表 3-1　地面钻探工程成果一览表

钻孔编号	孔口坐标/m（西安 80 坐标系）	终孔深度/m	钻孔遇煤层编号	止煤深度/m	煤层厚度/m	煤层结构/m	底板高程/m	见水情况
ZK101	X=4 013 066.586 Y=37 538 015.994 H=815.794	145.34	6#	40.24	1.00	1.00	775.554	
			9#+10#+11#	91.55	5.95	采空	724.244	
ZK102	X=4 012 497.519 Y=37 538 586.175 H=804.774	135.57	2#	13.72	1.00	1.00	791.054	
			6#	74.64	0.40	0.40	730.134	
			9#+10#+11#	106.21	4.28	采空	698.564	
ZK103	X=4 011 938.481 Y=37 539 173.178 H=698.761	265.45	未见煤					
ZK201	X=4 013 991.665 Y=37 538 308.033 H=761.867	120.95	6#	41.50	0.80	0.80	720.367	
			9#+10#+11#	78.75	4.40	0.60 (0.40 夹矸) 1.92 (0.30 夹矸) 1.18	683.117	
			12#	91.06	0.42	0.42	670.807	

表 3-1(续)

钻孔编号	孔口坐标/m（西安 80 坐标系）	终孔深度/m	钻孔遇煤层编号	止煤深度/m	煤层厚度/m	煤层结构/m	底板高程/m	见水情况
ZK202	X=4 013 385.641 Y=37 538 708.63 H=736.151	124.30	6#	37.99	1.10	1.10	698.161	
			9#+10#+11#	90.50	4.70	4.70	645.651	
ZK203	X=4 012 912.884 Y=37 539 293.951 H=812.173	203.80	2#	48.50	2.47	采空	763.673	
			9#+10#+11#	143.40	5.70	3.55 (0.35 夹矸) 1.80	668.773	
ZK301	X=4 014 525.466 Y=37 538 948.991 H=805.747	229.26	2#	118.70	1.10	1.10	687.047	
			4#	135.20	0.42	0.42	670.547	
			9#+10#+11#	211.76	0.30	断失	593.987	
ZK302	X=4 013 892.173 Y=37 539 468.264 H=787.489	208.30	6#	113.15	0.75	0.75	674.339	
			9#+10#+11#	166.21	5.31	1.91 (0.30 夹矸) 1.26 (0.30 夹矸) 1.54	621.279	
ZK303	X=4 013 368.567 Y=37 539 865.106 H=806.396	227.23	2#	116.98	6.18	采空	689.416	
			9#+10#+11#	210.03	5.83	3.27 (0.50 夹矸) 2.06	596.366	
			12#	224.21	0.45	0.45	582.186	
ZK401	X=4 014 836.654 Y=37 539 694.631 H=830.522	297.68	2#	150.64	2.45	1.75 (0.15 夹矸) 0.55	679.882	
			9#+10#+11#	237.23	2.15	2.15	593.292	
ZK402	X=4 014 306.482 Y=37 540 173.782 H=779.544	191.23	9#+10#	140.80	2.10	2.10	638.744	
			11#	150.02	1.30	1.30	629.524	

通过对地面钻孔柱状图的分析，在这11个地面钻孔当中，共勘探得到4处采空，分别为ZK101、ZK102、ZK203以及ZK303。其中，ZK101和ZK102勘探存在9#+10#+11#煤层采空，而ZK203与ZK303勘探则存在2#煤层采空，剩下的7个钻孔勘探后均未见采空。

（4）静止水位观测和抽水试验

ZK103钻孔为奥灰岩溶水上马家沟组含水层静止水位观测孔。观测上马家沟组含水层水位19 h，水位稳定在206.98 m，水位标高为491.781 m。

ZK302钻孔为水文地质孔，进行的水文地质工作有峰峰组含水层静止水位观测，太原组含水层抽水试验，山西组与下石盒子组的风化裂隙带含水层抽水试验。

① 峰峰组含水层静止水位观测

ZK302钻孔终孔孔深208.80 m，揭露峰峰组地层15.81 m。经观测：峰峰组含水层稳定水位为151.14 m，水位标高为636.349 m。

② 太原组含水层抽水试验

完成峰峰组含水层静止水位观测任务后，采用水泥砂浆方法封孔至孔深184.70 m，在换径（ϕ113 mm换ϕ133 mm）处，采用ϕ127 mm套管外部缠海带方法止水，使太原组含水层与上部的山西组与下石盒子组，以及与下部的峰峰组含水层分隔。经观测太原组含水层静止水位为37.00 m，水位标高为750.489 m，与太原组、山西组及下石盒子组混合水位水头差28.89 m，证明止水效果良好后进行太原组含水层抽水试验。安装深井潜水电泵，经试抽水，单位涌水量小于0.01 $m^3/(s \cdot m)$，正式抽水试验只进行了1个降深，试验延续36 h，降深47.94 m，稳定时间大于8 h，水位恢复到37.18 m，提泵后验孔，孔深为174.80 m，至此太原组含水层抽水试验结束。

③ 山西组与下石盒子组风化裂隙带含水层抽水试验

采用水泥砂浆封孔至孔深108.80 m，进行山西组与下石盒子组风化裂隙带含水层抽水试验，试验前观测得静止水位为30.01 m，水位标高为757.479 m。安装深井潜水电泵，经试抽水，单位涌水量小于0.01 $m^3/(s \cdot m)$，正式抽水试验只进行1个降深，试验延续36 h，降深27.26 m，稳定时间大于8 h，水位恢复到31.37 m，提泵后验孔，孔深为104.20 m，至此ZK302钻孔水文地质工作全部结束。

水文孔综合成果见表3-2。

表 3-2 水文孔综合成果表

水文孔编号	含水组							
	山西组与下石盒子组(风化裂隙带)			太原组			峰峰组	上马家沟组
	静止水位标高/m	单位涌水量/($m^3 \cdot s^{-1} \cdot m^{-1}$)	水质类型	静止水位标高/m	单位涌水量/($m^3 \cdot s^{-1} \cdot m^{-1}$)	水质类型	静止水位标高/m	静止水位标高/m
ZK103								491.781
ZK302	757.479	0.002	$SO_4 \cdot HCO_3$-K+Na·Ca·Mg	750.489	0.000 36	$SO_4 \cdot HCO_3$-K+Na·Ca·Mg	636.349	

3.2.3 区域划分

充水区是指工作面开采后，顶底板导水裂隙带波及含水层，导致含水层水进入采空区内，当采空区封闭或渗出速度小于渗入速度时，将形成采空积水区的区域。

(1) 划分原则

首先确定对煤层采空区有充水威胁的含水层，其次确定含水层水的静止水位标高与煤层底板的最大标高，并进行比较。当含水层水静水位标高高于煤层底板最大标高时，选取煤层底板最大标高作为区域的边界；当煤层底板最大标高高于含水层水静水位标高时，选取含水层水静水位标高作为区域的边界。

(2) 导水裂隙带发育高度分析

① "三带"理论

当采用全部垮落法管理顶板时，工作面煤层被采出后，采出空间围岩失去支撑而向采空区内逐渐移动、变形、弯曲和破坏。这一过程随着采煤工作面的不断推进，逐渐从采场向外、向上(顶板)扩展直至波及地表，引起地表下沉、裂缝，形成所谓的下沉盆地。

工作面煤层被采出后形成采空区，采空区围岩的移动、变形和破坏在时间和空间上都是一个相当复杂的过程，其特点是上覆岩层移动、变形和破坏具有明显的分带性。从采空区至地表，上覆岩层破坏范围逐渐扩大、破坏强度逐渐减弱。在此范围内，上覆岩层的移动和破坏将会出现三个特征明显不同的部分，自下而上依次为冒落带、裂隙带、弯曲下沉带，如图 3-1 所示。

② "三带"特征

冒落带：破断后的岩块呈不规则垮落，排列极不整齐，松散系数比较大，一般可达 1.3～1.5，重新压实后可降到 1.03 左右。此区域与所开采的煤层相毗邻，

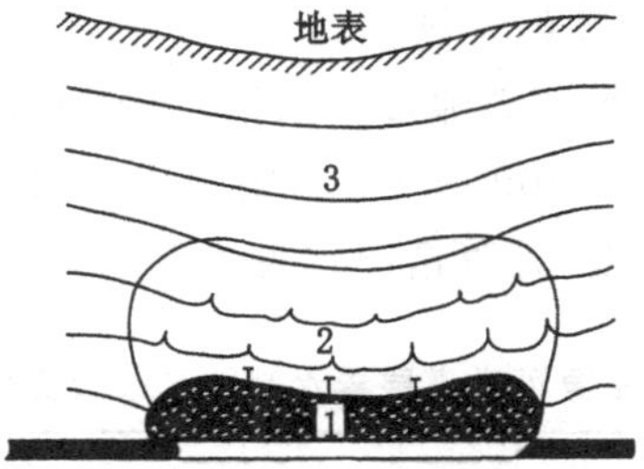

1—冒落带；2—裂隙带；3—弯曲下沉带。

图 3-1　采动覆岩移动破坏“三带”分布

很多情况下是由于直接顶岩层冒落后形成的。冒落带内的岩块之间空隙多且大，连通性很强，是水体进入井下的主要通道。

裂隙带：岩层破断后，岩块仍然排列整齐的区域。此区域位于冒落带之上，由于排列比较整齐，因此碎胀系数较小。岩层中的裂隙主要分为两种：一类是随岩层下沉破断形成的穿层竖向破断裂隙，它是由于岩层受拉剪作用超过其强度造成的，这种裂隙可以部分或者全部穿过岩石的分层，但是裂隙的两侧岩体基本上能保持层状连续性；另一类是随岩层下沉在不同岩性地层之间出现的离层裂隙，这种裂隙是由于相邻岩层间物理力学性质存在较大差异，岩层向下弯曲移动所致。冒落带内主要是以破断裂隙为主；裂隙带上部离层裂隙发育充分，破断裂隙并不发育，而下部主要是以破断裂隙为主。离层裂隙是储水和导水的通道，由于裂隙带上部离层裂隙发育，从而可以间接积水和导水，而破断裂隙并不发育，所以不与下部裂隙相连通。如果离层裂隙与破断裂隙相连通，那么导水性将会大大加强。冒落带与裂隙带合称为“两带”，又称为“导水裂隙带”，意思是指上覆岩层含水层如果位于导水裂隙带范围内，将会导致岩体水通过岩体破断裂隙流入采空区和采煤工作面，引发矿井透水事故。

裂隙带随开采区域的扩大而逐渐向上发展，当开采区域增加到一定范围时，裂隙带高度将会达到最大值。如果此时开采区域继续增大，裂隙带高度基本上不再发展，并随着时间的推移，岩层移动逐渐趋于稳定，裂隙带上部裂隙也将会逐渐闭合，裂隙带高度也会随之降低。一般情况下，在采空区形成两个月左右后，裂隙带发育到最高。

弯曲下沉带：自裂隙带顶界至地表的所有岩层称为弯曲下沉带，其显著的特点是岩层在移动过程中具有连续性和整体性，即裂隙带顶界以上至地表的岩层移动是成层地、整体性地发生的，在垂直剖面上，其上下各部分下沉差值很小。若有厚硬的关键层，则可能在弯曲下沉带内出现离层区。

③ 导水裂隙带高度的理论计算

导水裂隙带包括冒落带和裂隙带。根据《煤矿床水文地质、工程地质及环境地质勘查评价标准》(MT/T 1091—2008)附录D中的公式，计算矿井主要可采煤层的导水裂隙带最大高度，计算情况详见表3-3。

表3-3 矿井主要可采煤层导水裂隙带最大高度估算表(一)

煤层	顶板		累计最大采厚 M/m	煤分层层数 n	煤层倾角/(°)	顶板管理方法	采用公式	导水裂隙带最大高度 H_f/m
	岩性	抗压强度/MPa						
2#	细粒砂岩	31.5～42.3	2.59	1	<24	全部陷落	$H_f=\frac{100M}{3.3n+3.8}+5.1$	41.58
9#+10#+11#	石灰岩	37.2～77.1	6.09	1	<24	全部陷落	$H_f=\frac{100M}{2.4n+2.1}+11.2$	146.53

根据《煤矿防治水手册》中所列计算公式，对矿井主要可采煤层的导水裂隙带最大高度进行计算，计算情况及结果详见表3-4、表3-5。

表3-4 矿井主要可采煤层导水裂隙带最大高度估算表(二)

煤层	顶板			累计最大采厚 M/m	煤分层层数 n	煤层倾角/(°)	顶板管理方法	采用公式	导水裂隙带最大高度 H_f/m
	岩性	抗压强度/MPa	硬度分类						
2#	细粒砂岩	31.5～42.3	中硬	2.59	1	<24	全部陷落	$H_f=\frac{100\sum M}{1.6\sum M+3.6}\pm 5.6$	39.05
9#+10#+11#	石灰岩	37.2～77.1	坚硬	6.09	1	<24	全部陷落	$H_f=\frac{100\sum M}{1.2\sum M+2.0}\pm 8.9$	74.33

表3-5 矿井主要可采煤层导水裂隙带最大高度估算表(三)

煤层	顶板			累计最大采厚 M/m	煤层倾角/(°)	顶板管理方法	采用公式	导水裂隙带最大高度 H_f/m
	岩性	抗压强度/MPa	硬度分类					
2#	细粒砂岩	31.5～42.3	中硬	2.59	<24	全部陷落	$H_f=20\sqrt{\sum M}+10$	42.19
9#+10#+11#	石灰岩	37.2～77.1	坚硬	6.09	<24	全部陷落	$H_f=30\sqrt{\sum M}+5$	79.03

根据以上三种不同算法所得的结果可知，2#煤层导水裂隙带最大高度分别为 41.58 m、39.05 m、42.19 m；9# +10# +11# 煤层导水裂隙带最大高度分别为 146.53 m、74.33 m、79.03 m。为了安全起见，应当选取各煤层中最大的导水裂隙带高度值作为该煤层的导水裂隙带高度，即 2#煤层导水裂隙带高度为 42.19 m，9# +10# +11# 煤层导水裂隙带高度为 146.53 m。但在以往开采过程中，由于小窑、老窑及地方小型煤矿采煤技术落后，并未形成正规的长壁式工作面，而大多是采用巷道式出煤，顶板的管理方式也不是采用全部垮落法，所以相应的采空区上方导水裂隙带高度实际上比通过理论计算所得到的导水裂隙带高度要小。但由于小窑、老窑开采历史悠久，没有留下具体的相关资料，开采情况也不得而知，为了安全起见，采用理论计算得出的导水裂隙带高度作为 2# 和 9# +10# +11# 煤层的导水裂隙带高度，以进行下一步研究。

2#煤层上距 K_8 砂岩底 5.33～19.62 m，而 2#煤层导水裂隙带最大高度为 42.19 m，从而可以得出 2#煤层导水裂隙将会与 K_8 砂岩含水层连通。K_8 砂岩埋藏较浅，风氧化裂隙发育，富水性弱，对煤层开采影响不大。但在雨季或长时间阴雨天气条件下，易接受大气降水渗透补给。K_8 砂岩含水层在煤层开采过程中通过与塌陷裂隙或构造裂隙带沟通，使得局部地段与地表水、风化裂隙带水及底板灰岩水发生水力联系，地表水、风化裂隙带水、底板灰岩水将会补给 K_8 砂岩含水层。K_8 含水层水沿着 2#煤层开采后形成的导水裂隙流入 2#煤层采空区，在巷道中出现滴水或涌水，久而久之，水量积少成多，就形成了采空区积水。K_8 砂岩为 2#煤层直接充水含水层。

9# +10# +11# 煤层上距 K_8 砂岩底 89.33～103.62 m，9# +10# +11# 煤层导水裂隙带最大高度为 146.53 m，从而可以得出 9# +10# +11# 煤层开采后形成的导水裂隙会与 K_8 砂岩含水层及 K_8 砂岩与 9# +10# +11# 煤层之间的其他含水层沟通，发生水力联系。9# +10# +11# 煤层顶板为 K_2 灰岩，是太原组主要含水层，浅部较深部风化裂隙及岩溶发育，富水性较好或为透水层。虽然井田内的各含水层均为弱含水层，涌水量少，但是由于开采时间久远，采空区积水量会随着时间的推移，越聚越多，形成采空区积水。

(3) 底板破坏深度研究

煤层开采后不仅引起顶板岩层的移动和破坏，也将导致底板岩层在一定范围的移动、变形和破坏。

煤层开采后引起的底板破坏，其范围将与开采范围及采空区周围的支承压力分布有关，由于底板的破坏可能导致地下水分布的变化，如我国华北地区许多煤层的底板为奥陶纪石灰岩，富含水性，煤层开采后底板隔水岩层的变形破坏可能引起突水事故，而采场底板破坏深度则是评判煤层底板阻挡水性能的关键数据。

根据《建筑物、水体、铁路及主要井巷煤柱留设与压煤开采规程》,工作面底板破坏深度统计计算公式为:

$$h = 0.008\,5H + 0.166\,5\alpha + 0.107\,9L - 4.357\,9 \tag{3-1}$$

式中 H——采深,取 2[#]、9[#]+10[#]+11[#]煤层平均采深分别为 150 m、241 m;

α——地层倾角,取 2[#]、9[#]+10[#]+11[#]煤层平均倾角分别为 7.4°、8.6°;

L——工作面斜长,取 2[#]、9[#]+10[#]+11[#]煤层最大工作面斜长分别为 60 m、125 m。

则 2[#]煤层底板破坏深度 h=4.623 2 m;9[#]+10[#]+11[#]煤层底板破坏深度 h=12.61 m。

由于 K_7 砂岩是位于 2[#]煤层之下的承压含水层,为了防止 K_7 砂岩含水层水突入 2[#]煤层,不仅要考虑采动后底板的破坏深度,还需要考虑承压水导升带高度。根据《建筑物、水体、铁路及主要井巷煤柱留设与压煤开采规程》附录六中对承压水导升带高度确定方法的描述,通过对以往勘探资料的分析,最终确定 K_7 砂岩承压水导升带高度为 1.36 m。

K_7 砂岩裂隙不发育,上距 2[#]煤层 9.12~16.68 m,中间有较厚的黏土质泥岩隔挡,隔水效果好,K_7 砂岩受地表水补给甚少,主要接受侧向补给,地层相对完整,为弱含水层。2[#]煤层开采后底板破坏深度为 4.283 2 m,再考虑到 K_7 砂岩承压水导升带高度为 1.36 m,影响高度一共为 5.643 2 m,小于 2[#]煤层与 K_7 砂岩含水层最小间距 9.12 m,所以 K_7 砂岩含水层及其下方其他含水层对 2[#]煤层影响甚小,忽略不计。

9[#]+10[#]+11[#]煤层下方只存在奥陶系中奥陶统上马家沟组碳酸盐岩岩溶—裂隙含水层组,该含水层组水位标高 491.781 m。井田内 9[#]+10[#]+11[#]煤层底板最低标高为 560 m,高于奥陶系中奥陶统上马家沟组碳酸盐岩岩溶—裂隙含水层组地下水位 68 m 左右,不受奥灰岩溶水的威胁。

(4) 2[#]煤层区域划分

通过以上分析,只有 K_8 砂岩含水层对 2[#]煤层有影响,所以只需考虑二叠系山西组与下石盒子组的静止水位标高与 2[#]煤层底板标高的关系。2[#]煤层底板最高标高为 780 m,而山西组与下石盒子组含水层组静止水位标高为 757.479 m,小于 780 m。理论上 2[#]煤层开采后,K_8 砂岩含水层水可能会由于自身重力和水压而流入 2[#]煤层采空区,直至采空区积水水位达到静止水位 757.479 m 的标高。但在实际煤炭开采过程中,往往会产生瓦斯、CO_2、SO_2 等气体,由于小窑、老窑开采之后会选择封井,常导致这些气体和井下空气无法与外界相流通,积聚在采空区内,形成一定的压强,这部分气体压强会阻碍含水层水流入采空区,最终导致采空区内积水标高低于含水层静止水位标高。但出于安全起见，在划分区域时，以山西组与下石盒子组含水层组静止水位标高 757.479 m 为边界，低于此标高的 2# 煤层赋存区域均划分为疑似采空积水区。在此范围内，理论上只要 2# 煤层进行开采，则开采之后留下的采空区就可能会有积水存在，形成采空积水区。2# 煤层疑似采空积水区域范围详见图 3-2。

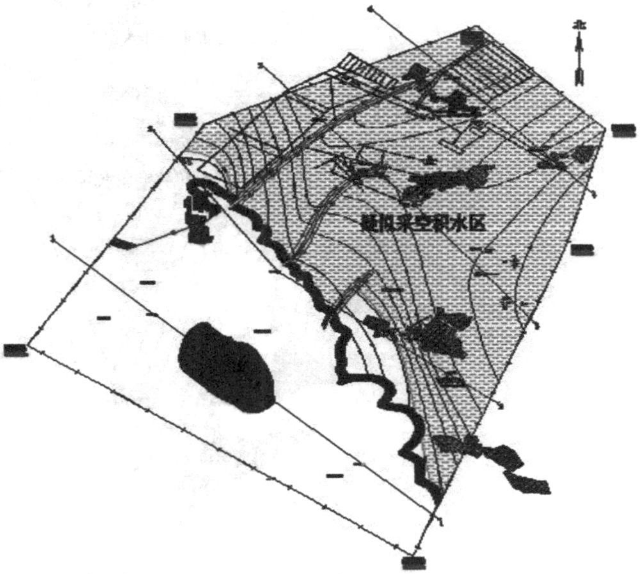

图 3-2　2# 煤层疑似采空积水区域范围示意图

(5) 9# +10# +11# 煤层区域划分

通过以上分析，9# +10# +11# 煤层开采只会受到上覆含水层水的威胁，所以只需考虑上覆各含水层组的静止水位标高与 9# +10# +11# 煤层底板标高的关系。上覆各含水层组静止水位标高最高的是山西组与下石盒子组含水层组，为 757.479 m，9# +10# +11# 煤层底板的最高标高为 730 m，小于 757.479 m。理论上 9# +10# +11# 煤层开采后，上覆各含水层水可能会由于自身重力和水压而流入 9# +10# +11# 煤层采空区，直至充满整个采空区。但在实际煤炭开采过程中，往往会产生瓦斯、CO_2、SO_2 等气体，由于小窑、老窑开采之后会选择封井，常导致这些气体和井下空气无法与外界相流通，积聚在采空区内，形成一定的压强，这部分气体压强会阻碍含水层水流入采空区，最终导致采空区内还有一小部分空间未被水淹没。但出于安全起见，在划分区域时，以 9# +10# +11# 煤层底板的最高标高 730 m 为边界，低于此标高的 9# +10# +11# 煤层赋存区域均划分为疑似采空积水区。在此范围内，只要 $9^{\#}+10^{\#}+11^{\#}$ 煤层进行开采，则开采之后留下的采空区可能就会有积水存在，形成采空积水区。$9^{\#}+10^{\#}+11^{\#}$ 煤层疑似采空积水区域范围详见图 3-3。

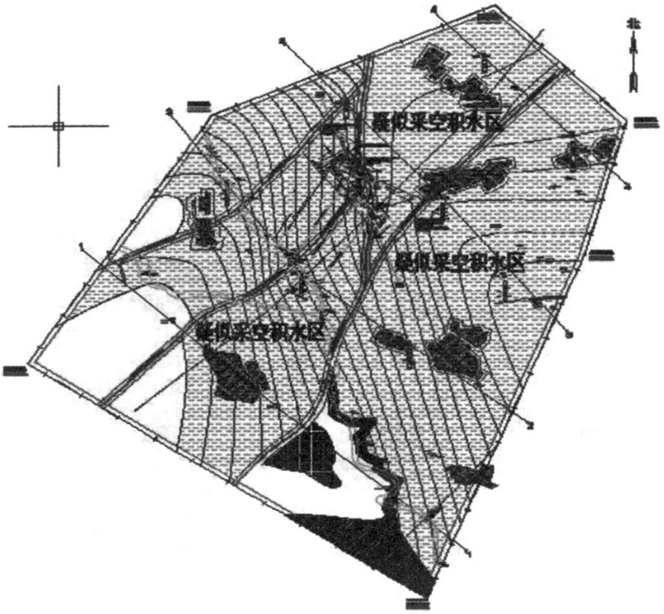

图 3-3　$9^{\#}+10^{\#}+11^{\#}$ 煤层疑似采空积水区域范围示意图

第 4 章　不明采空区及积水的判定

4.1　小窑踏查判定分析

采空区范围的确定最主要、最常规的是通过收集以往采掘资料，调查走访，地表老窑、小窑现场踏查等手段进行的。为了获得准确的信息，相继走访了潘家庄、卓里村、官地村、岭上村等村庄。拜访了能够提供有价值资料的人员共五人，分别为潘家庄的潘技术员，官地村的刘技术员、赵师傅，岭上村的张师傅，以及原山西龙达飞煤业有限公司总工程师仇松林。共调查了老窑、小窑、停产的小型煤矿窑口 46 个。

这些地方小煤矿，多数开采的是浅部煤层，与地表水和老窑水沟通密切；另有一些小煤矿开采的是水文地质条件复杂，受水威胁相对严重的边角煤层。由于原勘探程度低，构造相对复杂，且地方小煤矿管理工作薄弱，乱采滥掘，越界开采现象严重，破坏了相关的防水煤柱，且造成开采范围不清楚，遗留下大量开采范围不详的采空区，对周边矿井的开掘与开采带来极大的安全威胁。这些小窑、老窑及小型煤矿绝大部分采用巷采、房柱式采煤，未形成大规模的壁式工作面；落煤方式均为炮采或手工落煤；大多数采用独头式通风，矿井通风系统混乱，通风设施设备简陋，系统稳定性、可靠性差。

4.1.1　井田内小窑、老窑开采情况

胜利煤矿井田西北边界外大面积出露奥陶系基岩，无煤矿分布；井田东北和西南也无煤矿分布；井田北部为原龙达飞煤矿井田；井田东部为原西郭煤矿井田。胜利煤矿井田周边矿井分布情况详见图 4-1。

通过走访调查，胜利煤矿井田内除原山西龙达飞煤业有限公司有开采外，井田东部还有原张家庄煤矿和原西郭煤矿也有开采。

原山西龙达飞煤业有限公司建于 1970 年，批准开采 $2^{\#}$、$9^{\#}+10^{\#}+11^{\#}$ 煤层，井田面积为 1.366 km^2，生产规模为 9 万 t/a，采用主立井、副斜井联合开拓

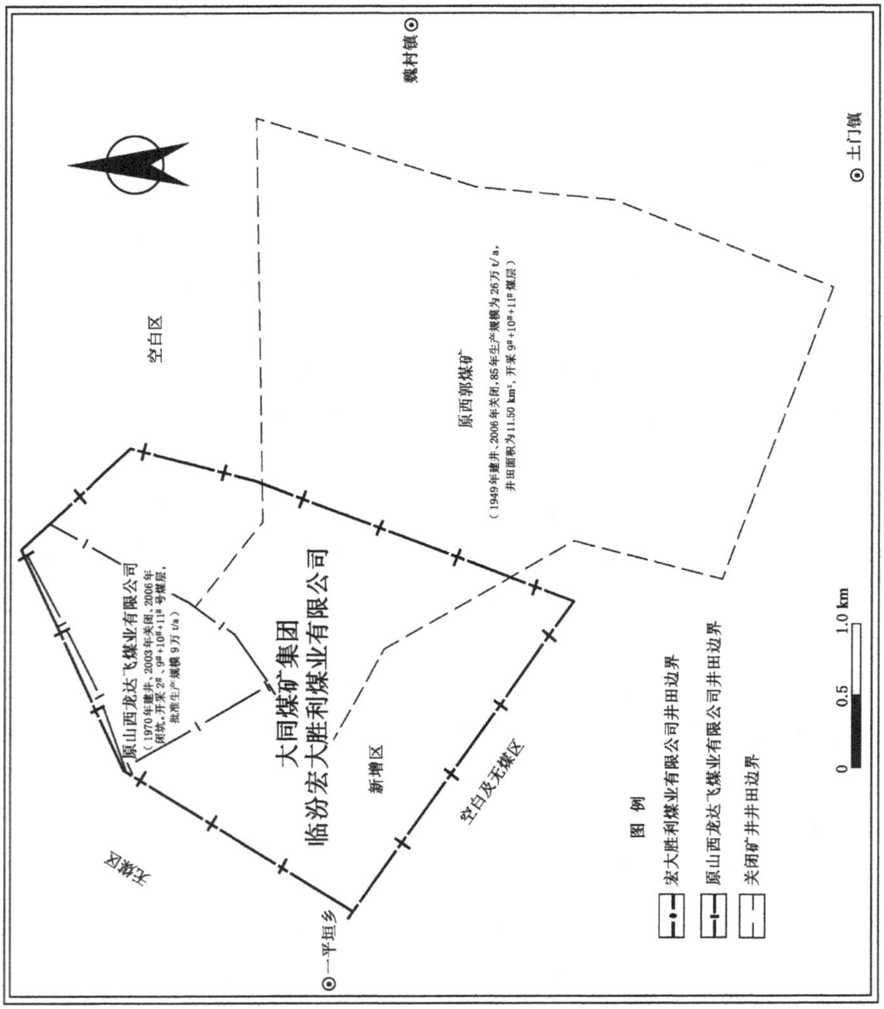

图 4-1 胜利煤矿四邻关系示意图

方式。据原山西龙达飞煤业有限公司总工程师仇松林介绍，龙达飞煤矿只开采了 2# 煤层，9# +10# +11# 煤层未采动，且巷道只掘进了一部分，未形成工作面，当时开采 2# 煤层时，未见出水现象。据他推测现在采空区内若存在积水，也是裂隙水进入采空区引起的。由于时间久远，积水可能积少成多，导致水量变大，补水水源很可能是刁底河河水通过断层进入采空区，也有可能是春季时由于冬天雪水融化之后进入井下。另据曾在老胜利煤矿（原山西龙达飞煤业有限公司前身）工作过的刘技术员、赵师傅介绍，老胜利煤矿开采 2# 煤层，已基本采空，巷道积水不大，且与潘家庄矿巷道相连，矿井采用巷道式开采，煤柱长度为 8～50 m，将顺槽里的煤柱部分进行回采。张家庄煤矿始建于 1981 年，开采 9# +10# +11# 煤层，采用立井和斜井联合开拓，矿井涌水量约为 60～90 m^3/d，2006 年前关闭。原西郭煤矿 1949 年以前已经建矿，1949 年后为地方国营煤矿，1960 年正式投产，主要开采 9# +10# +11# 煤层，年产原煤 26 万 t，经过多年开采，资源已经枯竭，2006 年因透水事故停产关闭。此外，井田东部原西郭煤矿西部的官地、上南岭、下南岭、任家庄、张家庄和银雀凹村附近沟谷中分布着一些开采 2# 及 9# +10# +11# 煤层的小窑和已经关闭的小煤矿。

通过走访调查，井田内 1949 年以前就有小窑开采的历史，多年来主要是开采有露头的 2# 和 9# +10# +11# 煤层，2# 煤层的开采主要在刁底河谷两侧、银雀凹、任家庄、上南岭和官地一带，9# +10# +11# 煤层的开采主要在刁底河谷两侧、潘家庄、卓里和上南岭村一带。潘家庄与卓里大队之间的 2# 煤层已采空。官地村东部、南部、北部，以及村庄下部存在 2# 煤层采空区，其中南部、北部的 2# 煤层均已采空，但积水不大；官地村下部的 2# 煤层虽已采空，但无积水区。小窑和老窑有沿煤层露头分布的也有以立井方式开采的。这些小窑开采都具有一定规模，坑下有大量积水。潘家庄一带的刁底河谷两侧分布着众多开采 2#、6# 和 9# +10# +11# 煤层的小窑和老窑，开采历史悠久，具有相当的开采规模，2#、6# 煤层基本被采空。通过走访及现场踏查，井田内共发现小窑口 46 个，小窑和老窑详细的开采情况见表 4-1。

4.1.2　以往采空区及积水勘查工作

为了查清井田范围内的采空区及积水分布情况，胜利煤矿曾于 2011 年委托山西省地质勘查局 213 地质队在井田范围进行了采空区及积水勘查工作。213 地质队根据井下渗、淋水区范围，地下水赋存分布规律，以往采掘图记载及知情人提供的积水区范围，结合坑下测量调查后勾绘的底板等高线图，采空区分布，对井下积水区范围进行了推断和划分，共划分了 2# 煤层采空积水区 2 处，6# 煤

表 4-1　小窑、老窑、小煤矿调查统计表

矿井名称	坑口编号	坑口性质	井(窑)口坐标/m	开采煤层	建井年代	闭坑年代	开拓方向及井(巷)深度	出煤总量	现存状态	积水情况
任家庄煤矿	X-1	主竖井	X=4 013 990 Y=37 539 417 Z=800	$2^{\#}$煤层			110 m	15 万 t	已停产数年，竖井口封闭	有积水
	X-2	风斜井	X=4 013 927 Y=37 539 510 Z=785				有北、西、南三个方向的巷道各约 200 m		已停产数年，斜井口作为抽水井使用	
	X-3	斜井	X=4 013 080 Y=37 538 815 Z=732	推测开采 $9^{\#}+10^{\#}+11^{\#}$煤层	20 世纪 70 年代	20 世纪 90 年代		有一定开采规模	井口已填平，曾经作抽水井使用	有积水
	L-4	斜井	X=4 012 655 Y=37 538 826 Z=728	$9^{\#}+10^{\#}+11^{\#}$煤层	清朝末年	民国初年	200 m、开拓方向约 350°		窑口已填平	井口有积水
	X-5	斜井	X=4 012 455 Y=37 538 986 Z=744	$9^{\#}+10^{\#}+11^{\#}$煤层露头煤		20 世纪 60 年代	沿煤层露头，巷道最多掘进 200 m		窑口已坍塌	无积水
	X-6	斜井	X=4 012 392 Y=37 539 080 Z=732	$2^{\#}$、 $9^{\#}+10^{\#}+11^{\#}$煤层露头煤		20 世纪 60 年代	沿煤层露头，巷道最多掘进 200 m	$2^{\#}$、$9^{\#}+10^{\#}+11^{\#}$煤层已基本采空	窑口已坍塌	无积水

表 4-1(续)

矿井名称	坑口编号	坑口性质	井(窑)口坐标/m	开采煤层	建井年代	闭坑年代	开拓方向及井(巷)深度	出煤总量	现存状态	积水情况
任家庄煤矿	X-7	斜井	X=4 012 245 Y=37 539 065 Z=727	2#、9# +10# +11#煤层露头煤		20 世纪 60 年代	沿煤层露头，巷道最多掘进 200 m	2#、9# +10# +11#煤层已基本采空	窑口已坍塌	无积水
	X-8	斜井	X=4 012 127 Y=37 539 154 Z=710	2#、9# +10# +11#煤层露头煤		20 世纪 60 年代	沿煤层露头，巷道最多掘进 200 m	2#、9# +10# +11#煤层已基本采空	窑口已坍塌	无积水
	X-9	斜井	X=4 011 847 Y=37 539 221 Z=697	2#、9# +10# +11#煤层露头煤			斜井沿东南方向开拓，井下水平巷道掘进约 300 m	20 t。2#、9# +10# +11#煤层已基本采空	仍有开采活动	无积水
	X-10	斜井	X=4 011 429 Y=37 539 472 Z=679	9# +10# +11#煤层			开拓方向约 270°	推测采出量不大	废弃，已坍塌	不详
	X-11	斜井	X=4 012 187 Y=37 539 394 Z=751	推测开采 4#煤层			窑口位于太原组上部，开拓方向约 90°。巷道沿岭上村方向掘进了约 600 m，把村庄下 2#煤层基本采光，9# +10# +11#煤层也开采过，但未进入到村庄下	推测采出量不大	废弃，已坍塌	不详

表 4-1(续)

矿井名称	坑口编号	坑口性质	井(窑)口坐标/m	开采煤层	建井年代	闭坑年代	开拓方向及井(巷)深度	出煤总量	现存状态	积水情况
任家庄煤矿	X-12	斜井	X=4 012 164 Y=37 539 446 Z=769	推测开采4#煤层			窑口位于太原组上部,开拓方向约90°。巷道沿岭上村方向掘进了约600 m,把村庄下2#煤层基本采光,9#+10#+11#煤层也开采过,但未进入到村庄下	推测采出量不大	废弃,已坍塌	不详
	X-13	斜井	X=4 013 327 Y=37 538 812 Z=738	2#煤层露头煤			窑口深约10 m,高约1.0 m,宽约0.8 m	约10 t	仍有开采活动	无积水
官地村办小煤窑	X-14	竖井	X=4 012 876 Y=37 539 443 Z=775	2#煤层	20世纪70年代	20世纪90年代	竖井80 m见煤	形成一定规模采空区	已封闭,规模开采停止,有零星开采活动	有积水
	X-15	斜井	X=4 012 886 Y=37 539 441 Z=776	2#煤层			主斜井向北东掘进80 m遇断层,改向北西掘进150 m			

表 4-1(续)

矿井名称	坑口编号	坑口性质	井(窑)口坐标/m	开采煤层	建井年代	闭坑年代	开拓方向及井(巷)深度	出煤总量	现存状态	积水情况
官地村办小煤窑	X-16	竖井	X=4 012 635 Y=37 539 660 Z=744	2# 煤层	20 世纪 70 年代	20 世纪 80 年代	70～80 m 见煤，单井开采。巷道方向向南，掘煤巷，未形成正规采面。井筒长度为 56～58 m，沿着煤层走 20 多米未见水，离地表约 60 m 见到水，静水位约 60 m	形成一定规模采空区，采出量约 5 万 t	废弃	有积水
	L-17	竖井	X=4 013 183 Y=37 539 966 Z=739	2# 煤层	60 年前建井，于 2003 年重新启用		竖井 65 m 见煤	井口附近共采出煤 5 万 t	封闭	有积水
	L-18	斜井	X=4 013 470 Y=37 540 024 Z=715	2# 煤层			285°三个方向的巷道			
银雀凹村办小煤窑	X-19	竖井	X=4 014 507 Y=37 539 799 Z=748	2# 煤层	2000 年		竖井 80 m 见煤	政府干涉未出多少煤被关闭	封闭	有积水
	X-20	斜井	X=4 014 558 Y=37 539 576 Z=750						副斜井半回填有水位	

表 4-1(续)

矿井名称	坑口编号	坑口性质	井(窑)口坐标/m	开采煤层	建井年代	闭坑年代	开拓方向及井(巷)深度	出煤总量	现存状态	积水情况
银雀凹村办小煤窑	L-21	竖井	X=4 013 555 Y=37 539 882 Z=710	2# 煤层	60 年前建井			几年前有村民私自打开,未等出煤被政府制止	封闭	有积水
下南岭村办小煤窑	X-22	竖井	X=4 013 398 Y=37 540 121 Z=706	9# +10# +11# 煤层	2003—2004 年	2006 年	90°方向水平巷道约 200 m	共采出煤约 10 万 t	封闭	有积水
	X-23	竖井	X=0 413 482 Y=37 540 031 Z=710				170°方向水平巷道约 200 m			
	L-24	竖井	X=4 013 381 Y=37 537 888 Z=786	9# +10# +11# 煤层	清朝末年	民国初年	10 余米	几年前有村民私自打开,发现煤已采空	封闭	有积水
	L-25	斜井	X=4 013 385 Y=37 537 899 Z=790	9# +10# +11# 煤层	清朝末年	民国初年		几年前有村民私自打开,发现煤已采空	封闭	有积水
张家庄村办小煤矿	K-26	竖井	X=4 014 016 Y=37 540 146 Z=727	9# +10# +11# 煤层	1994—1998 年	2005 年	竖井 100～110 m 见煤	共出煤约 10 万 t	封闭	有积水,开采过程中水不大,不需排水
	K-27	斜井	X=4 013 918 Y=37 540 204 Z=735				有西、南两个方向的巷道,各长约 200 m			

表 4-1(续)

矿井名称	坑口编号	坑口性质	井(窑)口坐标/m	开采煤层	建井年代	闭坑年代	开拓方向及井(巷)深度	出煤总量	现存状态	积水情况
西郭煤矿	L-28	竖井	X=4 013 148 Y=37 540 066 Z=723	2# 煤层	20 世纪 50 年代	1967 年(在 2000 年前后有开采活动)	与 L-17、L-18 相通,为同一开拓系统		封闭	有积水
	L-29	斜井	X=4 013 160 Y=37 539 970 Z=738	2# 煤层	2000 年前后				封闭	有积水
	L-30	斜井	X=4 014 230 Y=37 538 207 Z=805	2# 煤层	民国时期	后期开采半年左右,于 1996 年被政府封闭	主斜井 60 m 深,有南北各一个分巷,在主斜井下约 2 m,有一 60 m 的平行巷道	约 1 000 t	封闭	有积水
	L-31	竖井	X=4 014 211 Y=37 538 209 Z=784	2# 煤层	民国时期	后期开采半年左右,于 1996 年被政府封闭	立井下有向西南方向掘进的斜巷 60 m,在斜巷下约 2 m 有一条西南方向约 15 m 的斜巷	约 5 t	封闭	有积水
	L-32	斜井	X=4 014 178 Y=37 538 231 Z=766	4# 煤层	民国时期	后期开采~4 个月,于 1971 年停止开采	向东的斜井约 75 m	不详	封闭	有积水

表 4-1(续)

矿井名称	坑口编号	坑口性质	井(窑)口坐标/m	开采煤层	建井年代	闭坑年代	开拓方向及井(巷)深度	出煤总量	现存状态	积水情况
西郭煤矿	L-33	斜井	X=4 014 075 Y=37 538 259 Z=770	4#煤层	民国时期	后期开采一年多,于1963年停止开采	向东的斜井约155 m	不详	封闭	有积水
	L-34	斜井	X=4 014 016 Y=37 538 361 Z=776	6#煤层	民国时期	后期开采一年多,于1971年停止开采	向北东方向60°的斜井约200多米	不详	封闭	有积水
	X-35	斜井	X=4 013 890 Y=37 538 434 Z=767	1#煤层	1965年	不间断开采	向北东方向85°的斜井约65 m	约55 t	仍有开采活动	无积水
	L-36	斜井	X=4 013 633 Y=37 538 527 Z=750	6#、9#+10#+11#煤层	民国时期	在2000年前后有开采活动,于2001年由政府封闭	向西南方向40°的斜井	不详	孔口已炸毁	无积水

表 4-1(续)

矿井名称	坑口编号	坑口性质	井(窑)口坐标/m	开采煤层	建井年代	闭坑年代	开拓方向及井(巷)深度	出煤总量	现存状态	积水情况
卓里大队煤矿	K-37	风斜井	X=4 013 526 Y=37 538 659 Z=756	6[#]煤层	1969—1985 年	1995 年左右	北偏东 85°与主斜井相通沿正东方向掘进 200 m	约 20 万 t	封闭	有积水
	K-38	斜井	X=4 013 505 Y=37 538 628 Z=750				主斜井向北东方向 53°掘进约 330 m,有三条分巷向东掘进,后遇断层,停止开采			
	X-39	平硐	X=4 013 464 Y=37 538 682 Z=737		2002 年	2002 年	向北东方向 55°掘进 75 m	未见煤	封闭	无积水
	X-40	斜井	X=4 013 464 Y=37 538 682 Z=737	4[#]煤层	2002 年	2002 年	向北东方向 55°掘进 75 m。向东沿着官地村掘进了约 500 m,可能有积水,开采时遇到过透水	不详	封闭	无积水

表 4-1(续)

矿井名称	坑口编号	坑口性质	井(窑)口坐标/m	开采煤层	建井年代	闭坑年代	开拓方向及井(巷)深度	出煤总量	现存状态	积水情况
卓里大队煤矿	X-41	斜井	X=4 013 231 Y=37 538 824 Z=740	6$^{\#}$煤层	1973 年	开采十几年后有回采，于 2000 年停止	向北西方向 4°掘进 360 m。向东沿着官地村掘进了约 500 m，可能有积水，开采时遇到过透水	不超过 2 万 t	封闭	有积水
	X-42	风斜井	X=4 013 464 Y=37 538 682 Z=737				南偏东方向 15°为 X-41 风井口。向东沿着官地村掘进了约 500 m，可能有积水，开采时遇到过透水			
	L-43	斜井	X=4 013 123 Y=37 538 850 Z=734	6$^{\#}$煤层	民国时期	近十几年有回采，于 2001 年停止	向北西方向 1°掘进约 493 m，有东、西方向的斜井各约 20～30 m。向东沿着官地村掘进了约 500 m，可能有积水，开采时遇到过透水	2 万 t 左右	封闭	有积水
	L-44	风斜井	X=4 013 125 Y=37 538 851 Z=741				北偏东 30°为 L-43 风井口			

表 4-1(续)

矿井名称	坑口编号	坑口性质	井(窑)口坐标/m	开采煤层	建井年代	闭坑年代	开拓方向及井(巷)深度	出煤总量	现存状态	积水情况
卓里大队煤矿	X-45	立井	X=4 014 617 Y=37 539 857 Z=760	2# 煤层	不详	不详	竖井深 120 m	不详	封闭	不详
	L-46	立井	X=4 013 529 Y=37 538 430 Z=761	9# +10# +11# 煤层	不详	不详	竖井深 80 m，巷道沿东南方向掘进 30 m，未见煤层	未见煤	封闭	不详

注：编号中 X 为小窑，L 为老窑，K 为小型煤矿。

层采空积水区3处；9# +10# +11# 煤层采空积水区4处。胜利煤矿井田范围内采空区情况详见表4-2。

表4-2 胜利煤矿采空区情况一览表

煤层	采(古)空区编号	性质	面积/m²	积水面积/m²
2#	2-1	小窑破坏区	4 112 075	600 625
	2-2	2006年前采空区		898 300
6#	6-1	小窑破坏区	149 750	3 625
	6-2	小窑破坏区	873 800	230 150
	6-3	小窑破坏区	739 500	209 325
9# +10# +11#	10-1	1981—2006年采空区	474 450	455 975
	10-2	1919—1999年采空区	904 950	452 375
	10-3	1921—1950年采空区	732 825	179 175
	10-4	1981—2011年小(老)窑破坏区	279 173	103 950

通过本次踏查，经过咨询矿井有关技术人员，由于6# 煤层较薄不可采，不存在采空区，因此6# 煤层不作为本书的研究重点。

4.2 井下物探判定分析

为了查明不明采空区的范围及采空区内积水情况，根据采空区地球物理特征，采用井下物探的探查方法对其进行探测、研究。

瞬变电磁法(简称TEM)是近几年发展并推广起来的一种新方法、新技术，是以地下不同介质之间存在着导电性差异为物理基础的一类方法，属于时间域主动源(人工源)电磁法。根据瞬变电磁法对低阻体反应敏感的特点，将其用于煤矿井下水文勘查。瞬变电磁法是一种极具发展前景的方法，可查明含水地质如岩溶洞穴与通道、煤矿采空区、深部不规则水体等。瞬变电磁法在提高探测深度和在高阻地区寻找低阻地质体是最灵敏的方法，具有自动消除主要噪声源且无地形影响，同点组合观测，与探测目标有最佳耦合，异常响应强，形态简单，分辨能力强等优点。

4.2.1　采空区地球物理特征

煤层赋存于成层分布的煤系地层中，煤层被开采后形成采空区，破坏了原有的应力平衡状态。当开采面积较小时，且煤层顶板为塑性岩石并保存完整，由于残留煤柱较多，压力转移到煤柱上，未引起地层变形、塌陷，采空区以充水或不充水的空洞形式保存下来；但多数采空区在重力和地层应力作用下，顶板垮落，形成冒落带、裂隙带和弯曲带。这些地质因素的变化，使得采空区及其上部地层的地球物理特征发生了显著变化，主要表现为：

① 煤层采空区冒落带与完整地层相比，岩性变得疏松、密实度降低，即单位体积内介质的密度降低，同时使得传播于其中的导电性降低，在电性上表现为高阻异常；

② 煤层采空区裂隙带与完整地层相比，岩性没有发生明显的变化，但由于裂隙带内岩石的裂隙发育，同时使得传播于其中的导电性变差，岩石的电阻率明显变大。

通常情况下，冒落带的高度一般在十几米左右，其内部充填的松散物的视电阻率明显高于周围介质，裂隙带的高度一般在几十米，主要是由于采空区塌陷造成岩石出现裂隙，岩石的电阻率明显变大，而当采空区充水较多时，由于水的存在，导电性变强，采空区的电阻率明显变小，与煤层、岩层有明显的电性差异，表现为低阻异常。

由此可见，采空积水区的视电阻率明显区别于采空区和未采区的视电阻率，这是瞬变电磁法探测采空积水区的物理前提。

4.2.2　瞬变电磁法原理

(1) 瞬变电磁法基本原理

矿井瞬变电磁法是利用敷设在地面的不接地回线(大回线、线圈)通以脉冲电流向地下发送一次脉冲磁场，或利用接地线源直接向地下发送一次脉冲电流场，使地下导电地质体因电磁感应现象产生感应涡旋电流，在一次脉冲磁场间歇期间，利用另一回线或探头接收由地下地质体受激励引起的涡旋电流产生的随时间变化的感应二次场(按指数规律衰减)。二次场的大小与地下地质体的电性有关：低阻地质体的感应二次场衰减速度较慢，二次场电压较大；高阻地质体感应二次场衰减速度较快，二次场电压较小。根据二次场衰减的特征，可以判断地下地质体的电性特征、性质、规模和产状等，从而可以解决如断层、陷落柱、采空区等地质问题。瞬变电磁法基本原理如图 4-2 所示。

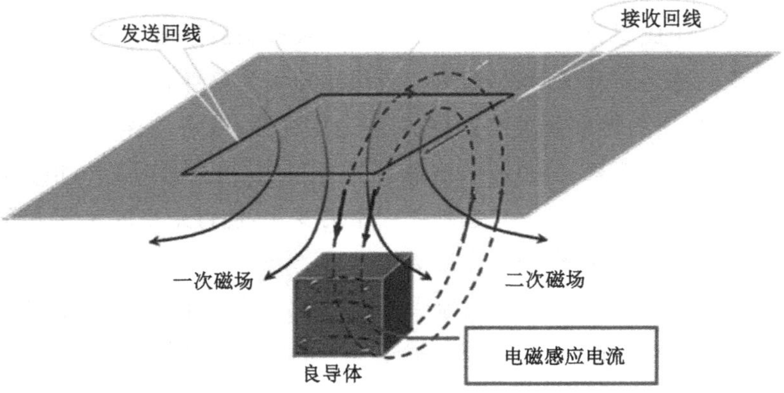

图 4-2　瞬变电磁法基本原理示意图

(2) 井下瞬变电磁法原理

井下瞬变电磁法是在井下巷道内利用不接地的小线圈通以脉冲电流向巷道顶底板、两帮及掘进头发送一次脉冲磁场，使巷道周围及掘进头前方的导电介质受电磁感应而激发出感应涡旋电流，切断电源，先前产生的涡旋电流会随着时间的推移而衰减，在此期间，利用另一个小线圈接收来自巷道四周及掘进头前方由于涡旋电流衰减而产生的随时间变化的感应二次电场和磁场。在一次脉冲磁场的间歇期间，测量这二次电场和磁场及其随时间的衰减。

4.2.3　井下瞬变电磁法特点

① 由于井下测量环境与地表不同，无法采用地表测量时的大线圈(边长大于 50 m)装置，只能采用边长小于 3 m 的多匝小线框，因此与地面瞬变电磁法相比具有数据采集工作量小，测量设备轻便，工作效率高，成本低等优点；对于其他矿井物探法无法施工的巷道(巷道长度有限或巷道掘进迎头超前探测等)，可采用测量装置小、轻便的矿井瞬变电磁法探测。

② 由于采用小线圈测量，点距更密(一般为 2～20 m)，可降低体积效应，提高勘探的横向分辨率。

③ 进行测量装置靠目标体更近，将会大大提高异常体的感应信号强度。

④ 利用井下瞬变电磁法小线框发射电磁波的方向性，可分别用于探测巷道底板下一定深度内含水异常体垂向和横向发育规律、顶板一定范围内含水低阻异常体的发育规律及巷道掘进迎头超前探测等。

⑤ 由于瞬变电磁法关断时间的影响，与其他物探法相比，无法探测到更浅部的异常体，往往在浅部形成 20 m 左右的盲区。

⑥ 井下瞬变电磁法勘探受井下金属仪器设备(采煤机械、变压器、金属支架等)的影响较大，在探测前应将影响勘探精度的金属导体(电缆、水管、信号线等)进行断开处理，巷道必须停止一切掘进工作，且掘进机必须离巷道迎头 7 m 以上，还要在后期资料处理解释中进行校正或剔除。

目前，矿井瞬变电磁法不仅用于解决煤层顶板或底板岩层内部的富水异常区探测问题，还广泛应用于巷道掘进迎头前方的突水构造预测和工作面内含水陷落柱的勘查等。

4.2.4　井下瞬变电磁施工方法

超前探测测点分为平面测点和竖直测点两部分。

平面测点方向设计：距离工作面迎头 100 m 位置开始进行探测，一般布置 11 个探测点(可适度加密，但不得少于 11 个测点)，每 10 m 进行一组探测(图 4-3)，发射天线法线方向向工作面迎头。

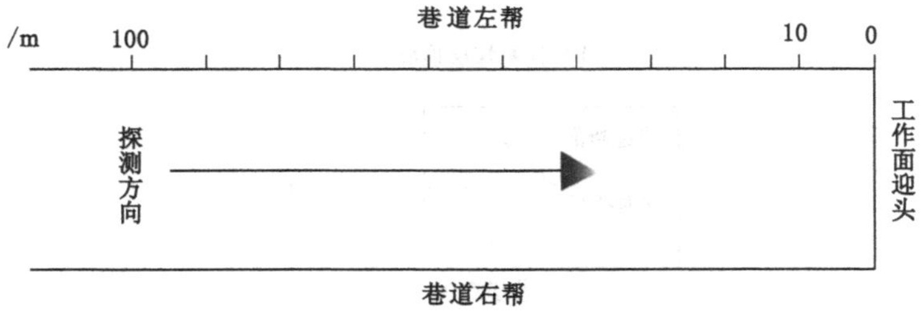

图 4-3　巷道水平方向施工示意图

竖直测点方向设计：每个探测点一般布置三个探测方向，分别探测斜向上 30°或 45°、水平方向、斜向下 30°或 45°(图 4-4)。特殊情况根据现场环境而设计。

4.2.5　胜利煤矿井下瞬变电磁法探测结果分析

4.2.5.1　胜利煤矿井下物探施工情况

胜利煤矿采用瞬变电磁法在井下 7 条巷道内进行了勘探，分别为 1902 回风巷、北回风巷、南回风巷、轨道巷、胶带巷、主斜井以及副斜井水泵房。具体井下勘探施工情况见表 4-3。

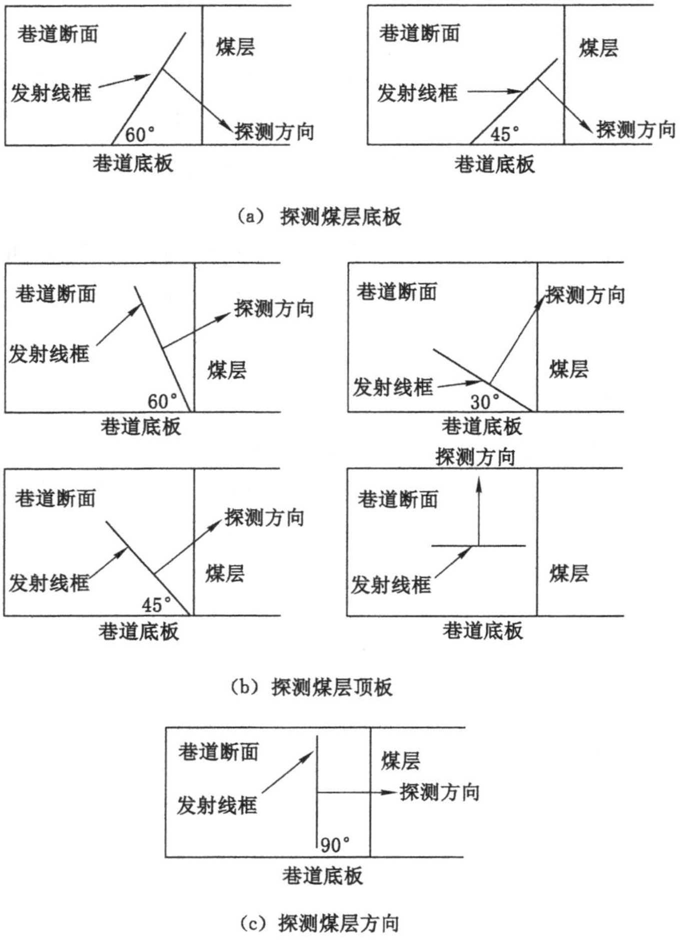

图 4-4　巷道竖直测点方向施工示意图

表 4-3　井下物探施工情况表

勘探巷道	勘探地点	勘探范围	测线布置条数	测线方向
1902 回风巷	5 m 掘进头处超前探测	100 m	3	斜向上 30°、斜向下 30°、顺层方向
	80 m 掘进头处超前探测	150 m	3	斜向上 30°、斜向下 30°、顺层方向
	190 m 掘进头处超前探测	150 m	3	斜向上 30°、斜向下 30°、顺层方向
	330 m 掘进头处超前探测	150 m	3	斜向上 30°、斜向下 30°、顺层方向
	445 m 掘进头处超前探测	150 m	3	斜向上 30°、斜向下 30°、顺层方向

表 4-3(续)

勘探巷道	勘探地点	勘探范围	测线布置条数	测线方向
北回风巷	回风联络巷开口处超前探测	100 m	3	斜向上 30°、斜向下 30°、顺层方向
南回风巷	回风联络巷开口处超前探测	100 m	3	斜向上 30°、斜向下 30°、顺层方向
轨道巷	100 m 掘进头处超前探测	100 m	3	斜向上 30°、斜向下 30°、顺层方向
	295 m 掘进头处超前探测	100 m	3	斜向上 30°、斜向下 30°、顺层方向
	370 m 掘进头处超前探测	150 m	3	斜向上 30°、斜向下 30°、顺层方向
胶带巷	10 m 掘进头处超前探测	100 m	3	斜向上 45°、斜向下 45°、顺层方向
	200 m 掘进头处超前探测	100 m	3	斜向上 30°、斜向下 30°、顺层方向
	300 m 掘进头处超前探测	100 m	3	斜向上 30°、斜向下 30°、顺层方向
	400 m 掘进头处超前探测	100 m	3	斜向上 45°、斜向下 45°、顺层方向
	445 m 掘进头处超前探测	150 m	4	斜向上 60°、斜向上 30°、斜向下 30°、顺层方向
主斜井	285 m 掘进头处超前探测	100 m	2	斜向下 30°、顺层方向
	385 m 掘进头处超前探测	50 m	3	斜向上 30°、斜向下 30°、垂直水平方向
	480 m 掘进头处超前探测	100 m	3	斜向上 30°、斜向下 30°、顺层方向
	570 m 掘进头处超前探测	100 m	3	斜向上 30°、斜向下 30°、顺层方向
副斜井	副斜井水泵房 227～267 m 处超前探测	100 m	4	斜向上 45°、斜向上 30°、斜向下 30°、顺层方向

4.2.5.2　物探结果分析

通过查阅相关资料及该地区以往物探成果报告，确定高阻异常的临近视电阻率值为 140，低阻异常的临近视电阻率值为 30。

在瞬变电磁法视电阻率剖面图上根据颜色变化和区别来判断区分赋水性。

(1) 1902 回风巷 5 m 掘进头处超前探测

① 斜向上 30°方向视电阻率剖面如图 4-5 所示。

图中颜色较深，视电阻率值在 140 以上的区域为高阻区。虽为高阻区，但是视电阻率等值线分布较均匀，且以勘探点为圆心(以中心轴线为标准)，大致呈对称分布，巷道掘进头与周围空间的视电阻率值没有发生明显变化，若存在采空区或积水区，那么视电阻率值一定会发生明显变化，所以此高阻区域内不存在采空区。此高阻区距 9# +10# +11# 煤层顶板的最大垂直高度约为 40 m，在距 9# +10# +11# 煤层顶板 0～40 m 范围内不存在任何可采煤层，进一步证明此高阻区

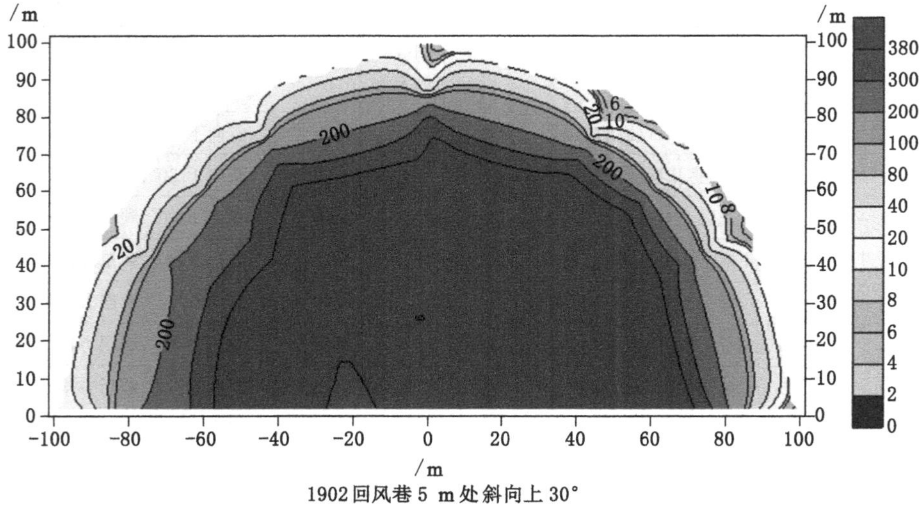

图 4-5 斜向上 30°方向视电阻率剖面图

域内不可能存在采空区。导致区域呈现高阻现象的原因，可能是由于区域内岩性发生变化或者存在不含水陷落柱。

图中颜色较浅，视电阻率值在 30 以下的区域为低阻区。由于此次探测范围为 100 m，探测方向为斜向上 30°，所以此次探测的最大垂直高度为 50 m，未达到 2# 煤层，无法反映出 2# 煤层实际开采与积水情况。9# +10# +11# 煤层与 2# 煤层间没有其他可采煤层，故不存在煤层采空区或采空积水区。根据地面钻孔柱状图和水文地质资料，经过分析，该区域出现低阻现象，是由于此区域内岩层赋水性较强，使导电性变强，视电阻率减小。

② 顺层方向视电阻率剖面如图 4-6 所示。

图中颜色较深，视电阻率值在 140 以上的区域为高阻区。虽为高阻区，但是视电阻率等值线分布较均匀，且以勘探点为圆心(以中心轴线为标准)，大致呈对称分布，巷道掘进头与周围空间的视电阻率值没有发生明显变化，若存在采空区或积水区，那么采空区或积水区的视电阻率值一定会与周围未采区煤岩层视电阻率存在明显差别，所以此高阻区域内不存在采空区。

图中颜色较浅，视电阻率值在 30 以下的区域为低阻区。其中大部分区域以勘探点为圆心(以中心轴线为标准)，大致呈对称分布，视电阻率等值线分布较均匀。其中位于掘进头正前方距勘探点 87～100 m 和掘进头右前方与中心轴线夹角 36°～63°方向距勘探点 87～100 m 范围内，两处低阻异常区域视电阻率值

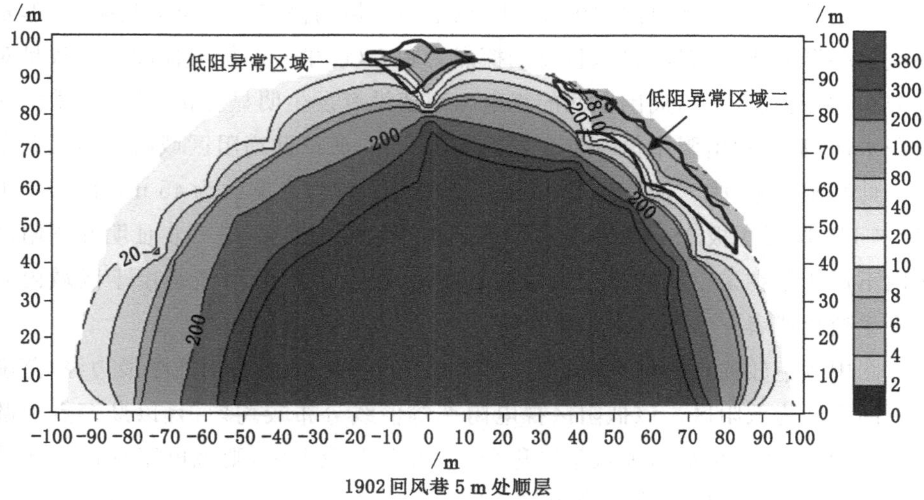

图 4-6　顺层方向视电阻率剖面图

比其周围空间电阻率值变化较大，视电阻率值均在 10 以下。该低阻异常区域内不存在断层，出现低阻现象的原因可能是由于此区域内岩层赋水性强或存在含水陷落柱或积水老巷，需要根据现场实际情况，采用钻孔超前探测进行验证。

③ 斜向下 30°方向视电阻率剖面如图 4-7 所示。

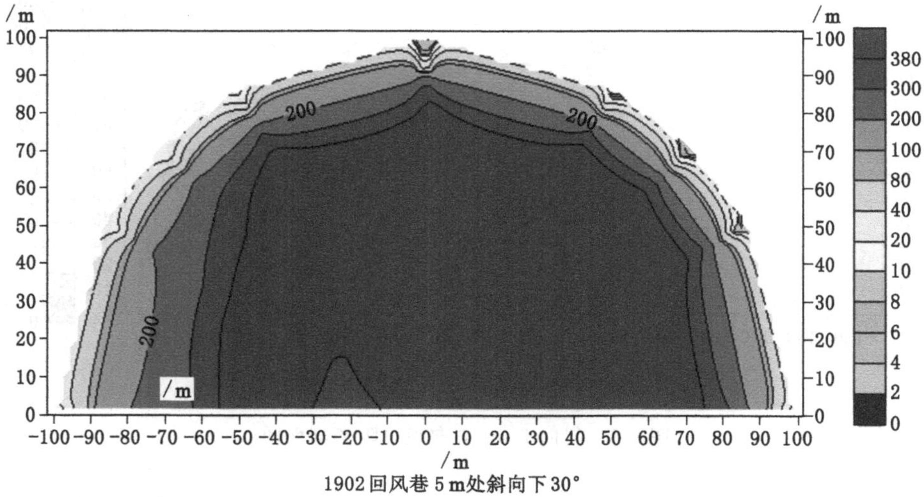

图 4-7　斜向下 30°方向视电阻率剖面图

图中颜色较深，视电阻率值在140以上的区域为高阻区。虽为高阻区，但是视电阻率等值线分布较均匀，且以勘探点为圆心（以中心轴线为标准），大致呈对称分布，巷道掘进头与周围空间的视电阻率值没有发生明显变化，若存在采空区或积水区，那么视电阻率值一定会发生明显变化，所以此高阻区域内不存在采空区。此高阻区距9# +10# +11#煤层底板的最大垂直高度约为45 m，在距9# +10# +11#煤层底板0～45 m范围内不存在任何可采煤层，进一步证明此高阻区域内不可能存在采空区。导致区域呈现高阻现象的原因，可能是由于区域内岩性发生变化或者存在不含水陷落柱。

图中颜色较浅，视电阻率值在30以下，位于此视电阻率剖面图最边缘，范围极小的区域为低阻区。该低阻区视电阻率等值线分布较均匀，且以勘探点为圆心（以中心轴线为标准），大致呈对称分布，若存在积水区，则视电阻率值应比其周围其他岩层的视电阻率值有所减小，且下降幅度明显。9# +10# +11#煤层下方无其他可采煤层，故不存在煤层采空区或采空积水区。造成该区域出现低阻现象的原因，可能是由于小范围岩体裂隙赋水性强所导致。

(2) 1902回风巷80 m掘进头处超前探测

① 斜向上30°方向视电阻率剖面如图4-8所示。

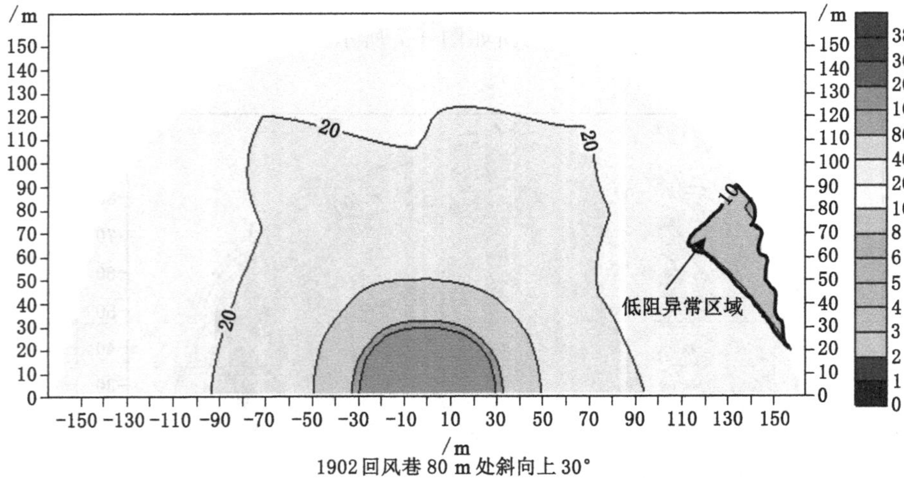

图4-8 斜向上30°方向视电阻率剖面图

图中颜色较深，视电阻率值在140以上的区域为高阻区。虽为高阻区，但是视电阻率等值线分布均匀，且以勘探点为圆心（以中心轴线为标准），大致呈对称分布，巷道掘进头与周围空间的视电阻率值没有发生明显变化，若存在采空区，那么视电阻率值一定会发生明显升高，所以此高阻区域内不存在采空区。

图中颜色较浅，视电阻率值在10～30之间的区域为低阻区。通过探测，大部分低阻区域以勘探点为圆心（以中心轴线为标准），大致呈对称分布，视电阻率等值线分布较均匀，若存在采空积水区，则其视电阻率会比周围岩体的视电阻率发生明显的下降，故排除存在采空积水区的可能。造成该区域出现低阻现象的原因，可能是由于此区域内岩层赋水性较强所导致。

图中位于掘进头右斜上前方与中心轴线夹角59°～79°方向距勘探点130～160 m范围内，浅色区域为低阻异常区，该区域内视电阻率值均小于10。由于2#煤层与9#＋10#＋11#煤层最小层间距为74.88 m，且探测方向为斜向上30°，若此次探测正处于2#煤层与9#＋10#＋11#煤层间距最小的位置，那么在视电阻率剖面图与勘探点距离大于149.76 m以上的探查范围能够反映出2#煤层的开采与积水情况。若存在2#煤层采空积水区，那么积水势必会由于自身重力而沿着2#煤层开采后形成的底板破坏裂隙及岩层裂隙补给2#煤层下覆其他岩层，使其导电性增强，视电阻率值减小，从而解释了2#煤层采空积水区下覆一定厚度的岩层也会出现低阻异常现象的原因。此低阻异常区域在视电阻率剖面图上与勘探点最大距离为160 m，能够反映2#煤层的相关情况。由于此低阻异常区域分布不规则，且视电阻率值比周围岩体有明显的下降，判定造成此区域低阻异常的原因可能是由于此区域内与勘探点距离大于149.76 m以上的探查范围存在2#煤层采空积水区，或区域岩层赋水性强或存在含水陷落柱。

② 顺层方向视电阻率剖面如图4-9所示。

图中颜色较深，视电阻率值在140以上的区域为高阻区。虽为高阻区，但是视电阻率等值线分布均匀，且以勘探点为圆心（以中心轴线为标准），大致呈对称分布，巷道掘进头与周围空间的视电阻率值没有发生明显变化，若存在采空区，那么视电阻率值一定会发生明显升高，所以此高阻区域内不存在采空区。

图中颜色较浅，视电阻率值在20～30之间的区域为低阻区。通过探测，大部分低阻区域以勘探点为圆心（以中心轴线为标准），大致呈对称分布，视电阻率等值线分布较均匀，若存在采空积水区，则其视电阻率会比周围岩体的视电阻率发生明显的下降，故排除存在采空积水区的可能。造成该区域出现低阻现象的原因，可能是由于9#＋10#＋11#煤层裂隙赋水性较强所导致。

图中位于掘进头左前方与中心轴线夹角23°～55°方向距勘探点40～160 m

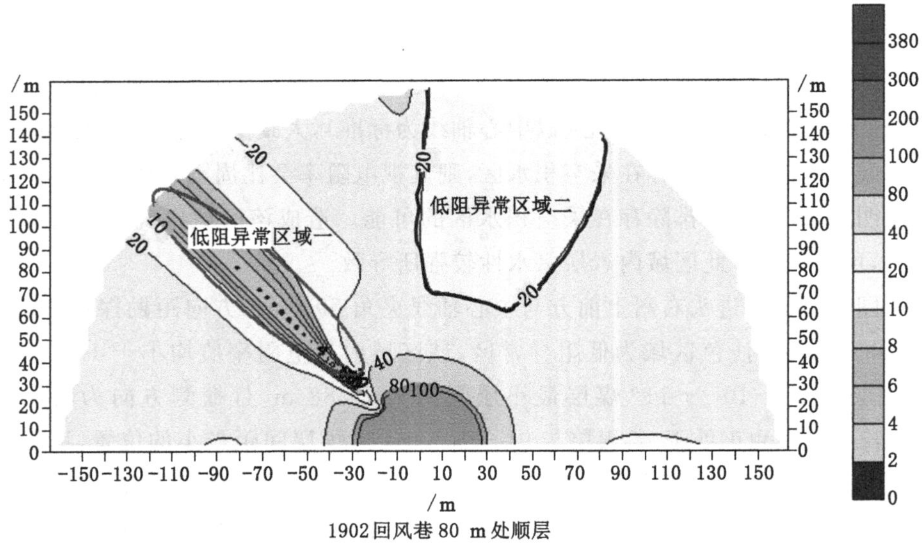

图 4-9　顺层方向视电阻率剖面图

范围内，浅色区域为低阻异常区域一，异常区呈带状分布。该低阻异常区域视电阻率较其周围空间视电阻率明显下降，视电阻率值均在 20 以下，且在区域内视电阻率值进一步减小，最终下降到 4 以下。该低阻异常区域内不存在断层，出现低阻现象的原因，可能是由于此区域内岩层赋水性强或存在含水陷落柱或积水老巷，需要根据现场实际情况，采用钻孔超前探测进行验证。

图中位于掘进头正前方至与中心轴线夹角 54°方向距勘探点 70～160 m 范围内，为低阻异常区域二。该低阻异常区域视电阻率较其周围空间视电阻率明显下降，视电阻率值均在 20 以下。该低阻异常区域内不存在断层，出现低阻现象的原因可能是由于此区域内岩层赋水性强或存在含水陷落柱或积水老巷，需要根据现场实际情况，采用钻孔超前探测进行验证。

③ 斜向下 30°方向视电阻率剖面如图 4-10 所示。

图中颜色较深，视电阻率值在 140 以上的区域为高阻区。虽为高阻区，但是视电阻率等值线分布均匀，且以勘探点为圆心（以中心轴线为标准），大致呈对称分布，巷道掘进头与周围空间的视电阻率值没有发生明显变化，若存在采空区，那么视电阻率值一定会发生明显升高，所以此高阻区域内不存在采空区。

图中位于掘进头左帮斜下前方至左斜下前方与中心轴线夹角 40°方向距勘

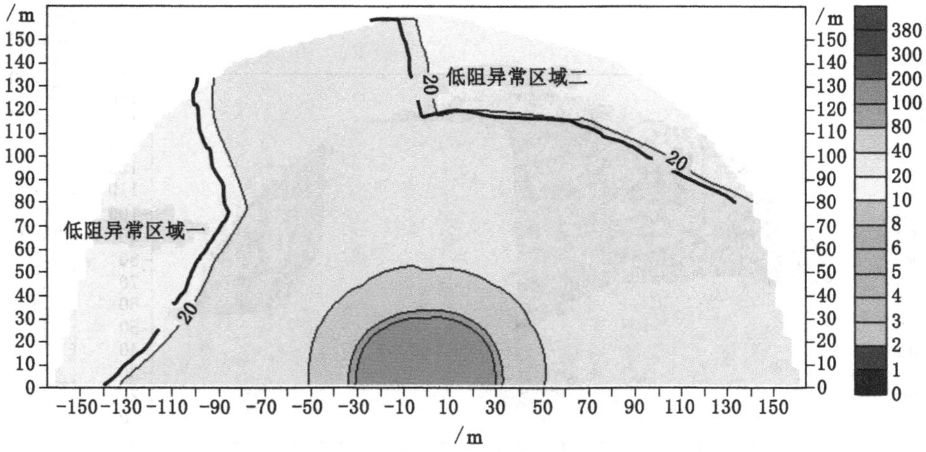

图 4-10　斜向下 30°方向视电阻率剖面图

探点 110～160 m 范围内，为低阻异常区域一。该低阻异常区域视电阻率较其周围空间视电阻率明显下降，视电阻率值均在 20 以下。该低阻异常区域内不存在断层，且 9# ＋10# ＋11# 煤层下方没有其他可采煤层，不会出现采空积水区，出现低阻现象的原因，可能是由于此区域内岩层赋水性强，或存在含水陷落柱。

图中位于掘进头正前下方至掘进头右斜下前方与中心轴线夹角 60°方向距勘探点 120～160 m 范围内，为低阻异常区域二。该低阻异常区域视电阻率较其周围空间视电阻率明显下降，视电阻率值均在 20 以下。该低阻异常区域内不存在断层，且 9# ＋10# ＋11# 煤层下方没有其他可采煤层，不会出现采空积水区，那么出现低阻现象的原因，可能是由于此区域内岩层赋水性强，或存在含水陷落柱。

(3) 1902 回风巷 190 m 掘进头处超前探测

① 斜向上 30°方向视电阻率剖面如图 4-11 所示。

位于掘进头左斜上前方与中心轴线夹角 60°方向至掘进头右斜上前方与中心轴线夹角 25°方向距勘探点 45～150 m 范围的颜色加重区域及右斜上前方与中心轴线夹角成 35°～70°方向距勘探点 115～150 m 范围的颜色加重区域，视电阻率值在 2 以下，这两处区域均为低阻异常区。低阻异常区视电阻率等值线分布不均匀，变化不规则。由于 2# 煤层与 9# ＋10# ＋11# 煤层最小层间距为 74.88 m，且探测方向为斜向上 30°，所以在视电阻率剖面图与勘探点距离大于

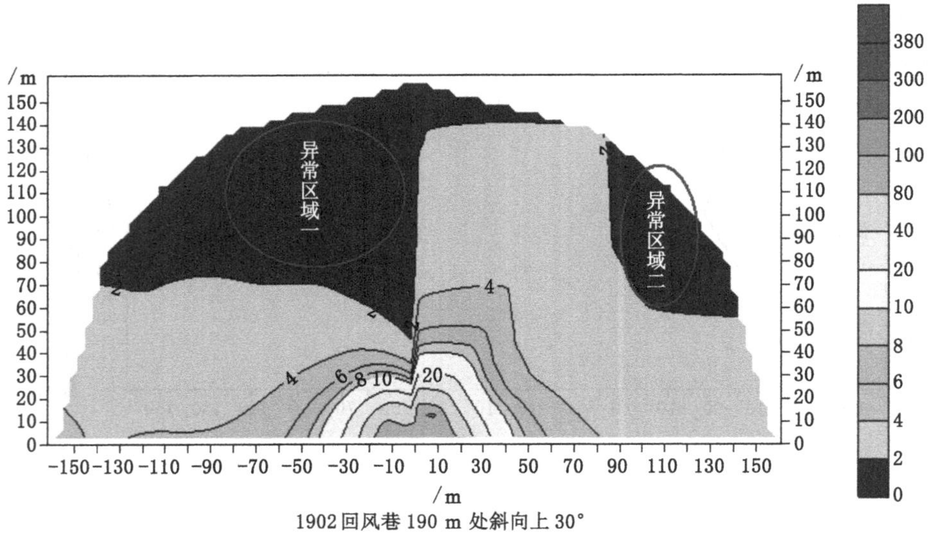

图 4-11　斜向上 30°方向视电阻率剖面图

149.76 m 以上的探查范围能够反映出 2# 煤层的开采与积水情况。此次探测范围为 150 m，大于 149.76 m，如果此次探测正处于 2# 煤层与 9# +10# +11# 煤层间距最小的位置，那么此次探测就能够到达 2# 煤层，进而反映出 2# 煤层的开采与积水情况。若存在 2# 煤层采空积水区，那么积水势必会由于自身重力而沿着 2# 煤层开采后形成的底板破坏裂隙及岩层裂隙补给 2# 煤层下覆其他岩层，使其导电性增强，视电阻率值减小，从而解释了 2# 煤层采空积水区下覆一定厚度的岩层也会出现低阻异常现象的原因。经过分析，造成这两处区域低阻异常的原因可能是两处区域内与勘探点距离大于 149.76 m 的探查范围存在 2# 煤层采空积水区，或区域岩层赋水性强，或存在含水陷落柱。

图中浅色，视电阻率值在 2～30 范围内的区域为低阻区。通过探测，大部分低阻区域以勘探点为圆心（以中心轴线为标准），大致呈对称分布，视电阻率等值线分布较均匀。若存在采空积水区，则其视电阻率值会比周围岩体的视电阻率发生明显的下降，故排除存在采空积水区的可能。造成该区域出现低阻现象的原因，可能是由于该区域岩层赋水性较强所导致。

② 顺层方向视电阻率剖面如图 4-12 所示。

在掘进头左前方与中心轴线夹角 0°～70°方向距勘探点 60～150 m 的颜色加重区域及右前方与中心轴线夹角 45°～70°方向距勘探点 80～150 m 的颜色加

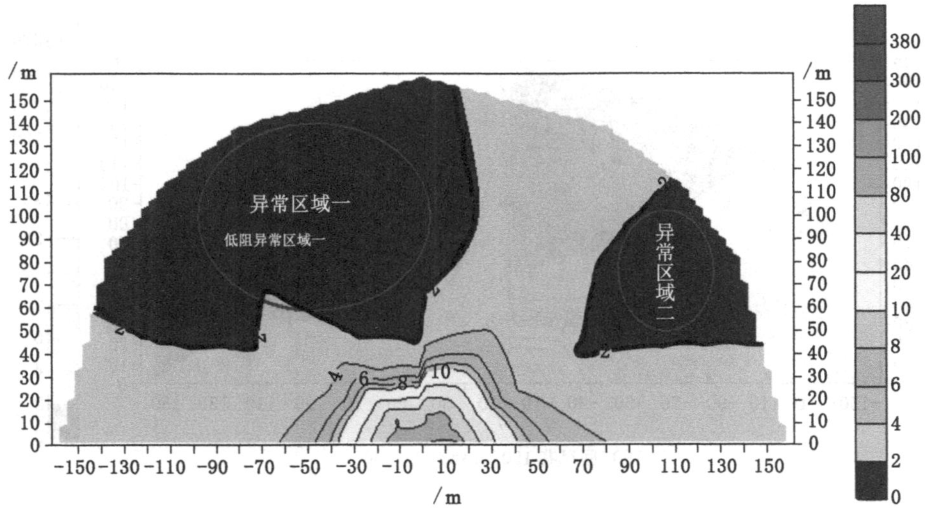

图 4-12　顺层方向视电阻率剖面图

重区域，视电阻率值均在 2 以下，且分布不规则，这两处区域为低阻异常区。判定此区域最有可能存在采空积水区，需采用钻孔超前探测进行验证。验证结果若非存在采空积水区，则造成此区域低阻异常的原因可能是区域岩层赋水性强或存在含水陷落柱。

图中颜色呈较浅色，视电阻率值在 2～30 范围内的区域为低阻区。通过探测，大部分低阻区域以勘探点为圆心（以中心轴线为标准），大致呈对称分布，视电阻率等值线分布较均匀。若存在采空积水区，则其视电阻率值会比周围岩体的视电阻率发生明显的下降，故排除存在采空积水区的可能。造成该区域出现低阻现象的原因，可能是由于区域岩层赋水性较强所导致。

③ 斜向下 30°方向视电阻率剖面如图 4-13 所示。

位于掘进头正斜下前方至左斜下前方与中心轴线夹角成 45°方向距勘探点 55～150 m 范围的颜色加重区域及右帮斜下前方至右斜下前方与中心轴线夹角成 24°方向距勘探点 70～150 m 范围的颜色加重区域，视电阻率值在 2 以下，这两处区域均为低阻异常区。这两处低阻异常区域视电阻率等值线分布不均匀，且变化不规则。低阻异常区域内不存在断层，且 9# +10# +11# 煤层下方没有其他可采煤层，不会出现采空积水区。低阻异常区域一距 9# +10# +11# 煤层底板的最小垂直距离为 27.5 m，由于 9# +10# +11# 煤层底板下方 21 m 处赋存

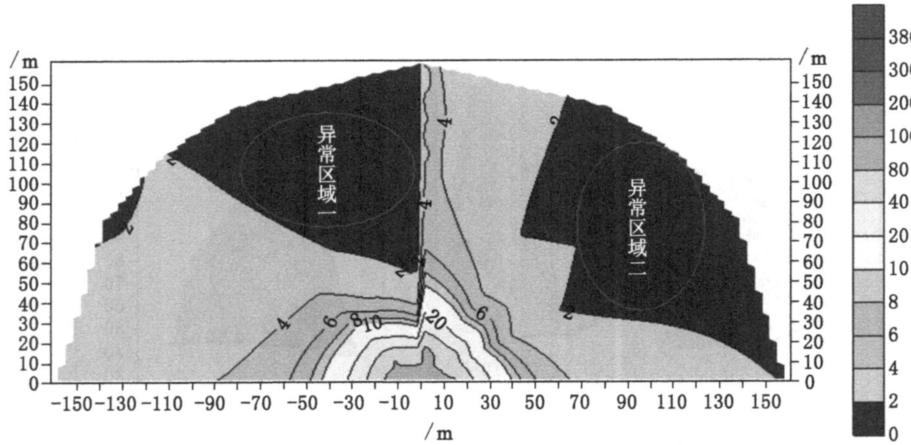

1902 回风巷 190 m 处斜向下 30°

图 4-13 斜向下 30°方向视电阻率剖面图

有石炭系密西西比亚系本溪组底部的铝土质、铁铝质泥岩隔水层，隔水性好，所以低阻异常区域一不受上方是否存在 $9^{\#}+10^{\#}+11^{\#}$ 煤层采空积水区的影响；低阻异常区域二距 $9^{\#}+10^{\#}+11^{\#}$ 煤层底板的垂直距离为 35～75 m，由于 $9^{\#}+10^{\#}+11^{\#}$ 煤层底板下方 21 m 处赋存有石炭系密西西比亚系本溪组底部的铝土质、铁铝质泥岩隔水层，隔水性好，所以低阻异常区域二在视电阻率剖面图上与勘探点距离大于 42 m 的区域不会受到上方是否存在采空积水区的影响，而距离小于 42 m 的区域则有可能受到上方采空积水区的影响。与勘探点距离小于 42 m 的区域，若上方存在 $9^{\#}+10^{\#}+11^{\#}$ 煤层采空积水区，积水会通过开采后底板形成的破坏裂隙影响这部分区域，导致区域呈现低阻异常，所以这部分区域上方有可能存在 $9^{\#}+10^{\#}+11^{\#}$ 煤层采空积水区。那么出现低阻现象的原因，可能是由于此区域内岩层赋水性强，或存在含水陷落柱，需要根据现场实际情况，采用钻孔超前探测进行验证。

图中颜色呈较浅色，视电阻率值在 2～30 范围内的区域为低阻区。通过探测，大部分低阻区域以勘探点为圆心（以中心轴线为标准），大致呈对称分布，视电阻率等值线分布较均匀。若存在采空积水区，则其视电阻率值会比周围岩体的视电阻率发生明显的下降，故排除存在采空积水区的可能。造成该区域出现低阻现象的原因，可能是由于区域内岩层赋水性较强所导致。

(4) 1902 回风巷 330 m 掘进头处超前探测

① 斜向上 30°方向视电阻率剖面如图 4-14 所示。

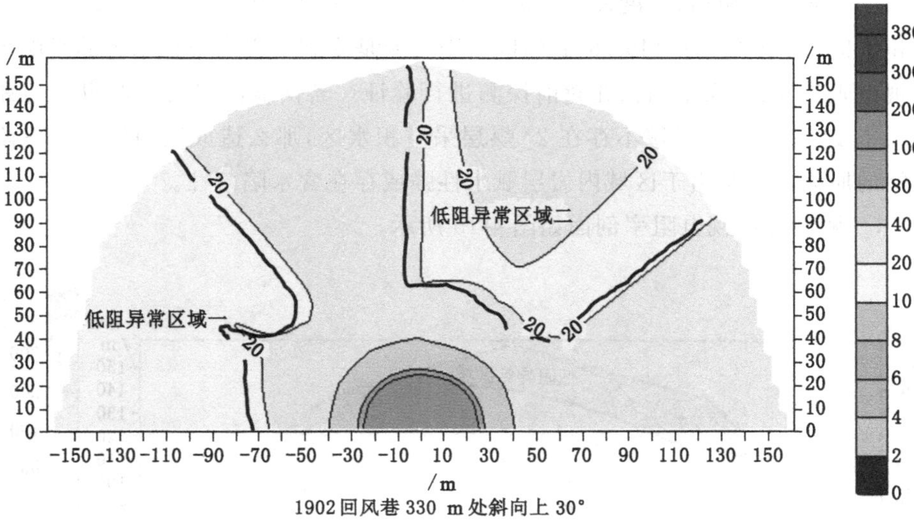

图 4-14　斜向上 30°方向视电阻率剖面图

图中颜色较深，视电阻率值在 140 以上的区域为高阻区。虽为高阻区，但是视电阻率等值线分布均匀，且以勘探点为圆心（以中心轴线为标准），大致呈对称分布，巷道掘进头与周围空间的视电阻率值没有发生明显变化，若存在采空区，那么视电阻率值一定会发生明显升高，所以此高阻区域内不存在采空区。

图中颜色呈浅色，视电阻率值在 20～30 范围内的区域为低阻区。通过探测，大部分低阻区域以勘探点为圆心（以中心轴线为标准），大致呈对称分布，视电阻率等值线分布较均匀。若存在采空积水区，则其视电阻率值会比周围岩体的视电阻率发生明显的下降，故排除存在采空积水区的可能。造成该区域出现低阻现象的原因，可能是由于区域内岩层赋水性较强所导致。

图中位于掘进头右斜上前方与中心轴线夹角 0°～55°方向距勘探点 68～150 m 区域及左斜上前方与中心轴线夹角 40°～90°方向距勘探点 70～150 m 的浅色区域，为低阻异常区，这两处区域内视电阻率值均小于 20，这两处低阻异常区分布不规则，且视电阻率值比周围岩体有明显的下降。由于此次探测的范围为 150 m，探测方向为斜向上 30°，则此次探测的最大高度距 9# +10# +11# 煤层顶板 75 m，2# 煤层与 9# +10# +11# 煤层最小间距为 74.88 m，在两煤层间不存在其他可采煤层，则在两区域内与勘探点距离低于 149.76 m 的区域不存在 2# 煤层采空积水区，而距离大于 149.76 m 的区域能够反映 2# 煤层相关情况。

在两低阻异常区域内，与勘探点距离大于 149.76 m 的区域，可能存在 2[#] 煤层采空积水区，而距离小于 149.76 m 的区域则可能是受到上方采空积水区的影响导致视电阻率异常，需采用钻孔超前探测进行验证。若两低阻异常区与勘探点距离大于 149.76 m 的区域不存在 2[#] 煤层采空积水区，那么造成这两处区域低阻异常的原因可能是由于区域内岩层赋水性强或存在含水陷落柱。

② 顺层方向视电阻率剖面如图 4-15 所示。

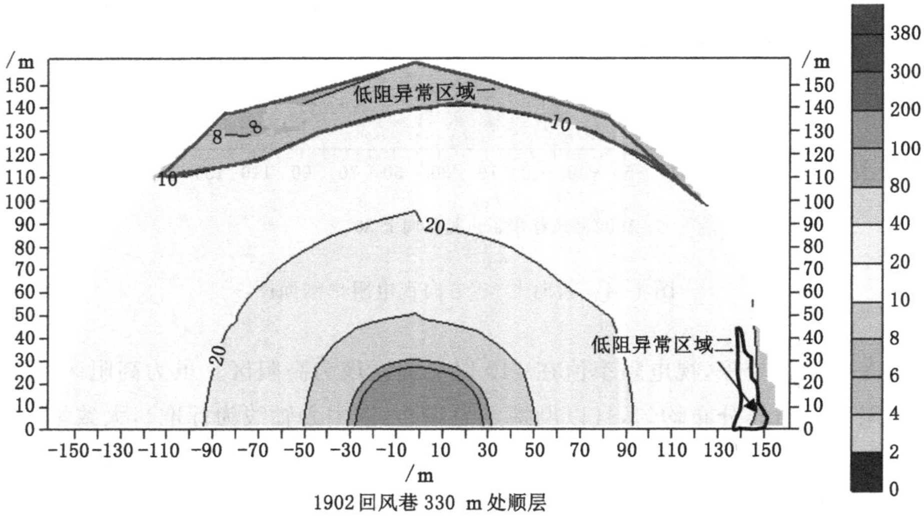

图 4-15　顺层方向视电阻率剖面图

图中颜色较深，视电阻率值在 140 以上的区域为高阻区。虽为高阻区，但是视电阻率等值线分布均匀，且以勘探点为圆心(以中心轴线为标准)，大致呈对称分布，巷道掘进头与周围空间的视电阻率值没有发生明显变化，若存在采空区，那么视电阻率值一定会发生明显升高，所以此高阻区域内不存在采空区。

图中颜色呈较浅色，视电阻率值在 10～30 范围内的区域为低阻区。通过探测，大部分低阻区域以勘探点为圆心(以中心轴线为标准)，大致呈对称分布，视电阻率等值线分布较均匀。若存在采空积水区，则其视电阻率值会比周围岩体的视电阻率发生明显的下降，故排除存在采空积水区的可能。造成该区域出现低阻现象的原因，可能是由于 9[#] ＋10[#] ＋11[#] 煤层存在赋水性较强的裂隙所导致。

从掘进头左前方与中心轴线夹角 45°方向至掘进头右前方与中心轴线夹角 50°方向距勘探点 130～150 m 的浅色区域及掘进头右帮正前方距勘探点 145～150 m 的小范围颜色突变区域，视电阻率值均在 10 以下，且分布不规则，这两处区域为低阻异常区。判定此区域有可能存在采空积水区，需采用钻孔超前探测进行验证。验证结果若非存在采空积水区，则造成此区域低阻异常的原因可能是区域岩层赋水性强或存在含水陷落柱。

③ 斜向下 30°方向视电阻率剖面如图 4-16 所示。

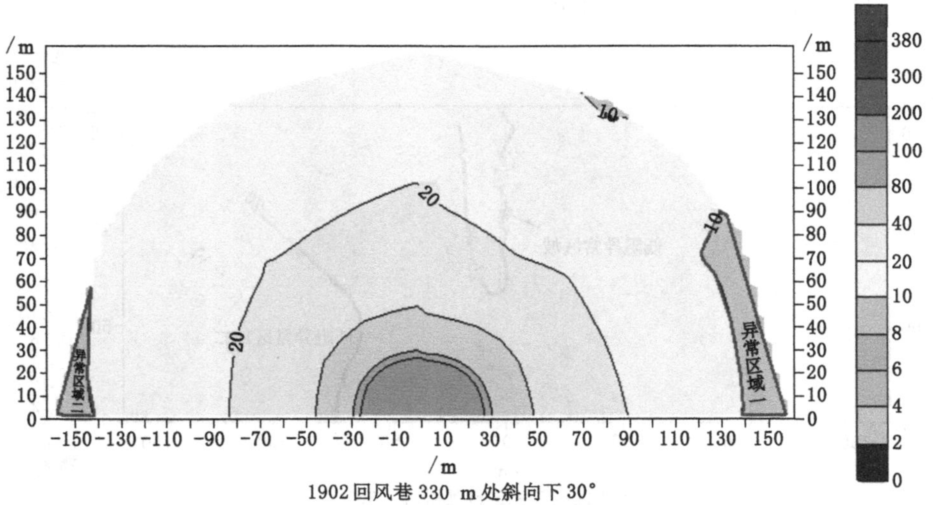

图 4-16　斜向下 30°方向视电阻率剖面图

图中颜色较深，视电阻率值在 140 以上的区域为高阻区。虽为高阻区，但是视电阻率等值线分布均匀，且以勘探点为圆心（以中心轴线为标准），大致呈对称分布，巷道掘进头与周围空间的视电阻率值没有发生明显变化，若存在采空区，那么视电阻率值一定会发生明显升高，所以此高阻区域内不存在采空区。

图中颜色呈浅色，视电阻率值在 10～30 范围内的区域为低阻区。通过探测，大部分低阻区域以勘探点为圆心（以中心轴线为标准），大致呈对称分布，视电阻率等值线分布较均匀。若存在采空积水区，则其视电阻率值会比周围岩体的视电阻率发生明显的下降，故排除存在采空积水区的可能。造成该区域出现低阻现象的原因，可能是由于区域内岩层赋水性较强所导致。

位于掘进头左帮斜下前方至左斜下与中心轴线夹角 70°方向距勘探点 140～150 m 浅色区域、掘进头右帮斜下前方至右斜下前方与中心轴线夹角 55°

方向距勘探点 140～150 m 浅色区域及掘进头右斜下前方与中心轴线夹角27°～34°方向距勘探点 148～150 m 突变色区域,视电阻率值在 10 以下,这三处区域均为低阻异常区。低阻异常区域视电阻率等值线分布不均匀,且变化不规则。低阻异常区域内不存在断层,且 9# +10# +11# 煤层下方没有其他可采煤层,不会出现采空积水区,那么出现低阻异常现象的原因可能是由于区域内岩层赋水性强,或存在含水陷落柱,需要根据现场实际情况,采用钻孔超前探测进行验证。

(5) 1902 回风巷 445 m 掘进头处超前探测

① 斜向上 30°方向视电阻率剖面如图 4-17 所示。

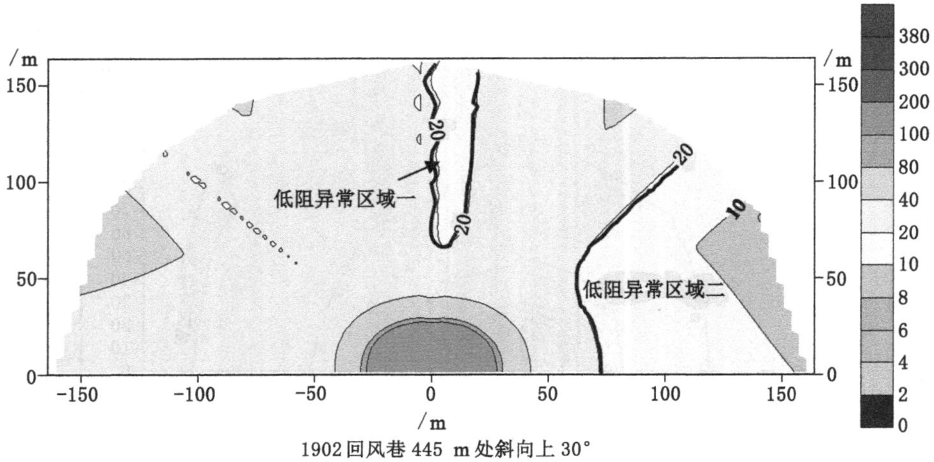

图 4-17 斜向上 30°方向视电阻率剖面图

图中颜色较深,视电阻率值在 140 以上的区域为高阻区。虽为高阻区,但是视电阻率等值线分布均匀,且以勘探点为圆心(以中心轴线为标准),大致呈对称分布,巷道掘进头与周围空间的视电阻率值没有发生明显变化,若存在采空区,那么视电阻率值一定会发生明显升高,所以此高阻区域内不存在采空区。

图中颜色较浅,视电阻率值在 20～30 范围内的区域为低阻区。通过探测,大部分低阻区域以勘探点为圆心(以中心轴线为标准),大致呈对称分布,视电阻率等值线分布较均匀。若存在采空积水区,则其视电阻率值会比周围岩体的视电阻率发生明显的下降,故排除存在采空积水区的可能。造成该区域出现低阻现象的原因,可能是由于区域内岩层赋水性较强所导致。

图中位于掘进头右斜上前方与中心轴线夹角 0°～13°方向距勘探点 67～150 m 浅色区域及掘进头右帮斜上前方至右斜上前方与中心轴线夹角 50°方向

距勘探点 72～150 m 浅色区域为低阻异常区，这两处区域内视电阻率值均小于20，其中低阻异常区域二内视电阻率值由 20 下降到 10 以下。低阻异常区域一距 9# ＋10# ＋11# 煤层顶板的垂直高度为 33.5～75 m，低阻异常区域二距 9# ＋10# ＋11# 煤层顶板的垂直高度为 36～75 m，由于此次探测范围为 150 m，探测方向为斜向上 30°，所以此次探测的最大垂直高度为 75 m，而 2# 煤层与 9# ＋10# ＋11# 煤层最小层间距为 74.88 m，小于 75 m，如果此次探测正处于 2# 煤层与 9# ＋10# ＋11# 煤层间距最小的位置，那么此次探测就能够到达 2# 煤层，进而视电阻率剖面图上与勘探点距离大于 149.76 m 以外的探查范围会反映出 2# 煤层的开采与积水情况。由于这两处低阻异常区域分布不规则，视电阻率值比周围岩体有明显的下降，且在视电阻率剖面图上与勘探点距离大于 149.76 m 的范围会能够反映 2# 煤层相关情况，判定此范围有可能存在 2# 煤层采空积水区，需采用钻孔超前探测进行验证。验证结果若非存在 2# 煤层采空积水区，则造成低阻异常的原因可能是区域岩层赋水性强或存在含水陷落柱。

② 顺层方向视电阻率剖面如图 4-18 所示。

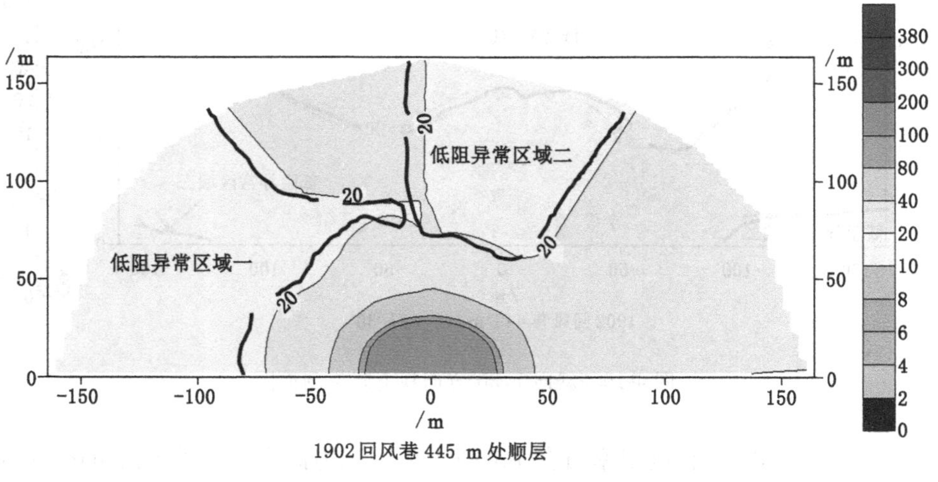

图 4-18　顺层方向视电阻率剖面图

图中颜色较深，视电阻率值在 140 以上的区域为高阻区。虽为高阻区，但是视电阻率等值线分布均匀，且以勘探点为圆心（以中心轴线为标准），大致呈对称分布，巷道掘进头与周围空间的视电阻率值没有发生明显变化，若存在采空区，那么视电阻率值一定会发生明显升高，所以此高阻区域内不存在采空区。

图中颜色呈较浅色，视电阻率值在 20～30 范围内的区域为低阻区。通过探测，大部分低阻区域以勘探点为圆心（以中心轴线为标准），大致呈对称分布，视电阻率等值线分布较均匀。若存在采空积水区，则其视电阻率值会比周围岩体的视电阻率发生明显的下降，故排除存在采空积水区的可能。造成该区域出现低阻现象的原因，可能是由于 9# +10# +11# 煤层赋水性较强所导致。

图中位于掘进头正前方至与中心轴线夹角 43°方向距勘探点 58～150 m 的浅色区域及掘进头左帮正前方至与中心轴线夹角 35°方向距勘探点 60～150 m 的浅色区域，视电阻率值均在 20 以下，且分布不规则，这两处区域均为低阻异常区。判定此区域有可能存在采空积水区，需采用钻孔超前探测进行验证。验证结果若非存在采空积水区，则造成此区域低阻异常的原因可能是区域岩层赋水性强或存在含水陷落柱。

③ 斜向下 30°方向视电阻率剖面如图 4-19 所示。

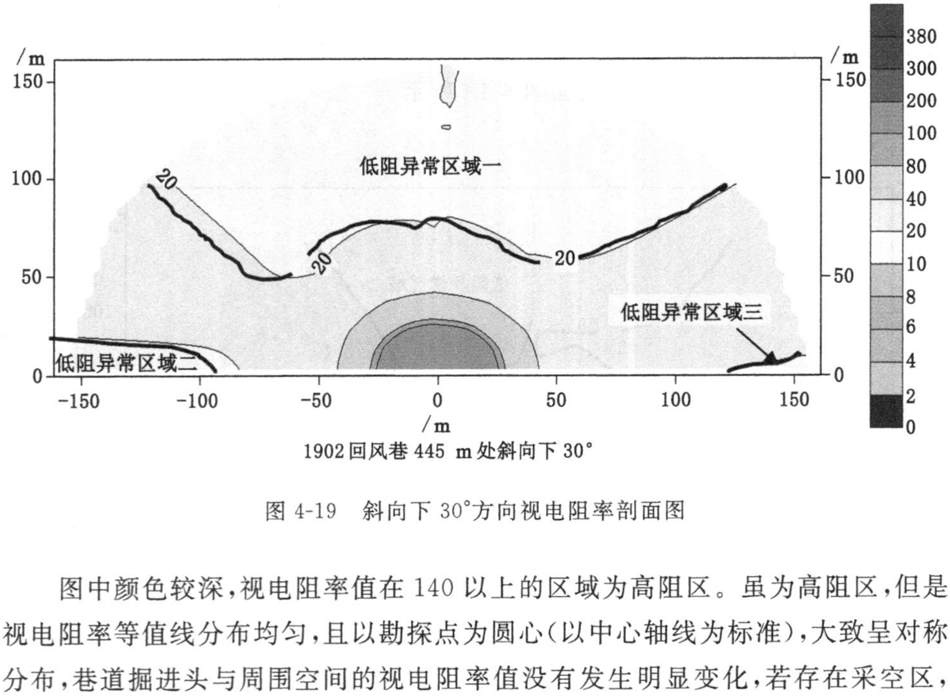

图 4-19　斜向下 30°方向视电阻率剖面图

图中颜色较深，视电阻率值在 140 以上的区域为高阻区。虽为高阻区，但是视电阻率等值线分布均匀，且以勘探点为圆心（以中心轴线为标准），大致呈对称分布，巷道掘进头与周围空间的视电阻率值没有发生明显变化，若存在采空区，那么视电阻率值一定会发生明显升高，所以此高阻区域内不存在采空区。

图中颜色较浅，视电阻率值在 20～30 范围内的区域为低阻区。通过探测，大部分低阻区域以勘探点为圆心（以中心轴线为标准），大致呈对称分布，视电阻率等值线分布较均匀。若存在采空积水区，则其视电阻率率会比周围岩体的视电阻率发生明显的下降，故排除存在采空积水区的可能。造成该区域出现低阻现象的原因，可能是由于区域内岩层赋水性较强所导致。

从掘进头左斜下前方与中心轴线夹角 60°方向至掘进头右斜下前方与中心轴线夹角 58°方向距勘探点 67～150 m 的浅色区域、位于掘进头左帮斜下前方至左斜下前方与中心轴线夹角 83°方向距勘探点 85～150 m 的浅色区域，及位于掘进头右帮斜下前方至右斜下前方与中心轴线夹角 87°方向距勘探点 125～150 m 的浅色极小范围区域，视电阻率值均在 20 以下，这三处区域均为低阻异常区。低阻异常区域视电阻率等值线分布不均匀，且变化不规则。低阻异常区域内不存在断层，且 9# +10# +11# 煤层下方没有其他可采煤层，不会出现采空积水区，那么出现低阻异常现象的原因，可能是由于这三处区域距 9# +10# +11# 煤层底板的最近距离为 33.5 m，假设这三处区域上方存在 9# +10# +11# 煤层采空积水区，但由于 9# +10# +11# 煤层底板下方 21 m 处赋存有石炭系密西西比亚系本溪组底部的铝土质、铁铝质泥岩隔水层，隔水性好，不会使上方的积水影响所探测区域，所以造成这三处区域呈现低阻异常现象的原因不是由于上方是否存在采空积水区。要判定这些低阻异常区域上方是否存在 9# +10# +11# 煤层采空积水区，需要结合其他两个方向的探测结果分析，并通过采用钻孔超前探测进行验证。区域内岩层赋水性强，或存在含水陷落柱，需要根据现场实际情况，采用钻孔超前探测进行验证。

(6) 北回风联络巷开口处超前探测

① 斜向上 30°方向视电阻率剖面如图 4-20 所示。

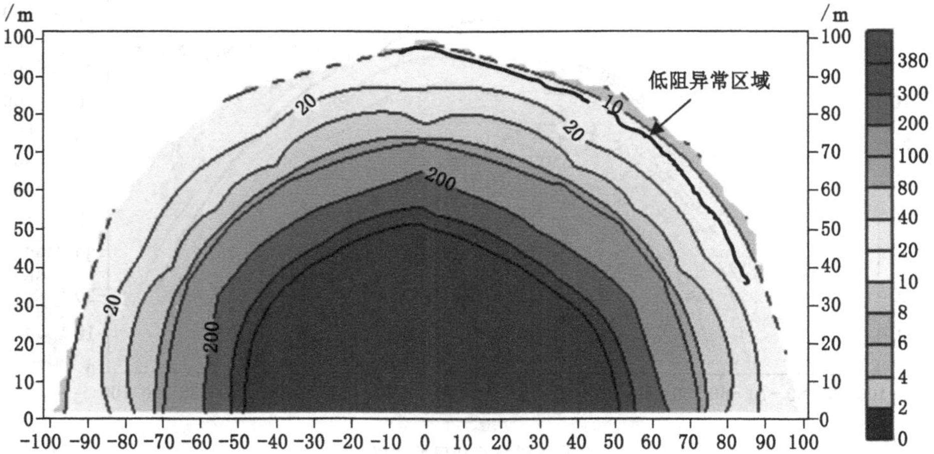

图 4-20　斜向上 30°方向视电阻率剖面图

图中深色，视电阻率值在140以上的区域为高阻区。虽为高阻区，但是视电阻率等值线分布较均匀，且以勘探点为圆心（以中心轴线为标准），大致呈对称分布，巷道掘进头与周围空间的视电阻率值没有发生明显变化，若存在采空区或积水区，那么视电阻率值一定会发生明显变化，所以此高阻区域内不存在采空区。并且此次探测范围为100 m，探测方向为斜向上30°，所以此次探测距9#+10#+11#煤层顶板的最大垂直高度为50 m，未达到2#煤层，无法反映出2#煤层实际开采与积水情况。9#+10#+11#煤层与2#煤层间没有其他可采煤层，进一步证明此高阻区域内不存在采空区或采空积水区。

图中颜色较浅，视电阻率值在10～30的区域为低阻区。通过探测，大部分低阻区域以勘探点为圆心（以中心轴线为标准），大致呈对称分布，视电阻率等值线分布较均匀。若存在采空积水区，则其视电阻率值会比周围岩体的视电阻率发生明显的下降，故排除存在采空积水区的可能。造成该区域出现低阻现象的原因，可能是由于区域内岩层赋水性较强所导致。

位于掘进头正斜上前方至右斜上前方与中心轴线夹角68°方向距勘探点95～100 m范围内的浅色区域，视电阻率值在10以下，比其周围空间电阻率值变化较大，该区域为低阻异常区。造成此区域低阻异常的原因，可能是区域岩层赋水性强或存在含水陷落柱。

② 顺层方向视电阻率剖面如图4-21所示。

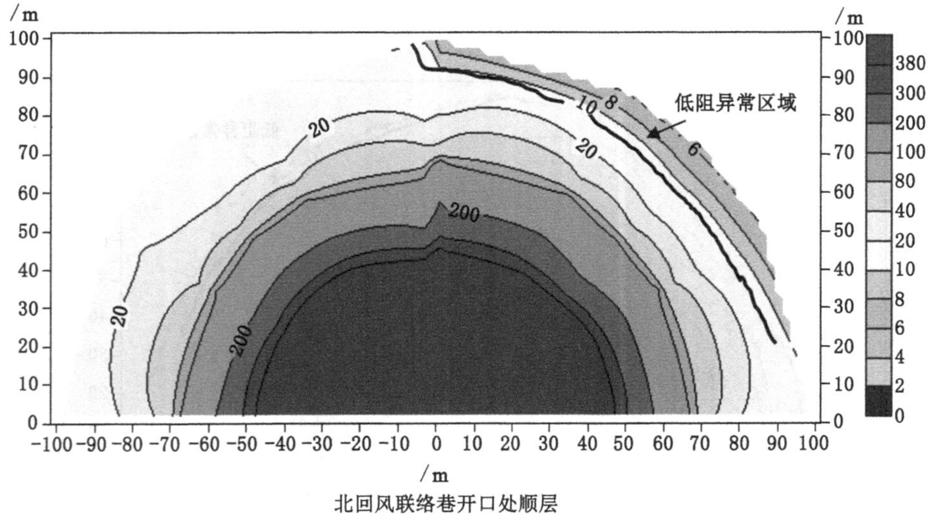

图4-21　顺层方向视电阻率剖面图

图中深色，视电阻率值在140以上的区域为高阻区。虽为高阻区，但是视电阻率等值线分布均匀，且以勘探点为圆心（以中心轴线为标准），大致呈对称分布，巷道掘进头与周围空间的视电阻率值没有发生明显变化，若存在采空区，那么视电阻率值一定会发生明显升高，所以此高阻区域内不存在采空区。

图中颜色呈较浅色，视电阻率值在10～30范围内的区域为低阻区。通过探测，大部分低阻区域以勘探点为圆心（以中心轴线为标准），大致呈对称分布，视电阻率等值线分布较均匀。若存在采空积水区，则其视电阻率会比周围岩体的视电阻率发生明显的下降，故排除存在采空积水区的可能。造成该区域出现低阻现象的原因，可能是由于9# +10# +11# 煤层赋水性较强所导致。

图中位于掘进头正前方至与中心轴线夹角75°方向距勘探点90～100 m的浅色区域，视电阻率值均在10以下，且分布不规则，此区域为低阻异常区。判定此区域有可能存在9# +10# +11# 煤层采空积水区，需采用钻孔超前探测进行验证。验证结果若非存在采空积水区，则造成此区域低阻异常的原因，可能是区域岩层赋水性强或存在含水陷落柱。

③ 斜向下30°方向视电阻率剖面如图4-22所示。

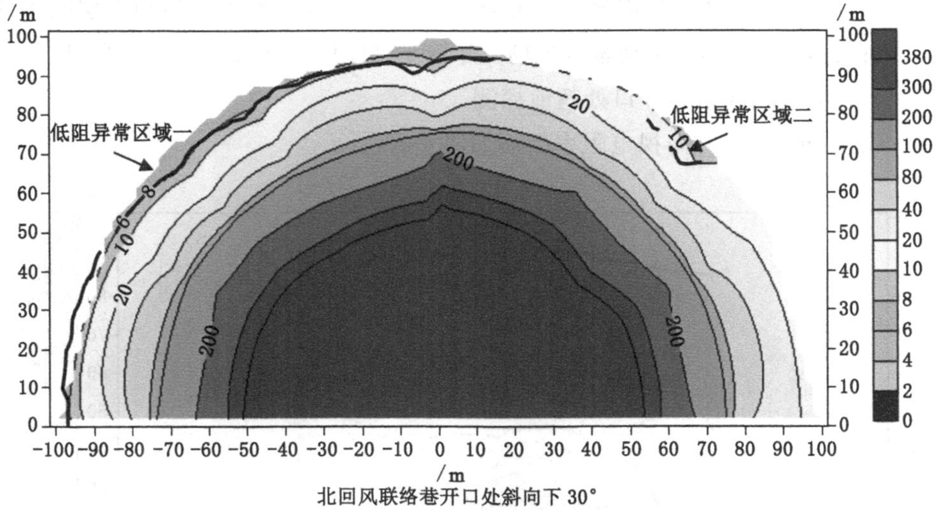

图4-22　斜向下30°方向视电阻率剖面图

图中深色，视电阻率值在140以上的区域为高阻区。虽为高阻区，但是视电阻率等值线分布均匀，且以勘探点为圆心（以中心轴线为标准），大致呈对称分布，巷道掘进头与周围空间的视电阻率值没有发生明显变化，若存在采空区，那么视电阻率值一定会发生明显升高，所以此高阻区域内不存在采空区。

图中颜色较浅，视电阻率值在 10～30 范围内的区域为低阻区。通过探测，大部分低阻区域以勘探点为圆心（以中心轴线为标准），大致呈对称分布，视电阻率等值线分布较均匀。若存在采空积水区，则其视电阻率会比周围岩体的视电阻率发生明显的下降，故排除存在采空积水区的可能。造成该区域出现低阻现象的原因，可能是由于区域内岩层赋水性较强所导致。

从掘进头左帮斜下前方至掘进头正前斜下方方向距勘探点 92～100 m 的浅色区域以及位于掘进头右斜下前方与中心轴线夹角 37°～47°方向距勘探点 95～100 m 的浅色极小范围区域，视电阻率值均在 10 以下，这两处区域均为低阻异常区。低阻异常区域视电阻率等值线分布不均匀，且变化不规则。低阻异常区域内不存在断层，且 9$^{\#}$ +10$^{\#}$ +11$^{\#}$ 煤层下方没有其他可采煤层，不会出现采空积水区。低阻异常区域一距 9$^{\#}$ +10$^{\#}$ +11$^{\#}$ 煤层底板的距离为 46～50 m，低阻异常区域二距 9$^{\#}$ +10$^{\#}$ +11$^{\#}$ 煤层底板的距离为 47.5～50 m，由于 9$^{\#}$ +10$^{\#}$ +11$^{\#}$ 煤层底板下方 21 m 处赋存有石炭系密西西比亚系本溪组底部的铝土质、铁铝质泥岩隔水层，隔水性好，则两处低阻异常区域均不受上方是否存在采空积水区影响。这两处低阻异常区域出现低阻异常现象的原因，可能是由于两处区域内岩层赋水性强，或存在含水陷落柱，需要根据现场实际情况，采用钻孔超前探测进行验证。

（7）南回风联络巷开口处超前探测

① 斜向上 30°方向视电阻率剖面如图 4-23 所示。

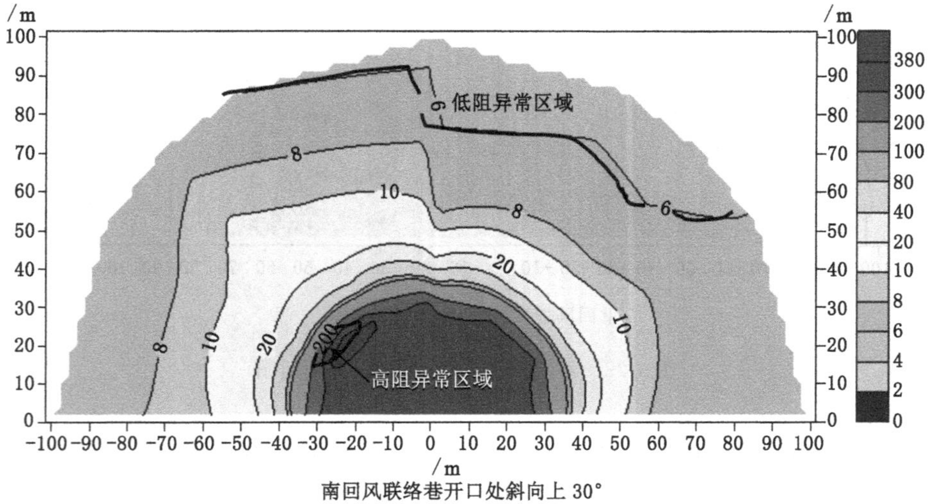

图 4-23　斜向上 30°方向视电阻率剖面图

图中深色，视电阻率值在140～380的区域为高阻区。虽为高阻区，但是视电阻率等值线分布均匀，且以勘探点为圆心（以中心轴线为标准），大致呈对称分布，巷道掘进头与周围空间的视电阻率值没有发生明显变化，若存在采空区，那么视电阻率值一定会发生明显升高，所以此高阻区域内不存在采空区。并且此次探测范围为100 m，探测方向为斜向上30°，所以此次探测距9# +10# +11#煤层顶板的最大垂直高度为50 m，未达到2#煤层，无法反映出2#煤层实际开采与积水情况。9# +10# +11#煤层与2#煤层间没有其他可采煤层，进一步证明此高阻区域内不存在采空区或采空积水区。

位于掘进头左斜上前方与中心轴线夹角30°～60°方向距勘探点27～32 m的深色小范围区域，视电阻率值在380以上，此区域为高阻异常区域。此区域视电阻率值比其周围空间的视电阻率值突然升高，通过分析相关地质资料，判断出现高阻异常现象的原因，最有可能是由于此区域内存在不含水断层，需要采用钻孔超前探测进行验证。通过验证，如果不存在不含水断层，那么就可能是存在不含水陷落柱或是此区域岩性发生变化。

图中颜色呈浅色，视电阻率值在6～30的区域为低阻区。通过探测，大部分低阻区域以勘探点为圆心（以中心轴线为标准），大致呈对称分布，视电阻率等值线分布较均匀。若存在采空积水区或含水断层，则其视电阻率值会比周围岩体的视电阻率发生明显的下降，故排除存在采空积水区和含水断层的可能。造成该区域出现低阻现象的原因，可能是由于区域内岩层赋水性较强所导致。

位于掘进头左斜上前方与中心轴线夹角30°至右斜上前方与中心轴线夹角57°方向距勘探点76～100 m范围内的浅色区域，视电阻率值在6以下，比其周围空间电阻率值变化较大，该区域为低阻异常区。勘探点上方至2#煤层间无可采煤层，所以不存在其他煤层采空积水区。通过查阅相关地质资料，判断造成此区域低阻异常的原因，可能是区域内存在含水断层或是区域岩层赋水性强。

② 顺层方向视电阻率剖面如图4-24所示。

图中深色，视电阻率值在140以上的区域为高阻区。虽为高阻区，但是视电阻率等值线分布均匀，且以勘探点为圆心（以中心轴线为标准），大致呈对称分布，巷道掘进头与周围空间的视电阻率值没有发生明显变化，若存在采空区，那么视电阻率值一定会发生明显升高，所以此高阻区域内不存在采空区。

图中颜色呈较浅色，视电阻率值在8～30范围内的区域为低阻区。通过探测，大部分低阻区域以勘探点为圆心（以中心轴线为标准），大致呈对称分布，视电阻率等值线分布较均匀。若存在采空积水区，则其视电阻率会比周围岩体的

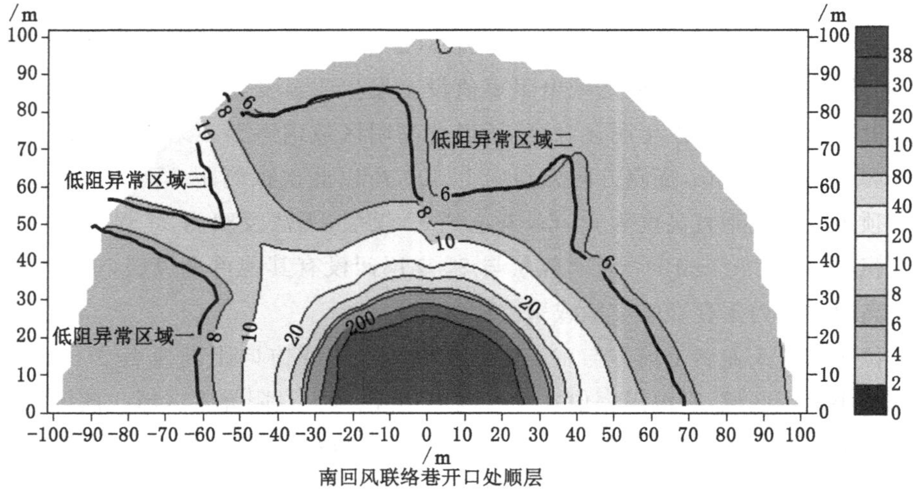

图 4-24 顺层方向视电阻率剖面图

视电阻率发生明显的下降，故排除存在采空积水区的可能。造成该区域出现低阻现象的原因，可能是由于岩层(9# +10# +11# 煤层)赋水性较强所导致。

图中位于掘进头左帮正前方至与中心轴线夹角 57°方向距勘探点 60～100 m范围的区域，视电阻率值在 8 以下，比其周围空间视电阻率值减小，且分布不规则，此区域为低阻异常区域一。若此区域存在采空积水区，那么低阻异常区域二呈现低阻现象就无法解释，所以低阻异常区域一呈现低阻现象的原因不是由于存在采空积水区，而可能是区域岩层赋水性强。

图中位于掘进头右帮正前方至掘进头左前方与中心轴线夹角 30°方向距勘探点 60～100 m 范围的区域，视电阻率值在 6 以下，且分布不规则，此处区域为低阻异常区域二。通过分析采掘工程平面图和相关地质资料，判定此区域有可能存在 9# +10# +11# 煤层采空积水区或含水断层，需采用钻孔超前探测进行验证。验证结果若非存在采空积水区和含水断层，则造成此区域低阻异常的原因，可能是区域岩层赋水性强。

图中位于掘进头左前方与中心轴线夹角 38°～55°方向距勘探点 70～100 m 范围的浅色区域，视电阻率值在 10 以下，且分布不规则，比其周围空间视电阻率值突然升高，此处区域为低阻异常区域三。如果此区域存在采空积水区，则其视电阻率值应比其周围空间的视电阻率值明显减小，与所测结果矛盾，所以此区域不存在采空积水区。经过分析，造成此区域低阻异常的原因，可能是区域岩层赋水性较强。

③ 斜向下 30°方向视电阻率剖面如图 4-25 所示。

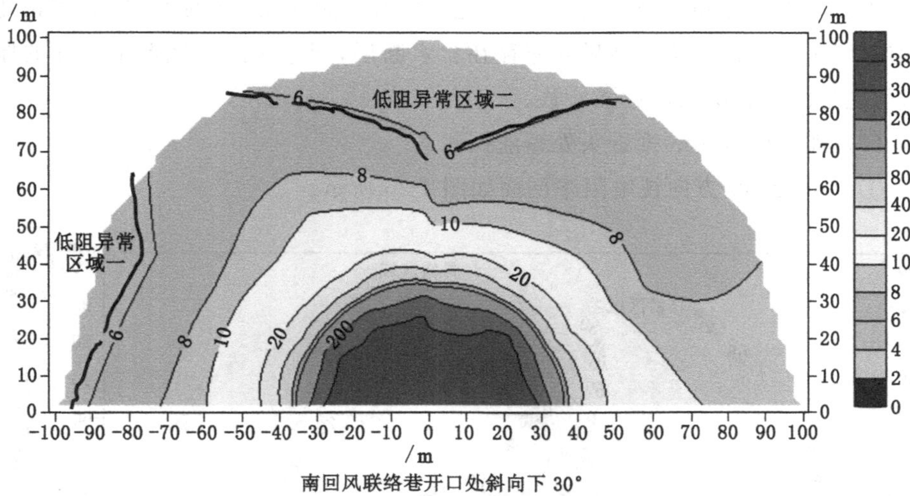

图 4-25　斜向下 30°方向视电阻率剖面图

图中深色，视电阻率值在 140 以上的区域为高阻区。虽为高阻区，但是视电阻率等值线分布均匀，且以勘探点为圆心（以中心轴线为标准），大致呈对称分布，巷道掘进头与周围空间的视电阻率值没有发生明显变化，若存在采空区，那么视电阻率值一定会发生明显升高，所以此高阻区域内不存在采空区。

图中浅色，视电阻率值在 6～30 范围内的区域为低阻区。通过探测，大部分低阻区域以勘探点为圆心（以中心轴线为标准），大致呈对称分布，视电阻率等值线分布较均匀。若存在采空积水区，则其视电阻率会比周围岩体的视电阻率发生明显的下降，故排除存在采空积水区的可能。造成该区域出现低阻现象的原因，可能是由于区域内岩层赋水性较强所导致。

从掘进头左帮斜下前方至掘进头左斜下前方与中心轴线夹角 50°方向距勘探点 85～100 m 的浅色区域，视电阻率值在 6 以下，此处区域为低阻异常区域一。低阻异常区域视电阻率等值线分布不均匀，且变化不规则。低阻异常区域内不存在断层，且 9# ＋10# ＋11# 煤层下方没有其他可采煤层，不会出现采空积水区，那么出现低阻异常现象的原因，可能是由于此区域内岩层赋水性强所致。

从掘进头左斜下前方与中心轴线夹角 30°至右斜下前方与中心轴线夹角 33°方向距勘探点 70～100 m 的浅色区域，视电阻率值在 6 以下，此处区域为低阻异常区域二。低阻异常区域视电阻率等值线分布不均匀，变化不规则，且9[#]+10[#]+11[#]煤层下方没有其他可采煤层，不会出现采空积水区。通过分析采掘工程平面图和相关地质资料，判定此区域有可能存在含水断层，需采用钻孔超前探测进行验证。验证结果若非存在含水断层，则造成此区域低阻异常的原因，可能是由于岩层赋水性强所致。

(8) 轨道巷 100 m 掘进头处超前探测

① 斜向上 30°方向视电阻率剖面如图 4-26 所示。

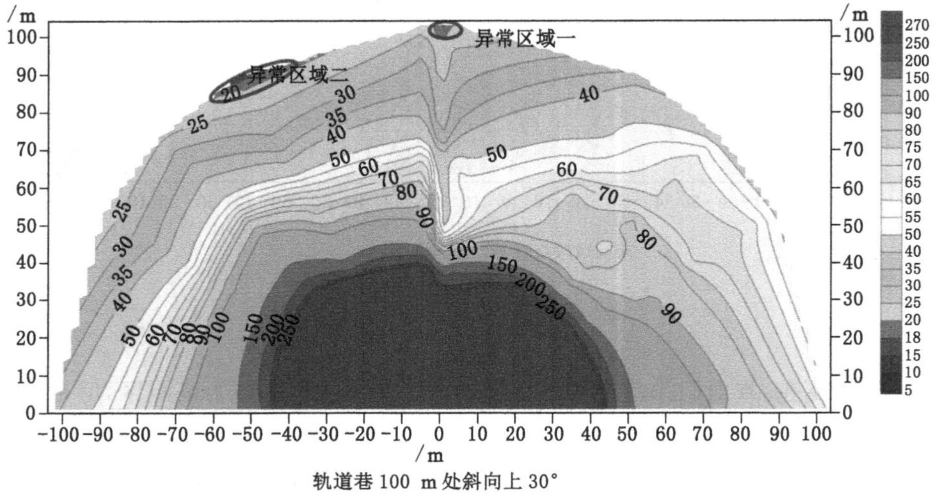

图 4-26　斜向上 30°方向视电阻率剖面图

图中颜色呈深色，视电阻率值在 140 以上的区域为高阻区。虽为高阻区，但是视电阻率等值线分布均匀，且以勘探点为圆心(以中心轴线为标准)，大致呈对称分布，巷道掘进头与周围空间的视电阻率值没有发生明显变化，若存在采空区，那么视电阻率值一定会发生明显升高，所以此高阻区域内不存在采空区。

图中颜色呈浅色，视电阻率值在 20～30 的区域为低阻区。低阻区内视电阻率等值线分布较均匀，边界波动平缓。若存在采空积水区，则其视电阻率会比周围岩体的视电阻率发生明显的下降，故排除存在采空积水区的可能。造成该区域出现低阻现象的原因，可能是由于区域内岩层赋水性较强所导致。

位于掘进头左斜上前方与中心轴线夹角 22°～40°方向距勘探点 97～100 m范围及掘进头斜上前方极小范围深色区域，视电阻率值在 20 以下，比其周围空间电阻率值变化较大，这两处区域为低阻异常区域。由于此次探测范围为

100 m，探测方向为斜向上 30°，所以此次探测距 9# +10# +11# 煤层顶板的最大垂直高度为 50 m，未达到 2# 煤层，无法反映出 2# 煤层实际开采与积水情况。9# +10# +11# 煤层与 2# 煤层间没有其他可采煤层，故不存在采空积水区。造成这两处区域低阻异常的原因，可能是区域内岩层赋水性强或存在含水陷落柱。

② 顺层方向视电阻率剖面如图 4-27 所示。

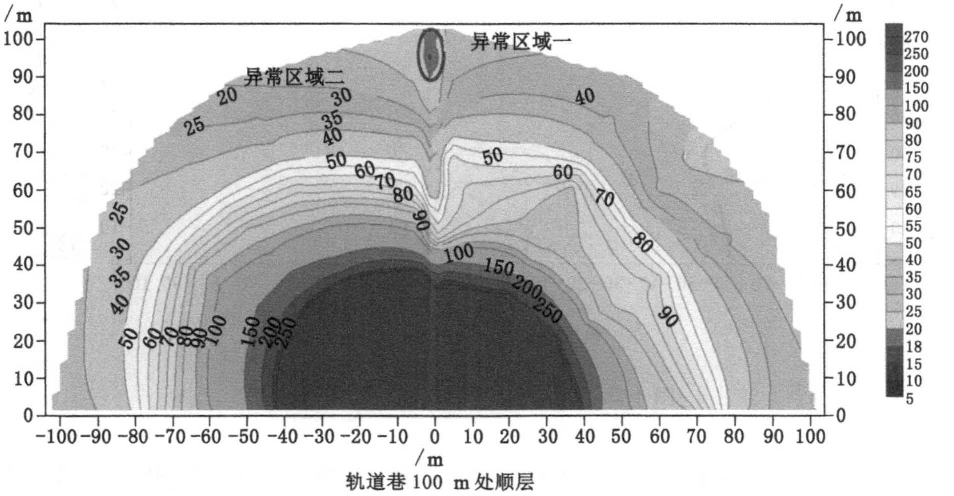

图 4-27　顺层方向视电阻率剖面图

图中深色，视电阻率值在 140 以上的区域为高阻区。虽为高阻区，但是视电阻率等值线分布均匀，且以勘探点为圆心(以中心轴线为标准)，大致呈对称分布，巷道掘进头与周围空间的视电阻率值没有发生明显变化，若存在采空区，那么视电阻率值一定会发生明显升高，所以此高阻区域内不存在采空区。

图中颜色呈较浅色，视电阻率值在 20～30 范围内的区域为低阻区。低阻区内视电阻率等值线分布较均匀，边界波动平缓。若存在采空积水区，则其视电阻率会比周围岩体的视电阻率发生明显的下降，故排除存在采空积水区的可能。造成该区域出现低阻现象的原因，可能是由于区域内岩层(9# +10# +11# 煤层)赋水性较强所导致。

图中位于掘进头正前方距勘探点 88～100 m 范围的深色区域，视电阻率值在 20 以下，且变化不均匀，此区域为低阻异常区。判定此区域有可能存在采空积水区，需采用钻孔超前探测进行验证。验证结果若非存在采空积水区，则造成此区域低阻异常的原因，可能是区域岩层(9# +10# +11# 煤层)赋水性强。

(9) 轨道巷 295 m 掘进头处超前探测

① 斜向上 30°方向视电阻率剖面如图 4-28 所示。

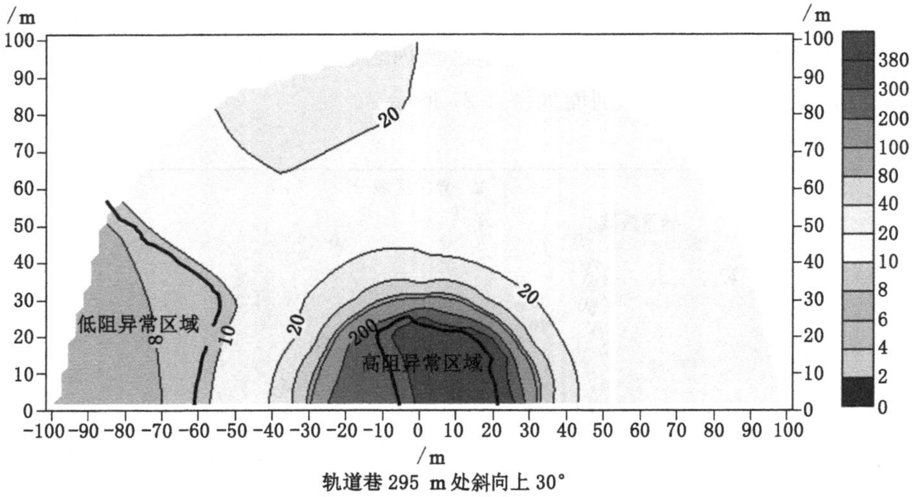

图 4-28　斜向上 30°方向视电阻率剖面图

图中视电阻率值在 140～300 之间的区域为高阻区。虽为高阻区，但是视电阻率等值线分布均匀，且以勘探点为圆心（以中心轴线为标准），大致呈对称分布，巷道掘进头与周围空间的视电阻率值没有发生明显变化，若存在采空区，那么视电阻率值一定会发生明显升高，所以此高阻区域内不存在采空区。并且此次探测范围为 100 m，探测方向为斜向上 30°，所以此次探测的最大垂直高度为 50 m，未达到 2# 煤层，无法反映出 2# 煤层实际开采与积水情况。9# ＋10# ＋11# 煤层与 2# 煤层间没有其他可采煤层，进一步证明此高阻区域内不存在采空区或采空积水区。

图中深颜色，视电阻率值在 300 以上的区域为高阻异常区域。此区域视电阻率值比其周围空间的视电阻率值突然升高，通过分析，判断出现高阻异常现象的原因，有可能是由于此区域岩性发生变化，或是存在不含水陷落柱。

图中颜色呈浅色，视电阻率值在 10～30 的区域为低阻区。低阻区内视电阻率等值线分布较均匀，边界波动平缓。造成该区域出现低阻现象的原因，可能是由于区域内岩层赋水性较强所导致。

位于掘进头左帮斜上前方至左斜上前方与中心轴线夹角 58°方向距勘探点 57～100 m 的范围，视电阻率值在 10 以下，且在区域内视电阻率值进一步减小到 8 以下，比其周围空间视电阻率值变化较大，此处区域为低阻异常区域。造成此区域低阻异常的原因，可能是区域内存在含水断层或区域内岩层赋水性强或存在含水陷落柱。

② 顺层方向视电阻率剖面如图 4-29 所示。

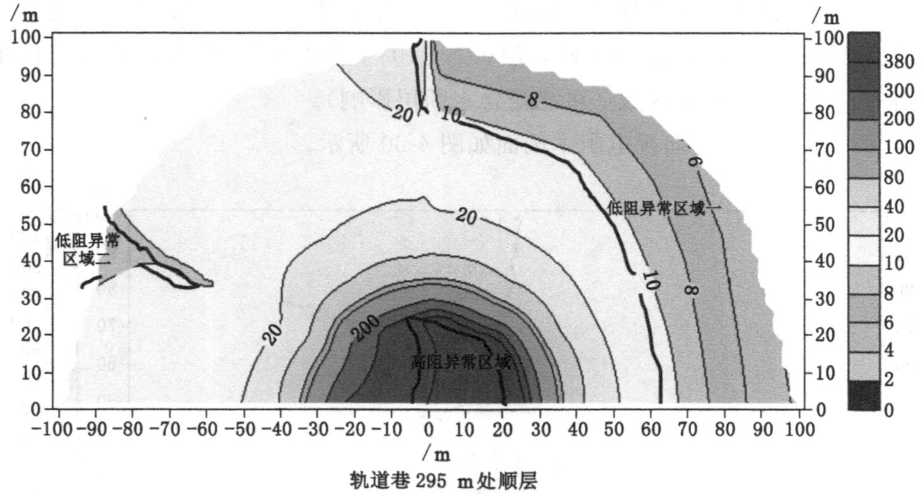

图 4-29　顺层方向视电阻率剖面图

图中视电阻率值在 140～300 之间的区域为高阻区。虽为高阻区，但是视电阻率等值线分布均匀，且以勘探点为圆心（以中心轴线为标准），大致呈对称分布，巷道掘进头与周围空间的视电阻率值没有发生明显变化，若存在采空区，那么视电阻率值一定会发生明显升高，所以此高阻区域内不存在采空区。

图中颜色呈深色，视电阻率值在 380 以上的区域为高阻异常区域。此区域视电阻率值比其周围空间的视电阻率值突然升高，通过分析，此高阻异常区域内可能存在采空区，需采用钻孔超前探测进行验证。验证结果若非存在采空区，则造成此区域高阻异常的原因，可能是此区域内岩性发生变化或是不含水裂隙发育。

图中颜色呈浅色，视电阻率值在 10～30 范围内的区域为低阻区。低阻区内视电阻率等值线分布较均匀，边界波动平缓。若存在采空积水区，则其视电阻率会比周围岩体的视电阻率发生明显的下降，故排除存在采空积水区的可能。造成该区域出现低阻现象的原因，可能是由于区域内岩层（9# ＋10# ＋11# 煤层）赋水性较强所导致。

图中位于掘进头正前方至右帮正前方距勘探点 70～100 m 范围及掘进头左前方与中心轴线夹角 57°～70°方向距勘探点 68～100 m 范围的浅色区域，视电阻率值在 10 以下，其中右侧区域内视电阻率值又进一步减小到 6 以下，且变化不均匀，这两处区域均为低阻异常区域。判定这两处区域有可能存在采空积水区，需采用钻孔超前探测进行验证。验证结果若非存在采空积水区，则造成区域低阻异常的原因，可能是区域岩层（9# ＋10# ＋11# 煤层）赋水性强或是存在含水陷落柱（低阻异常区域一可能受含水断层影响）。

③ 斜向下 30°方向视电阻率剖面如图 4-30 所示。

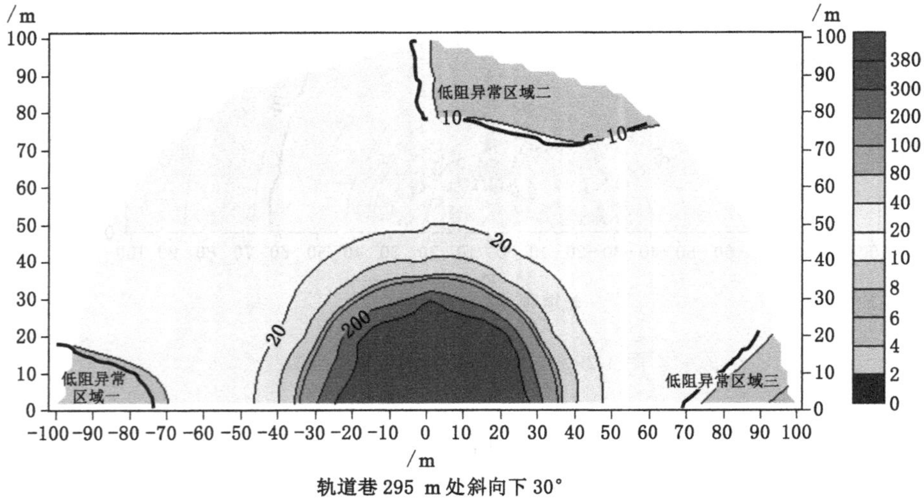

图 4-30　斜向下 30°方向视电阻率剖面图

图中深色，视电阻率值在 140 以上的区域为高阻区。虽为高阻区，但是视电阻率等值线分布均匀，且以勘探点为圆心（以中心轴线为标准），大致呈对称分布，巷道掘进头与周围空间的视电阻率值没有发生明显变化，若存在采空区，那么视电阻率值一定会发生明显升高，所以此高阻区域内不存在采空区。造成高阻现象的原因，可能是由于区域内岩性发生变化。

图中浅色，视电阻率值在 10～30 范围内的区域为低阻区。通过探测，大部分低阻区域以勘探点为圆心（以中心轴线为标准），大致呈对称分布，视电阻率等值线分布较均匀。若存在采空积水区，则其视电阻率会比周围岩体的视电阻率发生明显的下降，故排除存在采空积水区的可能。造成该区域出现低阻现象的原因，可能是由于区域内岩层赋水性较强所导致。

位于掘进头左帮斜下前方至掘进头左斜下前方与中心轴线夹角79°方向距勘探点70～100 m的区域，视电阻率值在10以下，此处区域为低阻异常区域一。低阻异常区域视电阻率等值线分布不均匀，且变化不规则。低阻异常区域内不存在断层，且9^# +10^# +11^# 煤层下方没有其他可采煤层，不会出现采空积水区。由于低阻异常区域一与9^# +10^# +11^# 煤层底板的垂直距离为35～50 m，所以此区域不受上方是否存在9^# +10^# +11^# 煤层采空积水区的影响。出现低阻异常现象的原因，可能是由于此区域内岩层赋水性强所致。

位于掘进头斜下前方至右斜下前方与中心轴线夹角39°方向距勘探点80～100 m的区域，视电阻率值在10以下，此处区域为低阻异常区域二。低阻异常区域视电阻率等值线分布不均匀，变化不规则，且9^# +10^# +11^# 煤层下方没有其他可采煤层，不会出现采空积水区。通过分析采掘工程平面图和相关地质资料，判定此区域有可能存在含水断层，需采用钻孔超前探测进行验证。验证结果若非存在含水断层，则造成此区域低阻异常的原因，可能是由于岩层赋水性强所致。

位于掘进头右帮斜下前方至掘进头右斜下前方与中心轴线夹角77°方向距勘探点74～100 m的区域，视电阻率值在10以下，且在区域内部视电阻率值进一步减小到8以下，此处区域为低阻异常区域三。低阻异常区域视电阻率等值线分布不均匀，且变化不规则。低阻异常区域内不存在断层，且9^# +10^# +11^# 煤层下方没有其他可采煤层，不会出现采空积水区。由于低阻异常区域三与9^# +10^# +11^# 煤层底板的垂直距离为37～50 m，所以此区域不受上方是否存在9^# +10^# +11^# 煤层采空积水区的影响。那么出现低阻异常现象的原因，可能是由于此区域内岩层赋水性强所致。

(10) 轨道巷370 m掘进头处超前探测

① 斜向上30°方向视电阻率剖面如图4-31所示。

图中视电阻率值在140以上的区域为高阻区。虽为高阻区，但是视电阻率等值线分布均匀，且以勘探点为圆心(以中心轴线为标准)，大致呈对称分布，巷道掘进头与周围空间的视电阻率值没有发生明显变化，若存在采空区，那么视电阻率值一定会发生明显升高，所以此高阻区域内不存在采空区。

图中颜色呈浅色，视电阻率值在10～30范围内的区域为低阻区。通过探测，大部分低阻区域以勘探点为圆心(以中心轴线为标准)，大致呈对称分布，视电阻率等值线分布较均匀。若存在采空积水区，则其视电阻率值会比周围岩体的视电阻率发生明显的下降，故排除存在采空积水区的可能。造成该区域出现

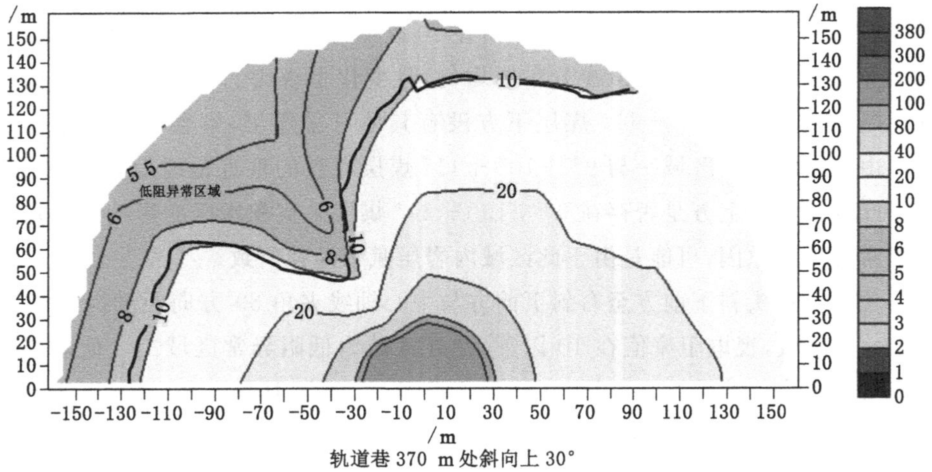

图 4-31　斜向上 30°方向视电阻率剖面图

低阻现象的原因，可能是由于区域内岩层赋水性较强所导致。

位于掘进头左帮斜上前方至右斜上前方与中心轴线夹角 36°方向距勘探点 55～150 m 的范围，视电阻率值在 10 以下，且在区域内视电阻率值进一步减小，最终下降到 5 以下，比其周围空间视电阻率值变化较大，此处区域为低阻异常区域。低阻异常区域距 9# +10# +11# 煤层顶板的垂直高度为 27.5～75 m，由于此次探测范围为 150 m，探测方向为斜向上 30°，所以此次探测的最大垂直高度为 75 m，而 2# 煤层与 9# +10# +11# 煤层最小层间距为 74.88 m，小于 75 m，如果此次探测正处于 2# 煤层与 9# +10# +11# 煤层间距最小的位置，那么此次探测就能够到达 2# 煤层，进而会在视电阻率剖面图与勘探点距离大于 149.76 m 区域的探查范围反映出 2# 煤层的开采与积水情况。由于此低阻异常区域分布不规则，且视电阻率值比周围岩体有明显的下降，判定在与勘探点距离大于 149.76 m 的探查范围可能存在 2# 煤层采空积水区，需采用钻孔超前探测进行验证。验证结果若非存在采空积水区，则造成此区域低阻异常的原因可能是区域岩层赋水性强或存在含水断层或陷落柱。

② 顺层方向视电阻率剖面如图 4-32 所示。

图中深色，视电阻率值在 140 以上的区域为高阻区。虽为高阻区，但是视电阻率等值线分布均匀，且以勘探点为圆心（以中心轴线为标准），大致呈对称分布，巷道掘进头与周围空间的视电阻率值没有发生明显变化，若存在采空区，那

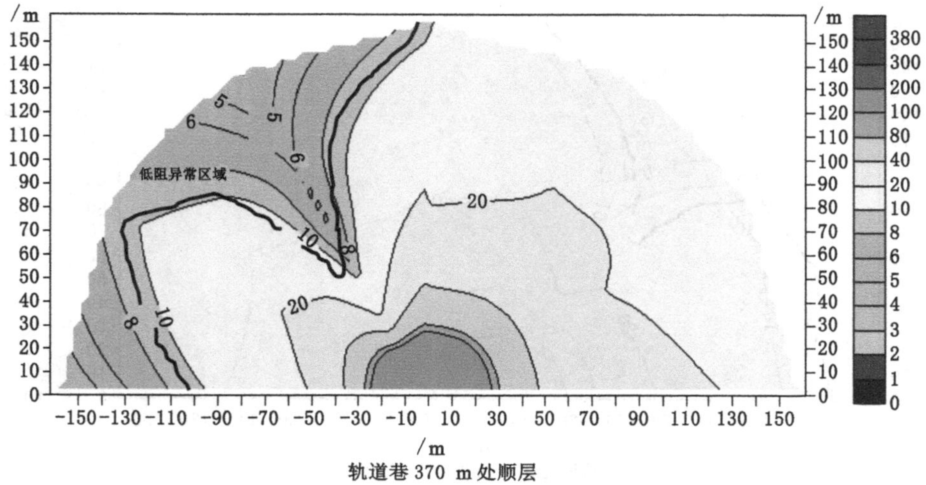

图 4-32　顺层方向视电阻率剖面图

么视电阻率值一定会发生明显升高，所以此高阻区域内不存在采空区。

图中颜色呈较浅色，视电阻率值在 10～30 范围内的区域为低阻区。通过探测，大部分低阻区域以勘探点为圆心（以中心轴线为标准），大致呈对称分布，视电阻率等值线分布较均匀。若存在采空积水区，则其视电阻率会比周围岩体的视电阻率发生明显的下降，故排除存在采空积水区的可能。造成该区域出现低阻现象的原因可能是由于 9# ＋10# ＋11# 煤层赋水性较强所导致。

图中位于掘进头左帮正前方至掘进头正前方方向距勘探点 60～150 m 范围的区域，视电阻率值均在 10 以下，且在区域内视电阻率值进一步减小，最终下降到 5 以下，视电阻率等值线分布不规则，此处区域为低阻异常区域。判定此区域有可能存在采空积水区，需采用钻孔超前探测进行验证。验证结果若非存在采空积水区，则造成此区域低阻异常的原因，可能是区域 9# ＋10# ＋11# 煤层（岩层）赋水性强或存在含水陷落柱。

③ 斜向下 30°方向视电阻率剖面如图 4-33 所示。

图中颜色较深，视电阻率值在 140 以上的区域为高阻区。虽为高阻区，但是视电阻率等值线分布均匀，且以勘探点为圆心（以中心轴线为标准），大致呈对称分布，巷道掘进头与周围空间的视电阻率值没有发生明显变化，若存在采空区，那么视电阻率值一定会发生明显升高，所以此高阻区域内不存在采空区。

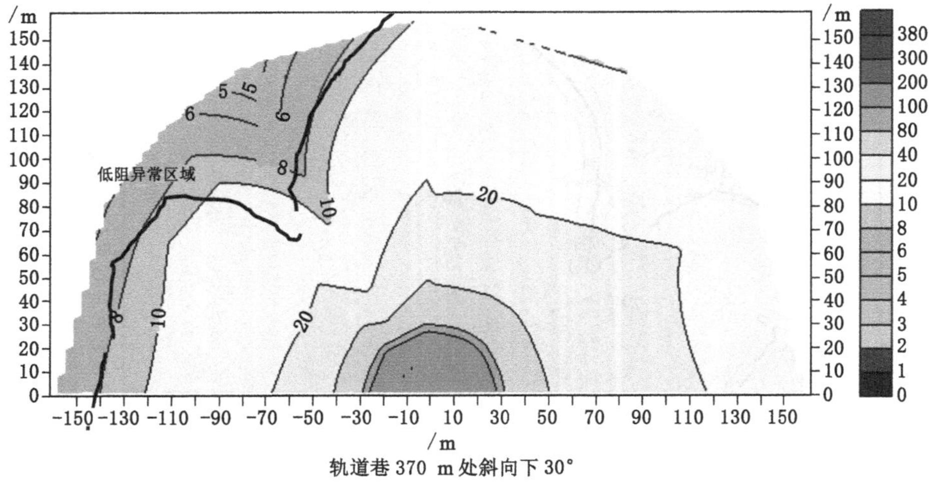

图 4-33 斜向下 30°方向视电阻率剖面图

图中颜色较浅,视电阻率值在 10～30 范围内的区域为低阻区。通过探测,大部分低阻区域以勘探点为圆心(以中心轴线为标准),大致呈对称分布,视电阻率等值线分布较均匀。若存在采空积水区,则其视电阻率会比周围岩体的视电阻率发生明显的下降,故排除存在采空积水区的可能。造成该区域出现低阻现象的原因可能是由于区域内岩层赋水性较强所导致。

从掘进头左帮斜下前方至掘进头前斜下方方向距勘探点 85～150 m 的区域,视电阻率值在 10 以下,且在区域内部视电阻率值进一步减小,最终下降到 5 以下,此处区域为低阻异常区域。低阻异常区域视电阻率等值线分布不均匀,且变化不规则。低阻异常区域内不存在断层,且 9# +10# +11# 煤层下方没有其他可采煤层,不会出现采空积水区。由于低阻异常区域与 9# +10# +11# 煤层底板的垂直距离为 42.5～75 m,所以此区域不受上方是否存在 9# +10# +11# 煤层采空积水区的影响。经过分析,判断出现低阻异常现象的原因可能是由于区域内岩层赋水性强或存在含水陷落柱。

(11) 胶带巷 10 m 掘进头处超前探测

① 斜向上 45°方向视电阻率剖面如图 4-34 所示。

图中颜色呈深色,视电阻率值在 140 以上的区域为高阻区。虽为高阻区,但是视电阻率等值线分布较均匀,且以勘探点为圆心(以中心轴线为标准),大致呈对称分布。其中,距此次探测勘探点 25～80 m 范围的区域视电阻率值比其周

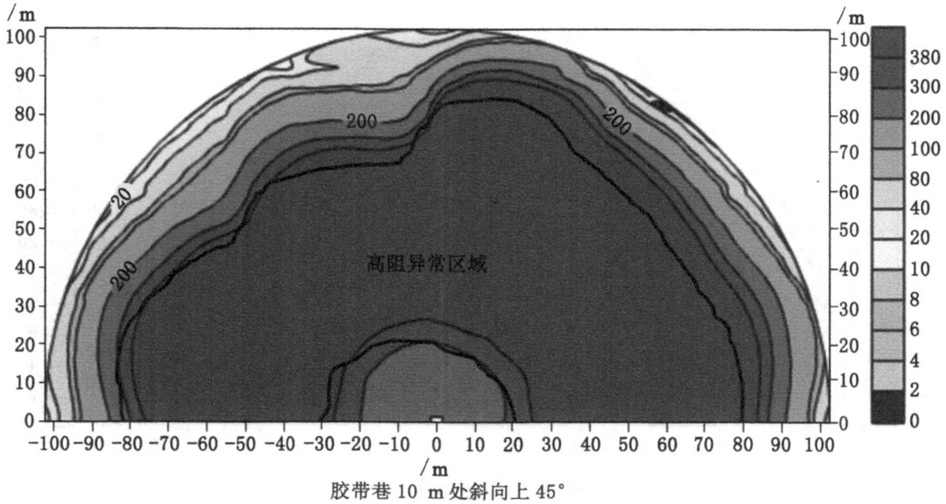

图 4-34　斜向上 45°方向视电阻率剖面图

围空间的视电阻率值有明显的升高，此处视电阻率值在 380 以上，为高阻异常区域。由于此高阻异常区距 $9^{\#}+10^{\#}+11^{\#}$ 煤层顶板的最大垂直高度约为 62.2 m，在距 $9^{\#}+10^{\#}+11^{\#}$ 煤层顶板 0～62.2 m 范围内不存在任何可采煤层，证明此高阻异常区域内不可能存在采空区。

位于此次探测边缘，视电阻率值在 20～30 范围内的浅色极狭窄区域，为低阻区。通过探测，大部分低阻区域以勘探点为圆心（以中心轴线为标准），大致呈对称分布，视电阻率等值线分布较均匀。若存在采空积水区，则其视电阻率会比周围岩体的视电阻率发生明显的下降；且此次探测范围为 100 m，探测方向为斜向上 45°，则此次探测距 $9^{\#}+10^{\#}+11^{\#}$ 煤层顶板的最大距离为 70.7 m，在距 $9^{\#}+10^{\#}+11^{\#}$ 煤层顶板 0～70.7 m 范围内不存在任何可采煤层，根据这两点理由，排除存在采空积水区的可能。造成该区域出现低阻现象的原因可能是由于区域内岩层赋水性较强所导致。

② 顺层方向视电阻率剖面如图 4-35 所示。

图中颜色呈深色，视电阻率值在 140 以上的区域为高阻区。虽为高阻区，但是视电阻率等值线分布较均匀，且以勘探点为圆心（以中心轴线为标准），大致呈对称分布。其中，距此次探测勘探点 25～77 m 范围的区域视电阻率值比其周围空间的视电阻率值有明显的升高，此处视电阻率值在 380 以上的为高阻异常区域。判断此区域内可能存在 $9^{\#}+10^{\#}+11^{\#}$ 煤层采空区，需要根据现场实际情况，采用钻

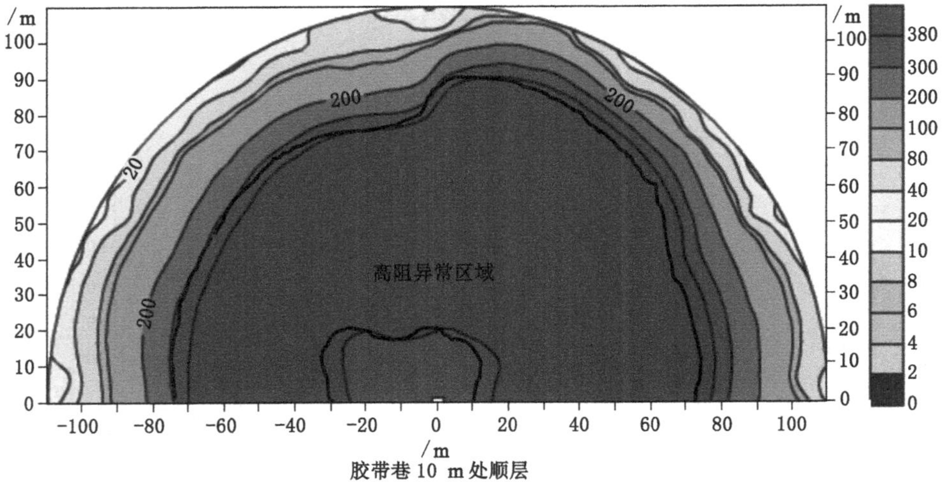

图 4-35　顺层方向视电阻率剖面图

孔超前探测进行验证。验证结果若非存在采空区，则造成此区域高阻异常的原因，可能是由于区域内岩性发生变化或岩层裂隙发育且裂隙内不含水。

位于此次探测边缘，视电阻率值在 20～30 范围内的浅色极狭窄区域的为低阻区。通过探测，大部分低阻区域以勘探点为圆心(以中心轴线为标准)，大致呈对称分布，视电阻率等值线分布较均匀。若存在采空积水区，则其视电阻率值会比周围岩体的视电阻率发生明显的下降，故排除存在采空积水区的可能。造成该区域出现低阻现象的原因，可能是由于区域内岩层裂隙发育赋水性较强所导致。

③ 斜向下 45°方向视电阻率剖面如图 4-36 所示。

图中颜色呈深色，视电阻率值在 140 以上的区域为高阻区。虽为高阻区，但是视电阻率等值线分布较均匀，且以勘探点为圆心(以中心轴线为标准)，大致呈对称分布。其中，距此次探测勘探点 25～80 m 范围的区域视电阻率值比其周围空间的视电阻率值有明显的升高，此处视电阻率值在 380 以上的为高阻异常区域。由于此高阻异常区距 9# ＋10# ＋11# 煤层底板的最大垂直高度约为 62.2 m，在距 9# ＋10# ＋11# 煤层底板 0～62.2 m 范围内不存在任何可采煤层，证明此高阻异常区域内不可能存在采空区。造成此区域高阻异常的原因，可能是由于区域内岩性发生变化或岩层裂隙发育且裂隙内不含水。

位于此次探测边缘，视电阻率值在 20～30 范围内的浅色极狭窄区域，为低阻区。通过探测，大部分低阻区域以勘探点为圆心(以中心轴线为标准)，大致呈

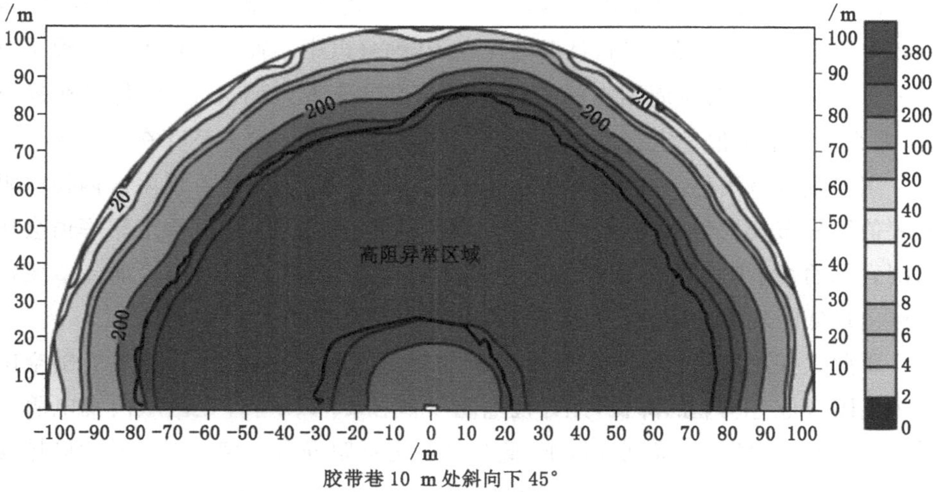

图 4-36　斜向下 45°方向视电阻率剖面图

对称分布，视电阻率等值线分布较均匀。若存在采空积水区，则其视电阻率值会比周围岩体的视电阻率发生明显的下降，且 9[#] +10[#] +11[#] 煤层底板下不存在任何可采煤层，故排除存在采空积水区的可能。造成该区域出现低阻现象的原因，可能是由于区域内岩层赋水性较强所导致。

(12) 胶带巷 200 m 掘进头处超前探测

① 斜向上 30°方向视电阻率剖面如图 4-37 所示。

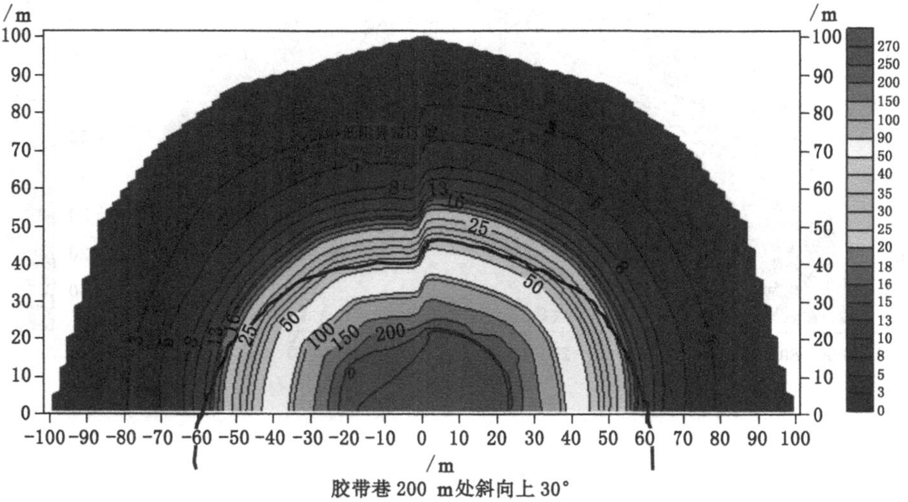

图 4-37　斜向上 30°方向视电阻率剖面图

图中颜色呈深色，视电阻率值在 140 以上的区域为高阻区。虽为高阻区，但是视电阻率等值线分布均匀，且以勘探点为圆心(以中心轴线为标准)，大致呈对称分布，巷道掘进头与周围空间的视电阻率值没有发生明显变化，若存在采空区，那么视电阻率值一定会发生明显升高，所以此高阻区域内不存在采空区。

图中颜色呈浅色，视电阻率值在 20～30 的区域为低阻区。低阻区内视电阻率等值线分布较均匀，边界波动平缓。若存在采空积水区，则其视电阻率值会比周围岩体的视电阻率发生明显的下降，故排除存在采空积水区的可能。造成该区域出现低阻现象的原因，可能是由于区域内岩层赋水性较强所导致。

距此次探测勘探点 55～100 m 范围的整个区域，视电阻率值比其周围空间的视电阻率值有明显的降低，此处视电阻率值在 20 以下，且在区域内视电阻率值进一步减小，最终下降到 3 以下，此处区域为低阻异常区域。低阻异常区域视电阻率等值线分布密集，且变化不规则。由于此次探测范围为 100 m，探测方向为斜向上 30°，所以此次探测距 9# ＋10# ＋11# 煤层顶板最大垂直高度为 50 m，未达到 2# 煤层，无法反映出 2# 煤层实际开采与积水情况。9# ＋10# ＋11# 煤层与 2# 煤层间没有其他可采煤层，故不存在采空积水区。造成这两处区域低阻异常的原因，可能是区域内岩层赋水性强或存在含水断层或存在陷落柱。

② 顺层方向视电阻率剖面如图 4-38 所示。

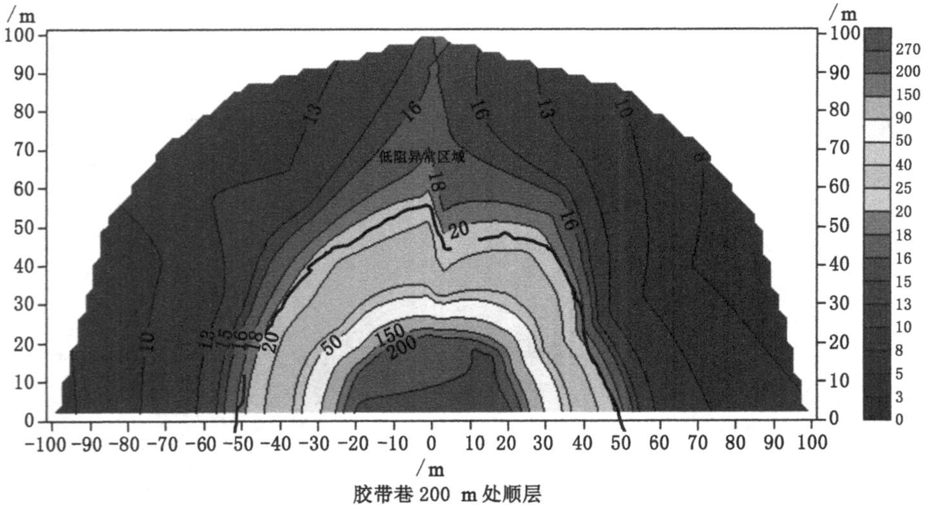

图 4-38　顺层方向视电阻率剖面图

图中颜色呈深色，视电阻率值在 140 以上的区域为高阻区。虽为高阻区，但是视电阻率等值线分布较均匀，且以勘探点为圆心（以中心轴线为标准），大致呈对称分布。巷道掘进头与周围空间的视电阻率值没有发生明显变化，若存在采空区或积水区，那么采空区或积水区的视电阻率值一定会与周围未采区煤岩层视电阻率存在明显差别，所以此高阻区域内不存在采空区。

图中颜色呈浅色，视电阻率值在 20～30 的区域为低阻区。通过探测，大部分低阻区域以勘探点为圆心（以中心轴线为标准），大致呈对称分布。低阻区内视电阻率等值线分布较均匀，边界波动平缓。若存在采空积水区，则其视电阻率会比周围岩体的视电阻率发生明显的下降，故排除存在采空积水区的可能。造成该区域出现低阻现象的原因可能是由于区域内岩层赋水性较强所导致。

距此次探测勘探点 49～100 m 范围的整个区域，视电阻率值比其周围空间的视电阻率值有明显的降低，此处视电阻率值在 20 以下，且在区域内视电阻率值进一步减小，最终下降到 8 以下，此处区域为低阻异常区域。低阻异常区域视电阻率等值线分布密集，且变化不规则。判定此区域有可能存在采空积水区，需采用钻孔超前探测进行验证。验证结果若非存在采空积水区，则造成此区域低阻存在异常的原因可能是区域9# +10# +11# 煤层（岩层）赋水性强或存在含水断层或存在陷落柱。

③ 斜向下 30°方向视电阻率剖面如图 4-39 所示。

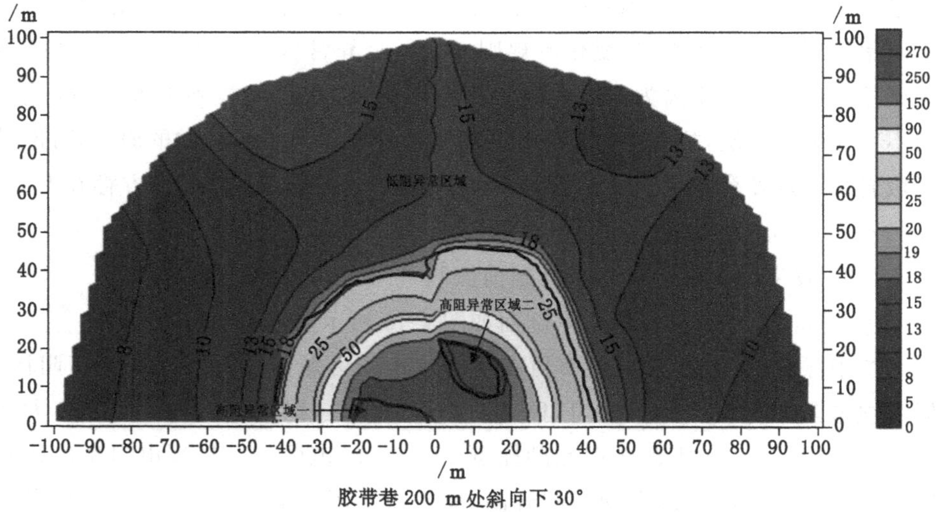

图 4-39　斜向下 30°方向视电阻率剖面图

图中颜色呈深色，视电阻率值在 140 以上的区域为高阻区。虽为高阻区，但是绝大部分区域视电阻率等值线分布较均匀，且以勘探点为圆心（以中心轴线为标准），大致呈对称分布。其中，位于掘进头左帮斜下前方至左斜下前方与中心轴线夹角 64°方向距勘探点 0～22 m 范围深色区域，以及掘进头右斜下前方与中心轴线夹角 8°～63°方向距勘探点 13～23 m 范围深色区域，这两处区域视电阻率值比其周围空间的视电阻率值有明显的升高，视电阻率值在 270 以上，所以这两处区域为高阻异常区域。由于高阻异常区域距 9# ＋10# ＋11# 煤层底板的最大垂直高度约为 11.5 m，在距 9# ＋10# ＋11# 煤层底板 0～11.5 m 范围内不存在任何可采煤层，证明此高阻区域内不可能存在采空区。造成此区域高阻异常的原因，可能是由于区域内岩性发生变化或岩层裂隙发育且裂隙内不含水。

图中颜色呈浅色，视电阻率值在 20～30 的区域为低阻区。通过探测，大部分低阻区域以勘探点为圆心（以中心轴线为标准），大致呈对称分布。低阻区内视电阻率等值线分布较均匀，边界波动平缓。若存在采空积水区，则其视电阻率会比周围岩体的视电阻率发生明显的下降，且 9# ＋10# ＋11# 煤层底板下不存在任何可采煤层，故排除存在采空积水区的可能。造成该区域出现低阻现象的原因，可能是由于区域内岩层赋水性较强所导致。

距此次探测勘探点 42～100 m 范围的整个区域，视电阻率值比其周围空间的视电阻率值有明显的降低，此处视电阻率值在 20 以下，且在区域内视电阻率值进一步减小，最终下降到 8 以下，此处区域为低阻异常区域。低阻异常区域视电阻率等值线分布密集，且变化不规则。此低阻异常区域距 9# ＋10# ＋11# 煤层底板的最大垂直距离为 50 m，从 9# ＋10# ＋11# 煤层底板到下方 50 m 范围内不存在可采煤层，故不存在采空积水区。造成此区域低阻异常的原因，可能是区域岩层裂隙发育赋水性强，或存在含水断层或存在陷落柱，或上方存在 9# ＋10# ＋11# 煤层采空积水区。

(13) 胶带巷 300 m 掘进头处超前探测

① 斜向上 30°方向视电阻率剖面如图 4-40 所示。

图中颜色呈深色，视电阻率值在 140 以上的区域为高阻区。虽为高阻区，但是视电阻率等值线分布均匀，且以勘探点为圆心（以中心轴线为标准），大致呈对称分布。其中，距此次探测勘探点 25～55 m 范围的区域视电阻率值比其周围空间的视电阻率值有明显的升高，此处视电阻率值在 380 以上，为高阻异常区域。由于此高阻异常区域距 9# ＋10# ＋11# 煤层顶板的最大垂直高度约为 27.5 m，在距 9# ＋10# ＋11# 煤层顶板 0～27.5 m 范围内不存在任何可采

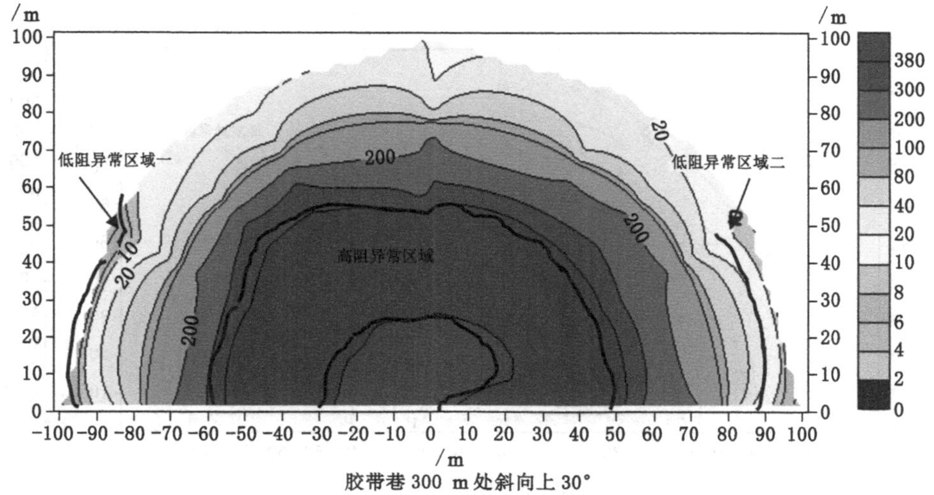

图 4-40　斜向上 30°方向视电阻率剖面图

煤层，证明此高阻异常区域内不可能存在采空区。

图中颜色呈浅色，视电阻率值在 10～30 的区域为低阻区。低阻区内视电阻率等值线分布较均匀，边界波动平缓。若存在采空积水区，则其视电阻率会比周围岩体的视电阻率发生明显的下降，故排除存在采空积水区的可能。造成该区域出现低阻现象的原因，可能是由于区域内岩层赋水性较强所导致。

位于掘进头左帮斜上前方至左斜上前方与中心轴线夹角 53°方向距勘探点 91～100 m 的区域，以及掘进头右帮斜上前方至右斜上前方与中心轴线夹角 56°方向距勘探点 91～100 m 的区域，视电阻率值在 10 以下，且在区域内视电阻率值进一步减小，最终下降到 8 以下，比其周围空间视电阻率值变化较大，这两处区域为低阻异常区域。由于此次探测范围为 100 m，探测方向为斜向上 30°，则此次探测距 9$^{\#}$ +10$^{\#}$ +11$^{\#}$ 煤层顶板最大垂直距离为 50 m，未达到 2$^{\#}$ 煤层，不能反映 2$^{\#}$ 煤层的相关情况。所以，造成这两处区域低阻异常的原因可能是区域岩层赋水性强或存在含水断层或存在陷落柱。

② 顺层方向视电阻率剖面如图 4-41 所示。

图中颜色呈深色，视电阻率值在 140～380 之间的区域为高阻区。虽为高阻区，但是视电阻率等值线分布较均匀，且以勘探点为圆心(以中心轴线为标准)，大致呈对称分布。其中，距此次探测勘探点 26～46 m 范围的区域视电阻率值比其周围空间的视电阻率值有明显的升高，此处视电阻率值在 380 以上，为高阻

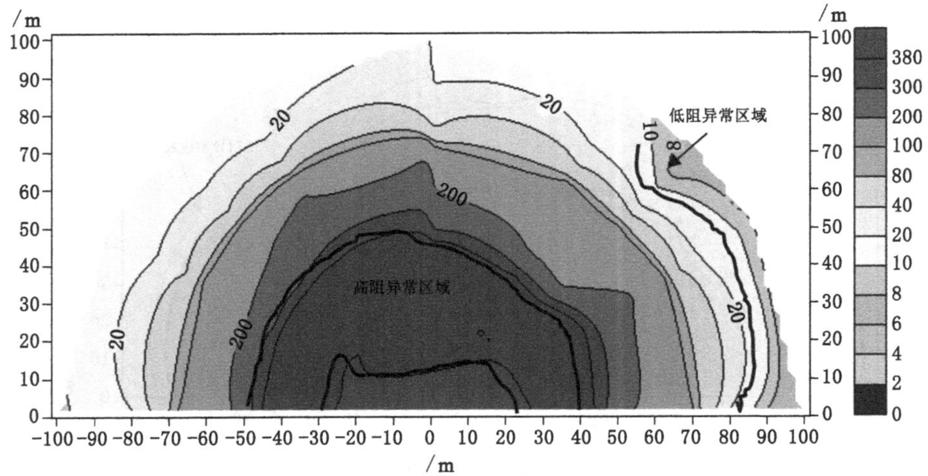

图 4-41　顺层方向视电阻率剖面图

异常区域。判断此区域内可能存在 9# +10# +11# 煤层采空区，需要根据现场实际情况，采用钻孔超前探测进行验证。验证结果若非存在采空区，则造成此区域高阻异常的原因可能是由于区域内岩性发生变化或岩层裂隙发育且裂隙内不含水。

图中颜色呈浅色，视电阻率值在 10～30 的区域为低阻区。通过探测，大部分低阻区域以勘探点为圆心(以中心轴线为标准)，大致呈对称分布。低阻区内视电阻率等值线分布较均匀，边界波动平缓。若存在采空积水区，则其视电阻率值会比周围岩体的视电阻率发生明显的下降，故排除存在采空积水区的可能。造成该区域出现低阻现象的原因可能是由于区域内 9# +10# +11# 煤层赋水性较强所导致。

图中位于掘进头右帮正前方至掘进头右前方与中心轴线夹角 37°方向距勘探点 86～100 m 范围的区域，视电阻率值均在 10 以下，且在区域内视电阻率值进一步减小，最终下降到 8 以下，视电阻率等值线分布不规则，此处区域为低阻异常区域。判定此区域有可能存在采空积水区，需采用钻孔超前探测进行验证。验证结果若非存在采空积水区，则造成此区域低阻异常的原因，可能是区域 9# +10# +11# 煤层赋水性强或存在含水断层或存在陷落柱。

③ 斜向下 30°方向视电阻率剖面如图 4-42 所示。

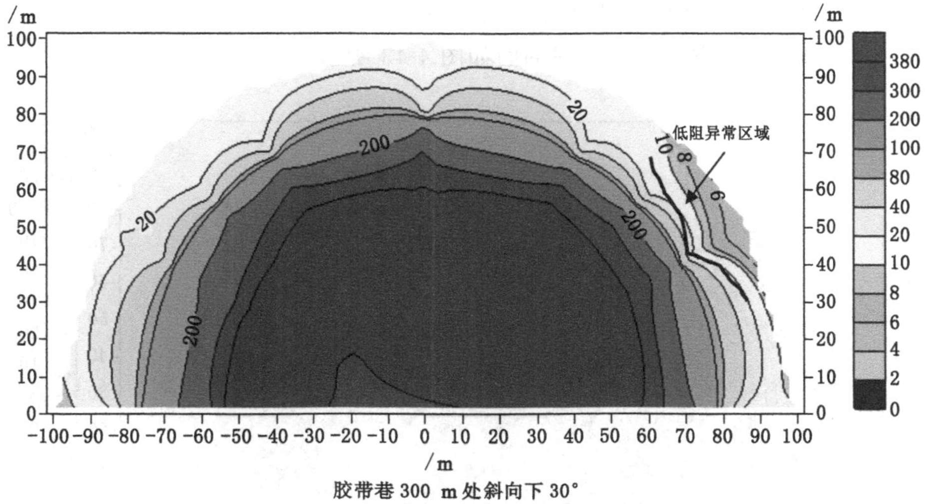

图 4-42　斜向下 30°方向视电阻率剖面图

图中颜色呈深色，视电阻率值在 140 以上的区域为高阻区。虽为高阻区，但是绝大部分区域视电阻率等值线分布较均匀，且以勘探点为圆心(以中心轴线为标准)，大致呈对称分布。由于 9# +10# +11# 煤层底板到下方不存在可采煤层，所以造成此区域高阻异常的原因，可能是由于区域内岩性发生变化或岩层裂隙发育且裂隙内不含水。

图中颜色呈浅色，视电阻率值在 10～30 的区域为低阻区。通过探测，大部分低阻区域以勘探点为圆心(以中心轴线为标准)，大致呈对称分布。低阻区内视电阻率等值线分布较均匀，边界波动平缓。若存在采空积水区，则其视电阻率会比周围岩体的视电阻率发生明显的下降，故排除存在采空积水区的可能。造成该区域出现低阻现象的原因，可能是由于区域内岩层赋水性较强所导致。

位于掘进头右斜下前方与中心轴线夹角 40°～69°方向距勘探点 87～100 m 范围区域，视电阻率值比其周围空间的视电阻率值有明显的降低，此处视电阻率值在 10 以下，且在区域内视电阻率值进一步减小，最终下降到 6 以下，此处区域为低阻异常区域。低阻异常区域视电阻率等值线分布密集，且变化不规则。此低阻异常区域距 9# +10# +11# 煤层底板的最大垂直距离为 50 m，从 9# +10# +11# 煤层底板到下方 50 m 范围内不存在可采煤层，故不存在采空积水区。造成此区域低阻异常的原因，可能是区域岩层裂隙发育赋水性强，或存在含水断层或存在陷落柱。

(14) 胶带巷 400 m 掘进头处超前探测

① 斜向上 45°方向视电阻率剖面如图 4-43 所示。

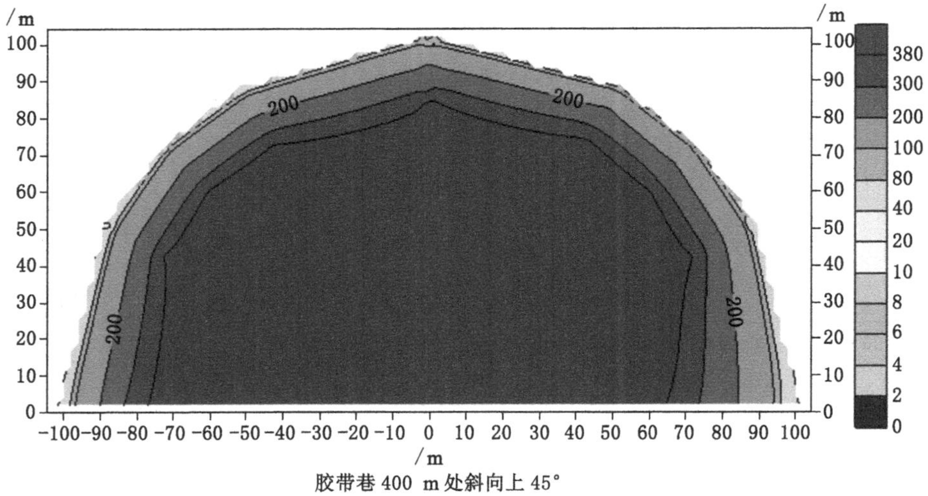

图 4-43　斜向上 45°方向视电阻率剖面图

图中颜色呈深色，视电阻率值在 140 以上的区域为高阻区。虽为高阻区，但是视电阻率等值线分布较均匀，且以勘探点为圆心(以中心轴线为标准)，大致呈对称分布。由于此次探测范围为 100 m，探测方向为斜向上 45°，所以此次探测的最大垂直高度为 70.7 m，在距 9$^{\#}$ +10$^{\#}$ +11$^{\#}$ 煤层顶板 0～70.7 m 范围内不存在任何可采煤层，证明此高阻区域内不可能存在采空区。造成区域内呈现高阻现象的原因，可能是由于岩性发生变化。

② 顺层方向视电阻率剖面如图 4-44 所示。

图中颜色呈深色，视电阻率值在 140～380 之间的区域为高阻区。虽为高阻区，但是视电阻率等值线分布较均匀，且以勘探点为圆心(以中心轴线为标准)，大致呈对称分布。其中，距此次探测勘探点 10～83 m 范围的区域视电阻率值比其周围空间的视电阻率值有明显的升高，此处视电阻率值在 380 以上，为高阻异常区域。判断此区域内可能存在 9$^{\#}$ +10$^{\#}$ +11$^{\#}$ 煤层采空区，需要根据现场实际情况，采用钻孔超前探测进行验证。验证结果若非存在采空区，则造成此区域高阻异常的原因可能是由于区域内岩性发生变化或岩层裂隙发育且裂隙内不含水。

③ 斜向下 45°方向视电阻率剖面如图 4-45 所示。

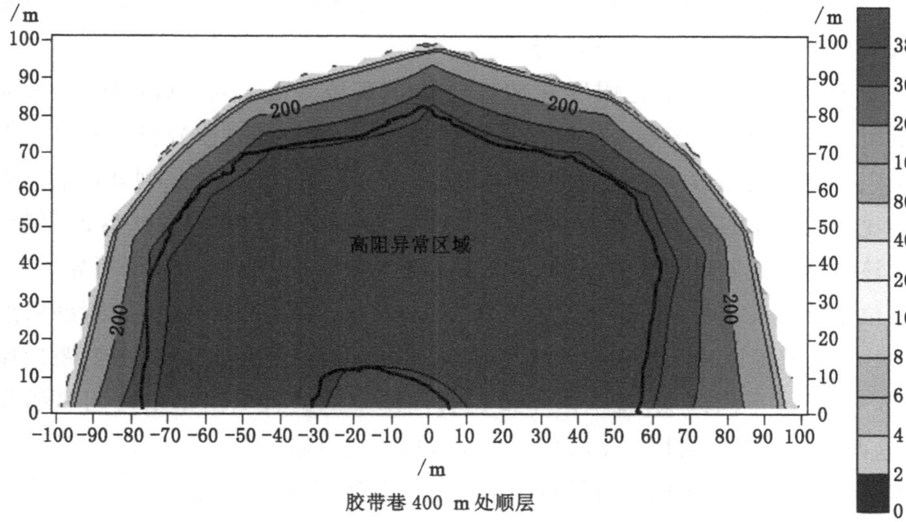

图 4-44　顺层方向视电阻率剖面图

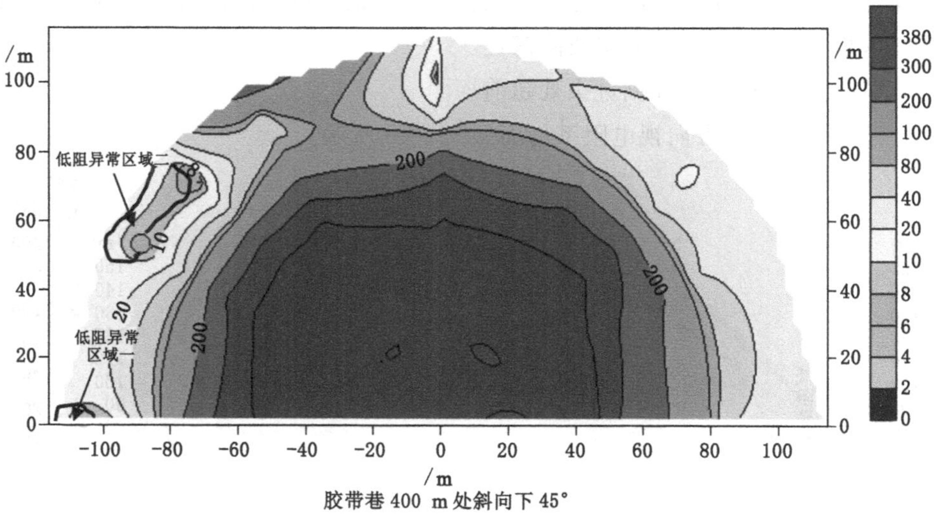

图 4-45　斜向下 45°方向视电阻率剖面图

图中颜色呈深色，视电阻率值在 140 以上的区域为高阻区。虽为高阻区，但是绝大部分区域视电阻率等值线分布较均匀，且以勘探点为圆心（以中心轴线为标准），大致呈对称分布。其中，区域内有三处范围极小的区域，比周围空间视电阻率值减小。由于 9# +10# +11# 煤层下方不存在其他可采煤层，故排除存在采空区的可能。造成此区域呈现高阻现象的原因可能是由于区域内岩性发生变化或岩层裂隙发育且裂隙内不含水。

图中颜色呈浅色，视电阻率值在 10～30 的区域为低阻区。通过探测，大部分低阻区域以勘探点为圆心(以中心轴线为标准)，大致呈对称分布。低阻区内视电阻率等值线分布较均匀，边界波动平缓。若存在采空积水区，则其视电阻率值会比周围岩体的视电阻率发生明显的下降，故排除存在采空积水区的可能。造成该区域出现低阻现象的原因，可能是由于区域内岩层赋水性较强所导致。

位于掘进头左帮斜下前方至左斜下前方与中心轴线夹角 86°方向距勘探点 97～100 m 范围区域及掘进头左斜下前方与中心轴线夹角 44°～62°方向距勘探点 98～100 m 范围区域，视电阻率值比其周围空间的视电阻率值有明显的降低，这两处视电阻率值均在 10 以下，且在区域内视电阻率值进一步减小，最终下降到 8 以下，这两处区域均为低阻异常区域。低阻异常区域视电阻率等值线分布密集，且变化不规则。此低阻异常区域距 9# ＋10# ＋11# 煤层底板的最大垂直距离为 70.7 m，从 9# ＋10# ＋11# 煤层底板到下方 70.7 m 范围内不存在可采煤层，故不存在采空积水区。造成区域低阻异常的原因，可能是区域岩层裂隙发育赋水性强，或存在含水断层或陷落柱。

(15) 胶带巷 445 m 掘进头处超前探测

① 斜向上 60°方向视电阻率剖面如图 4-46 所示。

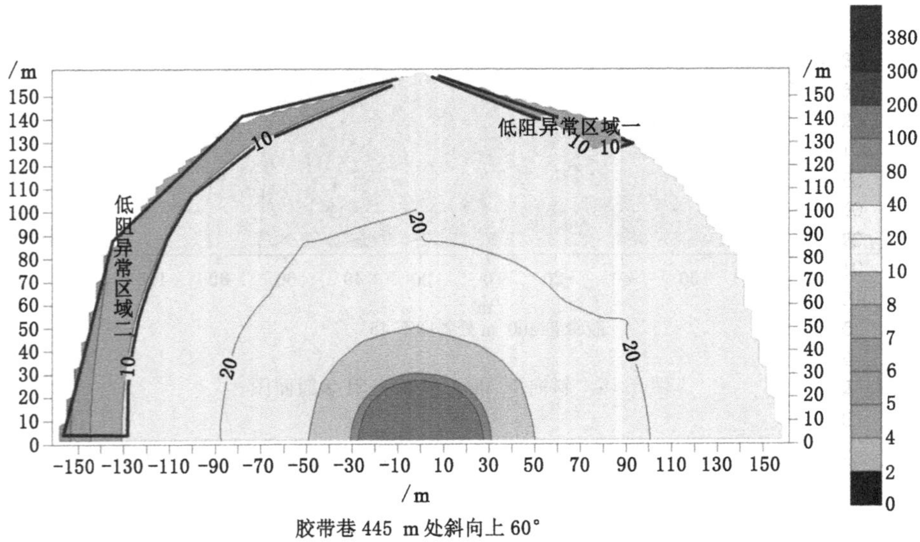

图 4-46　斜向上 60°方向视电阻率剖面图

图中视电阻率值在 140 以上的区域为高阻区。虽为高阻区，但是视电阻率等值线分布均匀，且以勘探点为圆心（以中心轴线为标准），大致呈对称分布，巷道掘进头与周围空间的视电阻率值没有发生明显变化，若存在采空区，那么视电阻率值一定会发生明显升高，所以此高阻区域内不存在采空区。

图中颜色呈浅色，视电阻率值在 10～30 范围内的区域为低阻区。通过探测，大部分低阻区域以勘探点为圆心（以中心轴线为标准），大致呈对称分布，视电阻率等值线分布较均匀。若存在采空积水区，则其视电阻率会比周围岩体的视电阻率发生明显的下降，故排除存在采空积水区的可能。造成该区域出现低阻现象的原因，可能是由于区域内岩层赋水性较强所导致。

位于掘进头右斜上前方与中心轴线夹角 2°～36°方向距勘探点 146～150 m 的范围及位于掘进头左帮斜上前方至左斜上前方与中心轴线夹角 4°方向距勘探点 130～150 m 的范围，视电阻率值在 10 以下，比其周围空间视电阻率值变化较大，这两处区域为低阻异常区域。低阻异常区域一距 9# ＋10# ＋11# 煤层顶板的垂直高度为 126.4～129.9 m，低阻异常区域二距 9# ＋10# ＋11# 煤层顶板的垂直高度为 112.6～129.9 m，由于 2# 煤层与 9# ＋10# ＋11# 煤层的间距为 74.88～107.07 m，所以两处低阻异常区域呈现低阻现象的原因不是由于区域内存在 2# 煤层采空积水区。由于低阻异常区域分布不规则，且视电阻率值比周围岩体有明显的下降，则造成两处区域低阻异常的原因可能是区域岩层赋水性强或存在含水断层或存在陷落柱。

由于 2# 煤层与 9# ＋10# ＋11# 煤层的间距为 74.88～107.07 m，此次探测的方向为斜向上 60°，则在此次探测的视电阻率剖面图上与勘探点距离在86.5～123.6 m 之间的范围能够反映 2# 煤层的相关情况。但从图上的视电阻率值分析，判定该区域内不存在 2# 煤层采空区或采空积水区，也不存在 2# 煤层，结论是此次探测这部分区域不含有 2# 煤层。

② 斜向上 30°方向视电阻率剖面如图 4-47 所示。

图中视电阻率值在 140 以上的区域为高阻区。虽为高阻区，但是视电阻率等值线分布均匀，且以勘探点为圆心（以中心轴线为标准），大致呈对称分布，巷道掘进头与周围空间的视电阻率值没有发生明显变化，若存在采空区，那么视电阻率值一定会发生明显升高，所以此高阻区域内不存在采空区。

图中颜色呈浅色，视电阻率值在 10～30 范围内的区域为低阻区。通过探测，大部分低阻区域以勘探点为圆心（以中心轴线为标准），大致呈对称分布，视电阻率等值线分布较均匀。若存在采空积水区，则其视电阻率会比周围岩体的

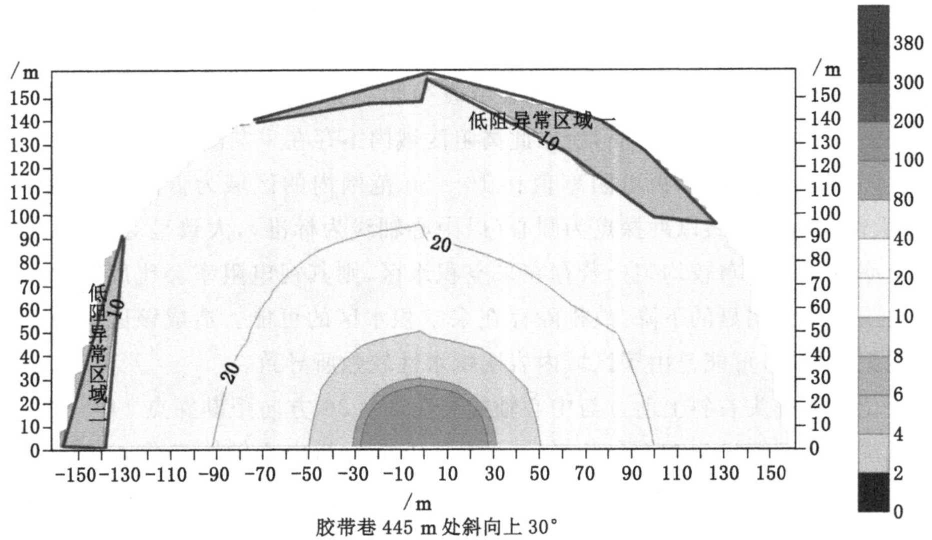

图 4-47　斜向上 30°方向视电阻率剖面图

视电阻率发生明显的下降，故排除存在采空积水区的可能。造成该区域出现低阻现象的原因，可能是由于区域内岩层赋水性较强所导致。

位于掘进头左斜上前方与中心轴线夹角 27°至掘进头右斜上前方与中心轴线夹角 53°方向距勘探点 140～150 m 区域，以及掘进头左帮斜上前方至左斜上前方与中心轴线夹角 55°方向距勘探点 139～150 m 范围，视电阻率值均在 10 以下，比其周围空间视电阻率值变化较大，这两处区域为低阻异常区域。低阻异常区域一距 9# ＋10# ＋11# 煤层顶板的垂直高度为 70～75 m，低阻异常区域二距 9# ＋10# ＋11# 煤层顶板的垂直高度为 69.5～75 m，由于此次探测范围为 150 m，探测方向为斜向上 30°，所以此次探测的最大垂直高度为 75 m，而 2# 煤层与 9# ＋10# ＋11# 煤层最小层间距为 74.88 m，小于 75 m，如果此次探测正处于 2# 煤层与 9# ＋10# ＋11# 煤层间距最小的位置，那么此次探测就能够到达 2# 煤层，进而会在视电阻率剖面图上与勘探点距离大于 149.76 m 区域的探查范围反映出 2# 煤层的开采与积水情况。由于此低阻异常区分布不规则，且视电阻率值比周围岩体有明显的下降，判定在两低阻异常区域内，与勘探点距离大于 149.76 m 的探查范围有可能存在 2# 煤层采空积水区，需采用钻孔超前探测进行验证。验证结果若非存在 2# 煤层采空积水区，则造成这两处区域低阻异常的其他原因可能是区域岩层赋水性强或存在含水断层或陷落柱。

③ 顺层方向视电阻率剖面如图 4-48 所示。

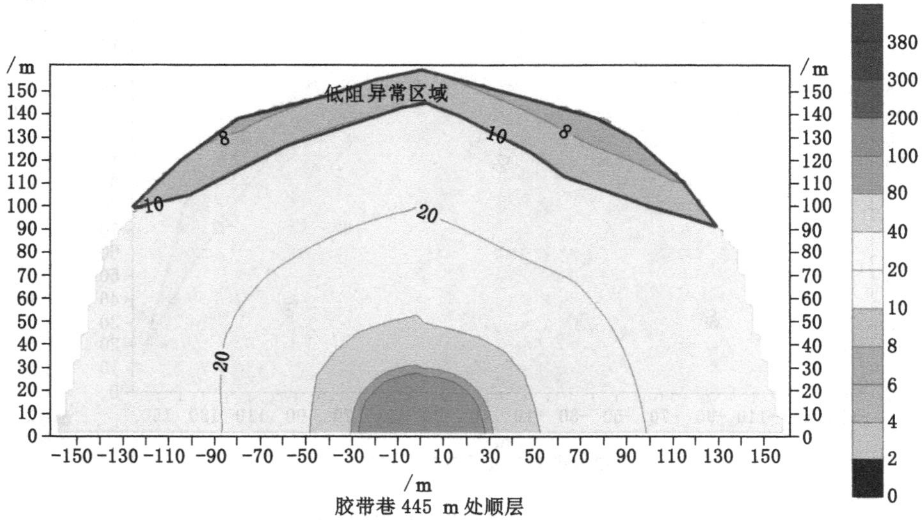

图 4-48　顺层方向视电阻率剖面图

图中深色，视电阻率值在 140 以上的区域为高阻区。虽为高阻区，但是视电阻率等值线分布均匀，且以勘探点为圆心（以中心轴线为标准），大致呈对称分布，巷道掘进头与周围空间的视电阻率值没有发生明显变化，若存在采空区，那么视电阻率值一定会发生明显升高，所以此高阻区域内不存在采空区。

图中颜色呈较浅色，视电阻率值在 10～30 范围内的区域为低阻区。通过探测，大部分低阻区域以勘探点为圆心（以中心轴线为标准），大致呈对称分布，视电阻率等值线分布较均匀。若存在采空积水区，则其视电阻率会比周围岩体的视电阻率发生明显的下降，故排除存在采空积水区的可能。造成该区域出现低阻现象的原因可能是由于 9# ＋10# ＋11# 煤层赋水性较强所导致。

图中位于掘进头左前方与中心轴线夹角 51°至掘进头右前方与中心轴线夹角 55°方向距勘探点 130～150 m 范围的区域，视电阻率值均在 10 以下，且在区域内视电阻率值进一步减小，最终下降到 8 以下，视电阻率等值线分布不规则，此处区域为低阻异常区域。判定此区域有可能存在 9# ＋10# ＋11# 煤层采空积水区，需采用钻孔超前探测进行验证。验证结果若非存在采空积水区，则造成此区域低阻异常的原因可能是区域 9# ＋10# ＋11# 煤层赋水性强或存在含水陷落柱。

④ 斜向下 30°方向视电阻率剖面如图 4-49 所示。

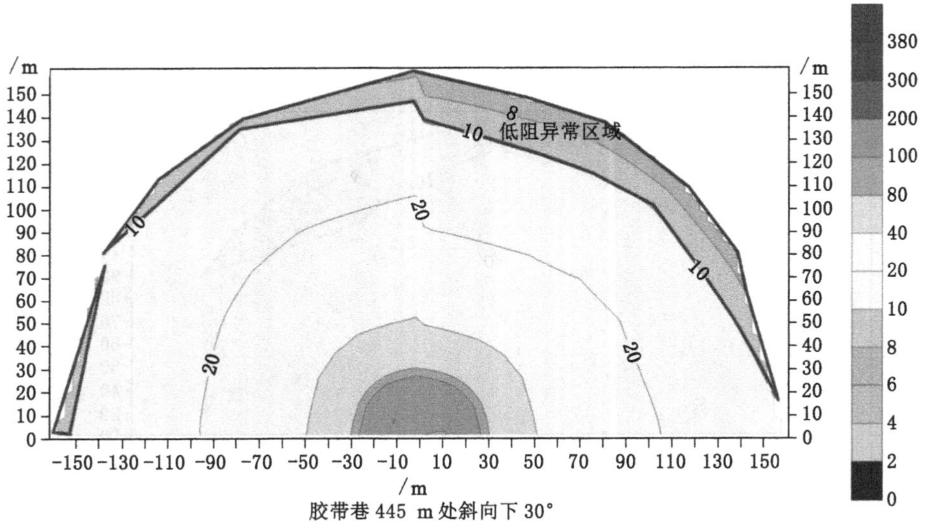

图 4-49 斜向下 30°方向视电阻率剖面图

图中颜色较深，视电阻率值在 140 以上的区域为高阻区。虽为高阻区，但是视电阻率等值线分布均匀，且以勘探点为圆心（以中心轴线为标准），大致呈对称分布，巷道掘进头与周围空间的视电阻率值没有发生明显变化，若存在采空区，那么视电阻率值一定会发生明显升高，所以此高阻区域内不存在采空区。

图中颜色较浅，视电阻率值在 10～30 范围内的区域为低阻区。通过探测，大部分低阻区域以勘探点为圆心（以中心轴线为标准），大致呈对称分布，视电阻率等值线分布较均匀。若存在采空积水区，则其视电阻率会比周围岩体的视电阻率发生明显的下降，故排除存在采空积水区的可能。造成该区域出现低阻现象的原因，可能是由于区域内岩层赋水性较强所导致。

从掘进头左帮斜下前方至掘进头左斜下前方与中心轴线夹角 62°方向距勘探点 149～150 m 的区域，以及掘进头左斜下前方与中心轴线夹角 62°方向至掘进头右斜下前方与中心轴线夹角 84°方向距勘探点 132～150 m 的区域，视电阻率值在 10 以下，这两处区域均为低阻异常区域。低阻异常区域二内部视电阻率值进一步减小，最终下降到 8 以下。低阻异常区域视电阻率等值线分布不均匀，且变化不规则。低阻异常区域内不存在断层，且 9# +10# +11# 煤层下方没有其他可采煤层，不会出现采空积水区。由于这两处低阻异常区域与 9# +10# +11# 煤层底板的垂直距离在 66～75 m 之间，所以这两处区域不受上方是否存在 9# +10# +11# 煤层采空积水区的影响。经过分析，这两处区域出现低阻异常现象的原因，可能是由于区域内岩层赋水性强，或存在含水陷落柱。

(16) 主斜井 285 m 掘进头处超前探测

① 顺层方向视电阻率剖面如图 4-50 所示。

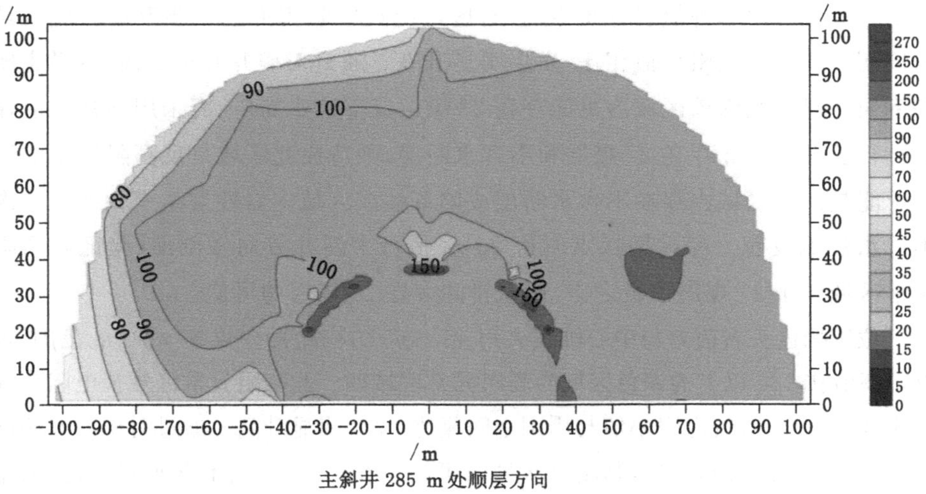

图 4-50　顺层方向视电阻率剖面图

位于掘进头左前方与中心轴线夹角 20°～54°方向距勘探点 40～50 m 范围，视电阻率值在 150 以上的深色区域为高阻异常区域一。此高阻异常区域视电阻率等值线分布不均匀，区域内视电阻率值进一步升高。此区域与周围空间的视电阻率值相比，发生明显升高。通过对矿井开拓剖面图（沿主斜井剖面）分析，判断该区域内可能存在 2# 煤层或不含水断层，需采用钻孔超前探测进行验证。若非存在 2# 煤层和不含水断层，则造成此区域呈现高阻异常的原因，可能是由于区域内存在不含水陷落柱或区域内岩性发生变化或区域内不含水裂隙发育。此区域内若存在采空区，那么视电阻率值应该比现在区域内的视电阻率值大很多，所以不存在采空区。经过勘探点左帮 20 m 平行主斜井方向做剖面，验证此高阻异常区域位于 2# 煤层顶板之上，所以排除存在 2# 煤层的可能。

位于掘进头正前方距勘探点 46～50 m 范围，视电阻率值在 150 以上的深色区域为高阻异常区域二。此高阻异常区域视电阻率等值线分布不均匀，区域内视电阻率值进一步升高。此区域与周围空间的视电阻率值相比，发生明显升高。通过对矿井开拓剖面图（沿主斜井剖面）分析，判断该区域内可能存在不含水断层，需采用钻孔超前探测进行验证。若非存在不含水断层，则造成此区域呈现高阻异常的原因,可能是由于区域内岩性发生变化或区域内不含水裂隙发育。

位于掘进头右帮正前方至掘进头右前方与中心轴线夹角 23°方向距勘探点 35～50 m 范围,视电阻率值在 150 以上的深色区域为高阻异常区域三。此高阻异常区域视电阻率等值线分布不均匀,区域内视电阻率值进一步升高。此区域与周围空间的视电阻率值相比,发生明显升高。通过对矿井开拓剖面图(沿主斜井剖面)分析,判断该区域内可能存在 2# 煤层或不含水断层,需采用钻孔超前探测进行验证。若非存在 2# 煤层和不含水断层,则造成此区域呈现高阻异常的原因可能是由于区域内存在不含水断层或陷落柱或区域内岩性发生变化或区域内不含水裂隙发育。经过勘探点右帮 26 m 平行主斜井方向做剖面,验证此高阻异常区域位于 2# 煤层顶板之上,所以排除存在 2# 煤层的可能。

位于掘进头右前方与中心轴线夹角 45°～60°方向距勘探点 70～90 m 范围,视电阻率值在 150 以上的深色区域为高阻异常区域四。此高阻异常区域视电阻率等值线分布不均匀,视电阻率值与周围空间相比,发生明显升高。通过对矿井开拓剖面图(沿主斜井剖面)分析,判断该区域内可能存在 2# 煤层或不含水断层,需采用钻孔超前探测进行验证。若非存在 2# 煤层和不含水断层,则造成此区域呈现高阻异常的原因,可能是由于区域内存在不含水陷落柱或区域内岩性发生变化或区域内不含水裂隙发育。经过勘探点右帮 60 m 平行主斜井方向做剖面,验证此高阻异常区域位于 2# 煤层顶板之上,所以排除存在 2# 煤层的可能。

② 斜向下 30°方向视电阻率剖面如图 4-51 所示。

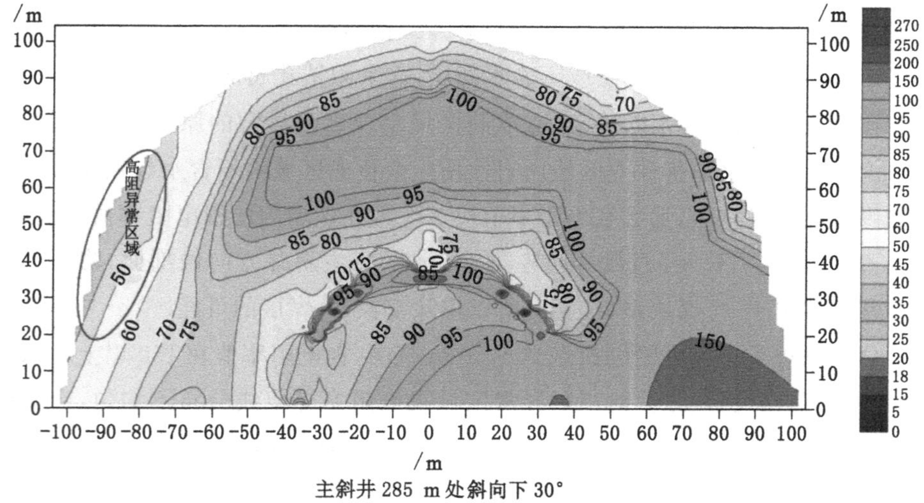

图 4-51　斜向下 30°方向视电阻率剖面图

图中深色，视电阻率值在 150 以上的区域为高阻异常区域。范围极小的高阻异常区域共有七处，均分布在勘探点斜下方距勘探点 35～40 m 的区域内；范围较大的高阻异常区域一处，位于掘进头右帮斜下前方至掘进头右斜下前方与中心轴线夹角 69°方向距勘探点 60～100 m 区域内。这八处区域与周围空间的视电阻率值相比，发生明显升高。通过对矿井开拓剖面图(沿主斜井剖面)分析，判断这八处区域内可能存在 2# 煤层，需采用钻孔超前探测进行验证。若非存在 2# 煤层，则造成此区域呈现高阻异常的原因可能是由于区域内存在不含水断层或陷落柱或区域内岩性发生变化或区域内不含水裂隙发育。此区域内若存在采空区，那么视电阻率值必定比现在区域内的视电阻率值大很多，所以不存在采空区。经过勘探点右帮 70 m 平行主斜井方向做剖面，验证此高阻异常区域位于 2# 煤层底板之下；经过勘探点右帮 53.3 m 平行主斜井方向做剖面，验证此高阻异常区域位于 2# 煤层顶板之上，所以此高阻异常区域贯穿 2# 煤层，导致高阻异常的原因是由于此区域内存在 2# 煤层。

图中颜色呈浅色，视电阻率值在 50 以下范围内的区域为低阻区，低阻区内视电阻率值进一步减小，最终下降到 45，大于 30。通过对采掘工程平面图进行分析，低阻区内不存在断层，且如果存在采空积水区，那么视电阻率的值必定比现在低阻区域内的小很多，则造成该区域出现低阻现象的原因，可能是由于区域内岩层赋水性较强或存在含水陷落柱所导致。

(17) 主斜井 385 m 掘进头处超前探测

① 斜向上 30°方向视电阻率剖面如图 4-52 所示。

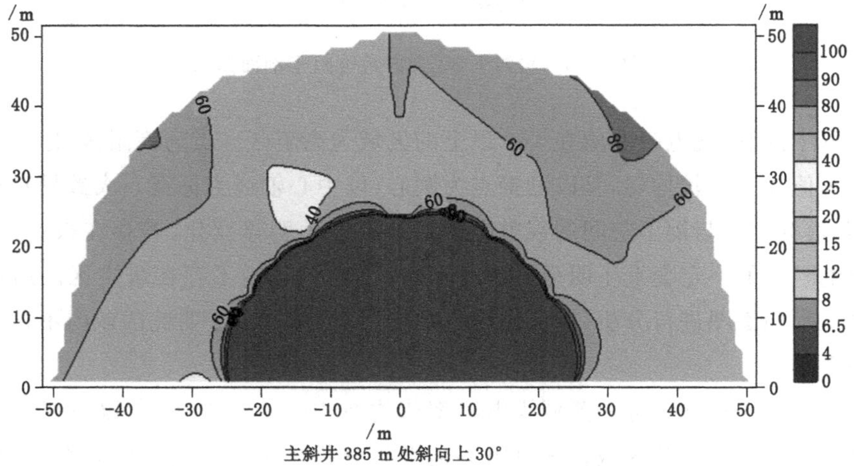

图 4-52　斜向上 30°方向视电阻率剖面图

图中深色，视电阻率值在140以上的区域为高阻区。虽为高阻区，但是视电阻率等值线分布较均匀，且以勘探点为圆心（以中心轴线为标准），大致呈对称分布，巷道掘进头与周围空间的视电阻率值没有发生明显变化，若存在采空区，那么视电阻率值一定会发生明显升高，所以此高阻区域内不存在采空区。通过对采掘工程剖面图进行分析，此区域内不存在煤层，进一步证明此区域内不存在煤层采空区。

图中所探测绝大部分区域视电阻率值均在40～100之间，所以不存在高阻异常区域与低阻异常区域。视电阻率值发生变化是由于不同岩层岩性不同，导电性不同，在视电阻率等值线图上则显示具有不同的电阻率值。

② 斜向下30°方向视电阻率剖面如图4-53所示。

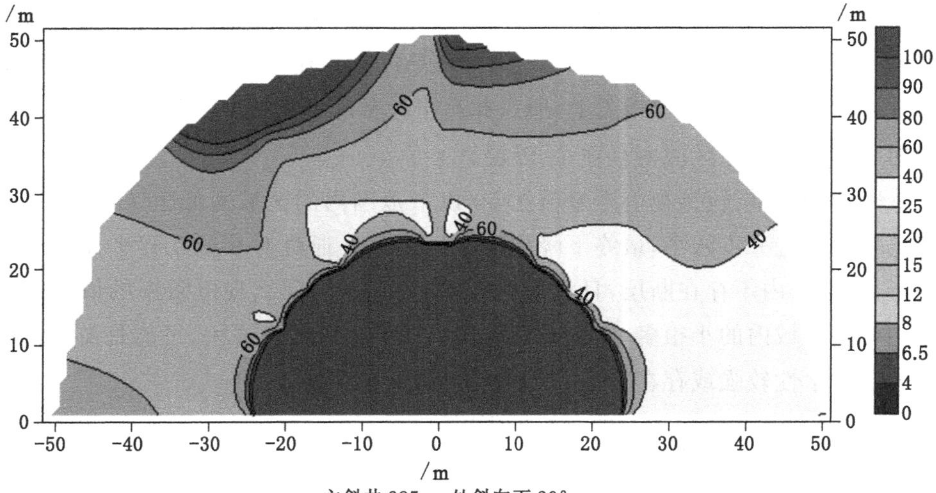

图4-53　斜向下30°方向视电阻率剖面图

图中深色，视电阻率值在140以上的区域为高阻区。虽为高阻区，但是视电阻率等值线分布较均匀，且以勘探点为圆心（以中心轴线为标准），大致呈对称分布，巷道掘进头与周围空间的视电阻率值没有发生明显变化，若存在采空区，那么视电阻率值一定会发生明显升高，所以此高阻区域内不存在采空区。通过对采掘工程剖面图进行分析，此区域内不存在煤层，进一步证明此区域内不存在煤层采空区。

图中所探测绝大部分区域视电阻率值均在40～100之间，所以不存在高阻异常区域与低阻异常区域。视电阻率值发生变化是由于不同岩层岩性不同，导电性不同，在视电阻率等值线图上则显示具有不同的电阻率值。

(18) 主斜井 480 m 掘进头处超前探测

① 斜向上 30°方向视电阻率剖面如图 4-54 所示。

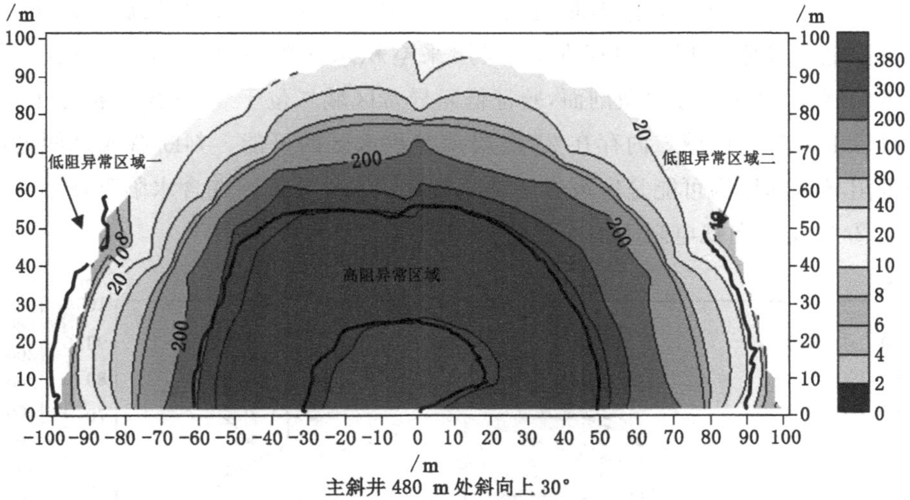

图 4-54　斜向上 30°方向视电阻率剖面图

图中深色，视电阻率值在 140 以上的区域为高阻区。虽为高阻区，但是视电阻率等值线分布较均匀，且以勘探点为圆心(以中心轴线为标准)，大致呈对称分布。其中，距此次探测勘探点 25～55 m 范围的区域视电阻率值比其周围空间的视电阻率值有明显的升高，此处视电阻率值在 380 以上，为高阻异常区域。但从采掘工程剖面图上观察，此高阻异常区域内不存在可采煤层，故不存在采空区。可能导致这种情况出现的原因是，此区域内岩性发生变化或者存在不含水陷落柱。经过勘探点左帮 47.63 m 平行主斜井方向做剖面，验证此高阻异常区域位于 2# 煤层底板之下，所以排除高阻异常区域内存在 2# 煤层的可能。

图中浅色，视电阻率值在 10～30 之间的区域为低阻区。通过探测，大部分低阻区域以勘探点为圆心(以中心轴线为标准)，大致呈对称分布，视电阻率等值线分布较均匀，若存在采空积水区，则其视电阻率会比周围岩体的视电阻率发生明显的下降，故排除存在采空积水区的可能。造成该区域出现低阻现象的原因可能是由于此区域内岩层裂隙发育赋水性较强所导致。

图中位于掘进头左帮斜上前方至掘进头左斜上前方与中心轴线夹角 53°方向距勘探点 91～100 m 范围区域，以及掘进头右帮斜上前方至掘进头右斜上前方与中心轴线夹角 57°方向距勘探点 92～100 m 范围区域，这两处区域为低阻异常区域，区域内视电阻率值均小于10。低阻异常区域内视电阻率等值线分布不规则，且视电阻率值比周围岩体有明显的下降。经过勘探点左帮84.44 m、86.6 m平行主斜井方向做剖面，验证低阻异常区域一位于2#煤层底板之下，所以排除低阻异常区域一内存在2#煤层采空积水区的可能；经过勘探点右帮86.6 m平行主斜井方向做剖面，验证低阻异常区域二位于2#煤层底板之下，所以排除低阻异常区域二内存在2#煤层采空积水区的可能。判断造成这两处区域低阻异常的原因可能是区域岩层裂隙发育赋水性强或存在含水陷落柱。

② 顺层方向视电阻率剖面如图4-55所示。

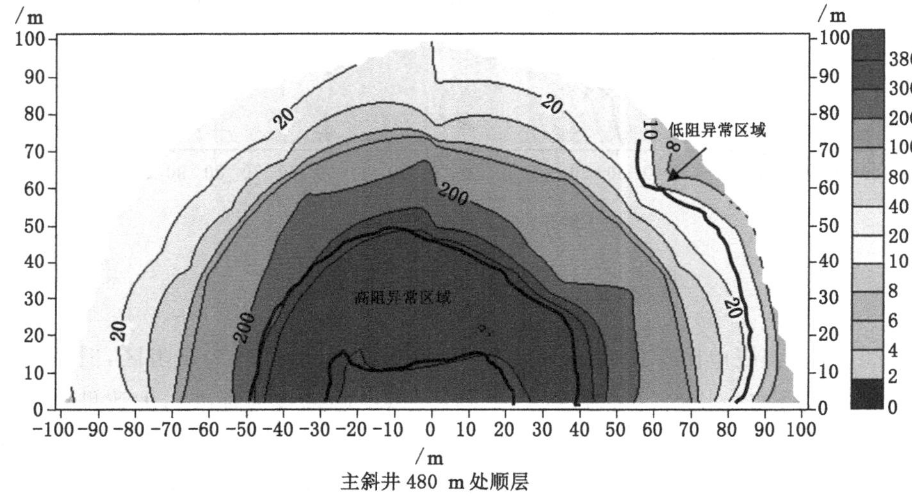

图4-55　顺层方向视电阻率剖面图

图中深色，视电阻率值在140以上的区域为高阻区。虽为高阻区，但是视电阻率等值线分布均匀，且以勘探点为圆心（以中心轴线为标准），大致呈对称分布。其中，距此次探测勘探点26～55 m范围的区域视电阻率值比其周围空间的视电阻率值有明显的升高，此处视电阻率值在380以上，为高阻异常区域。但从采掘工程剖面图上观察，在掘进头正前方26～55 m范围内无可采煤层，故不存在煤层采空区。若此次探测在其他方向发现煤层采空区，那么该方向上采空区范围的视电阻率值一定会比周围不是采空区区域的视电阻率值高很多，而从此次探测视电阻率剖面图上未发现此种情况，所以该高阻异常区域内不存在煤层采空区。导致区域呈现高阻异常现象的原因可能是由于区域内岩性发生变化或者存在不含水陷落柱。

图中颜色呈较浅色，视电阻率值在 10～30 范围内的区域为低阻区。通过探测，大部分低阻区域以勘探点为圆心（以中心轴线为标准），大致呈对称分布，视电阻率等值线分布较均匀。若存在采空积水区，则其视电阻率会比周围岩体的视电阻率发生明显的下降，故排除存在采空积水区的可能。造成该区域出现低阻现象的原因可能是由于此区域内岩层裂隙发育赋水性较强所导致。

图中位于掘进头右帮正前方至掘进头右前方与中心轴线夹角 37°方向距勘探点 86～100 m 范围的区域，视电阻率值在 10 以下，且在区域内视电阻率值进一步减小，最终下降到 8 以下，视电阻率等值线分布不规则，此处区域为低阻异常区域。经过勘探点右帮 70 m 平行主斜井方向做剖面，验证此低阻异常区域位于 9# +10# +11# 煤层顶板之上，所以排除存在 9# +10# +11# 煤层采空积水区的可能。造成此区域低阻异常的原因可能是此区域内岩层裂隙发育赋水性强或存在含水陷落柱所导致。

③ 斜向下 30°方向视电阻率剖面如图 4-56 所示。

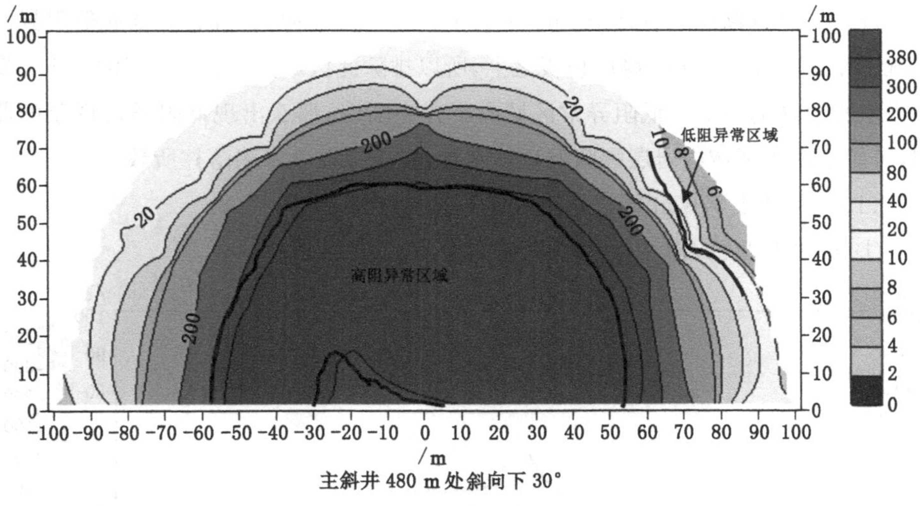

图 4-56　斜向下 30°方向视电阻率剖面图

图中深色，视电阻率值在 140 以上的区域为高阻区。虽为高阻区，但是视电阻率等值线分布均匀，且以勘探点为圆心（以中心轴线为标准），大致呈对称分布。其中，距此次探测勘探点 4～60 m 范围的区域视电阻率值比其周围空间的视电阻率值有明显的升高，此处视电阻率值在 380 以上，为高阻异常区域。但从采掘工程剖面图上观察，在掘进头斜下正前方 4～60 m 范围内无可采煤层，故不存在煤层采空区。若此次探测在其他方向发现煤层采空区,那么该方向上采空区范围的视电阻率值一定会比周围不是采空区区域的视电阻率值高很多,而从此次探测视电阻率剖面图上未发现此种情况,所以该高阻异常区域内不存在煤层采空区。导致区域呈现高阻现象的原因,可能是由于区域内岩性发生变化或者存在不含水陷落柱。

图中颜色呈浅色,视电阻率值在 10～30 范围内的区域为低阻区。通过探测,大部分低阻区域以勘探点为圆心(以中心轴线为标准),大致呈对称分布,视电阻率等值线分布较均匀。若存在采空积水区,则其视电阻率会比周围岩体的视电阻率发生明显的下降,故排除存在采空积水区的可能。造成该区域出现低阻现象的原因,可能是由于区域内岩层赋水性较强所导致。

位于掘进头右斜下前方与中心轴线夹角 40°～69°方向距勘探点 86～100 m 的区域,视电阻率值在 10 以下,且在区域内部视电阻率值进一步减小,最终下降到 6 以下,此处区域为低阻异常区域。低阻异常区域视电阻率等值线分布不均匀,且变化不规则。经过勘探点右帮 70 m、75 m 平行主斜井方向做剖面,验证此低阻异常区域位于 9# +10# +11# 煤层顶板之上,所以排除此区域内存在 9# +10# +11# 煤层采空积水区的可能。低阻异常区域内不存在断层,那么出现低阻异常现象的原因,可能是由于区域内岩层裂隙发育赋水性强,或存在含水陷落柱所致。

(19) 主斜井 570 m 掘进头处超前探测

① 斜向上 30°方向视电阻率剖面如图 4-57 所示。

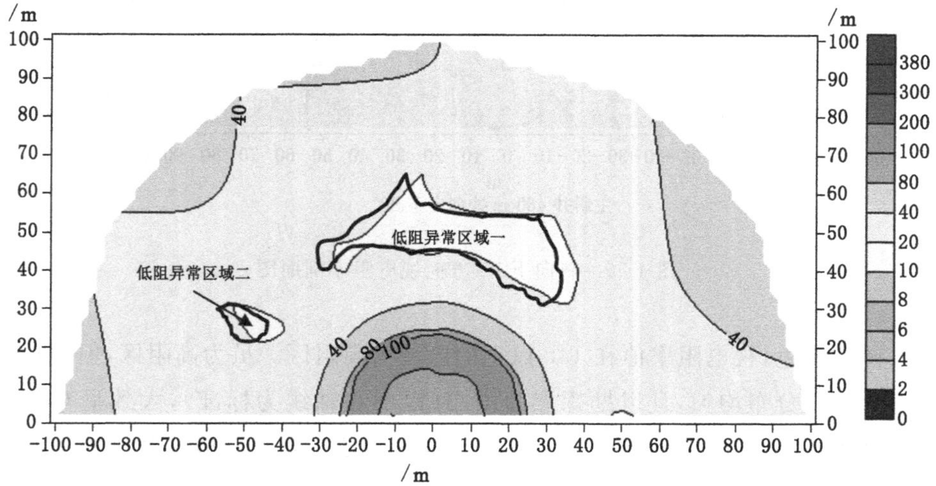

图 4-57　斜向上 30°方向视电阻率剖面图

图中所探测绝大部分区域视电阻率值均在 40～100 之间，所以不存在高阻异常区域与低阻异常区域。视电阻率值发生变化是由于不同岩层岩性不同，导电性不同，在视电阻率等值线图上则显示具有不同的电阻率值。

图中位于掘进头左斜上前方与中心轴线夹角 32°至掘进头右斜上前方与中心轴线夹角 49°方向距勘探点 48～65 m 浅色区域，以及掘进头左斜上前方与中心轴线夹角 56°～65°方向距勘探点 47～61 m 浅色区域，这两处区域视电阻率值均在 20 以下，为低阻异常区域。低阻异常区域视电阻率等值线分布不均匀，且变化不规则。出现低阻异常现象的原因，可能是由于区域内存在含水断层，需要根据现场实际情况，采用钻孔超前探测进行验证。若非存在含水断层，则可能是由于区域内岩层裂隙发育赋水性较强，或存在含水陷落柱所致。

② 顺层方向视电阻率剖面如图 4-58 所示。

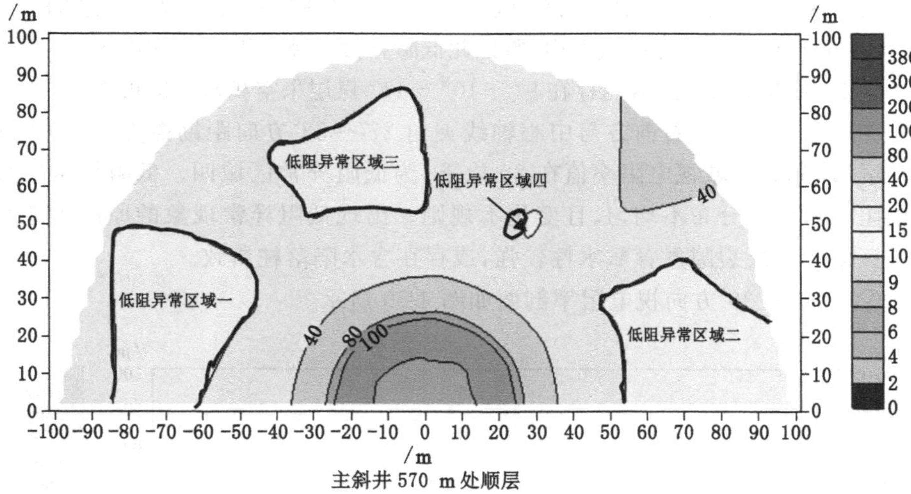

图 4-58　顺层方向视电阻率剖面图

图中所探测绝大部分区域视电阻率值均在 40～100 之间，所以不存在高阻异常区域与低阻异常区域。视电阻率值发生变化是由于不同岩层岩性不同，导电性不同，在视电阻率等值线图上则显示具有不同的电阻率值。

图中位于掘进头左帮正前方至掘进头左前方与中心轴线夹角 51°方向距勘探点 53～96 m 浅色区域，此处区域视电阻率值在 20 以下，为低阻异常区域一。低阻异常区域视电阻率等值线分布不均匀，且变化不规则。通过观察煤层底板等高线，此低阻异常区域范围内的煤层底板标高在 590～610 m 之间，在采掘工程剖面图上观察此低阻异常区域最低位置的标高在 620 m 以上，所以得出结论，此低阻异常区位于 9# +10# +11# 煤层顶板之上，低阻异常区域内不存在采空积水区。出现低阻异常现象的原因可能是由于区域内岩层裂隙发育赋水性较强，或存在含水陷落柱所致。

图中位于掘进头右帮正前方至掘进头右前方与中心轴线夹角59°方向距勘探点54～100 m浅色区域，此处区域视电阻率值在20以下，为低阻异常区域二。低阻异常区域视电阻率等值线分布不均匀，且变化不规则。出现低阻异常现象的原因可能是由于区域内岩层裂隙发育赋水性较强，或存在含水陷落柱所致。经过勘探点右帮70 m平行主斜井方向做剖面，验证此低阻异常区域位于9# +10# +11#煤层顶板之上，所以排除此区域内存在9# +10# +11#煤层采空积水区的可能。

图中位于掘进头正前方至掘进头左前方与中心轴线夹角32°方向距勘探点53～88 m浅色区域，此处区域视电阻率值在20以下，为低阻异常区域三。低阻异常区域视电阻率等值线分布不均匀，且变化不规则。出现低阻异常现象的原因，可能是由于区域内岩层裂隙发育赋水性较强，或存在含水陷落柱所致。经过勘探点左帮10 m平行主斜井方向做剖面，验证此低阻异常区域位于9# +10# +11#煤层顶板之上，所以排除此区域内存在9# +10# +11#煤层采空积水区的可能。

图中位于掘进头右前方与中心轴线夹角27°～32°方向距勘探点54～62 m浅色区域，此处区域视电阻率值在20以下，为低阻异常区域四。低阻异常区域视电阻率等值线分布不均匀，且变化不规则。出现低阻异常现象的原因可能是由于区域内岩层裂隙发育赋水性较强，或存在含水陷落柱所致。

③ 斜向下30°方向视电阻率剖面如图4-59所示。

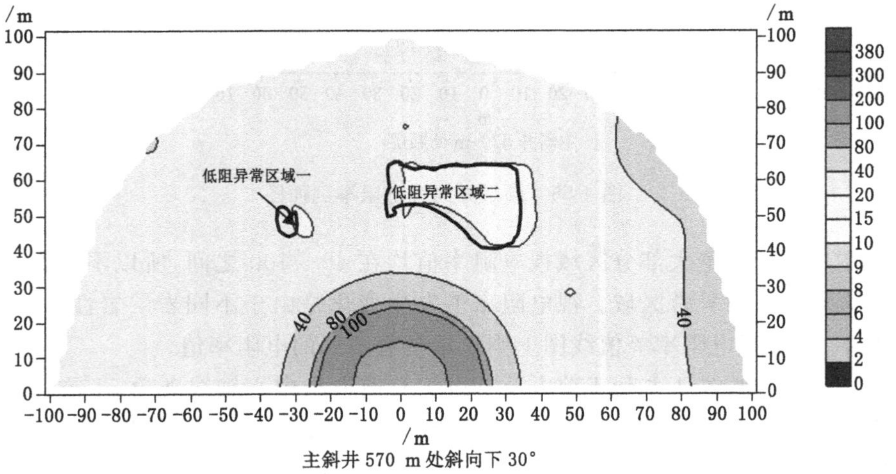

图4-59 斜向下30°方向视电阻率剖面图

图中所探测绝大部分区域视电阻率值均在40～100之间，所以不存在高阻异常区域与低阻异常区域。视电阻率值发生变化是由于不同岩层岩性不同，导电性不同，在视电阻率等值线图上则显示具有不同的电阻率值。

图中位于掘进头左斜下前方与中心轴线夹角 28°～34°方向距勘探点 50～60 m浅色区域，以及掘进头正斜下前方至掘进头右斜下前方与中心轴线夹角 41°方向距勘探点 48～73 m 浅色区域，这两处区域视电阻率值均在 20 以下，为低阻异常区域。低阻异常区域视电阻率等值线分布不均匀，且变化不规则。经过勘探点右帮 30 m 平行主斜井方向做剖面，验证此低阻异常区域位于 9# +10# +11# 煤层顶板之上，所以排除此区域内存在 9# +10# +11# 煤层采空积水区的可能。出现低阻异常现象的原因，可能是由于区域内存在含水断层(低阻异常区域二内)，需要根据现场实际情况，采用钻孔超前探测进行验证。若非存在含水断层，则可能是由于区域内岩层裂隙发育赋水性较强，或存在含水陷落柱所致。

(20) 副斜井水泵房 227～267 m 处超前探测

① 斜向上 45°方向视电阻率剖面如图 4-60 所示。

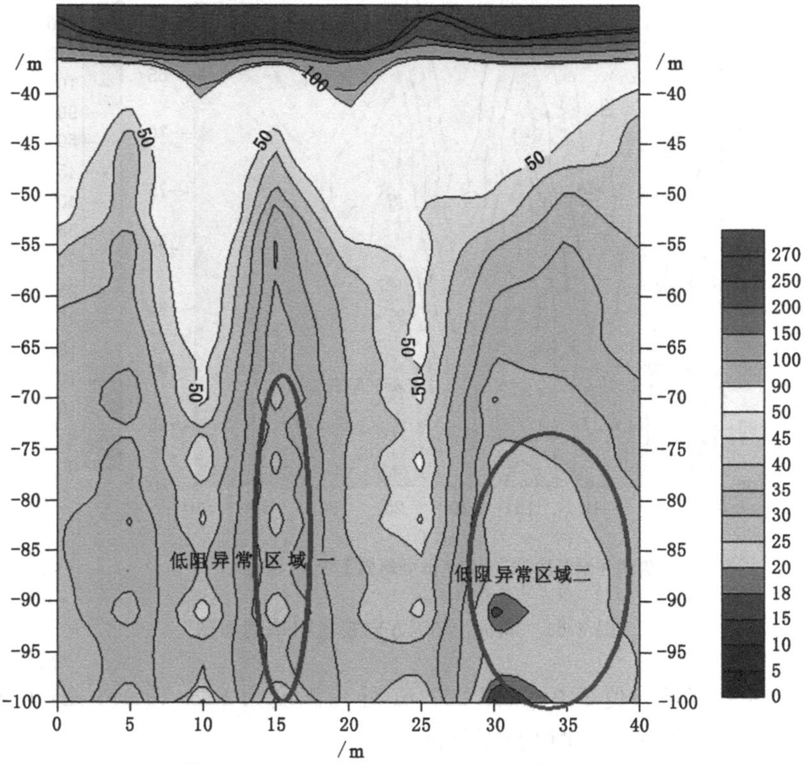

副斜井水泵房227～267 m 处斜向上 45°(顶板)

图 4-60　斜向上 45°方向视电阻率剖面图

低阻异常区域一位于副斜井 12～18 m 处，与硐轴线夹角 45°，异常形态呈带状。该异常位于 12～18 m 处深度为 65 m，根据实际现场情况，建议钻探验证。

低阻异常区域二位于 27～40 m 处，呈大面积异常形态。该区域低阻异常反应较为明显，建议钻探验证。

② 斜向上 30°方向视电阻率剖面如图 4-61 所示。

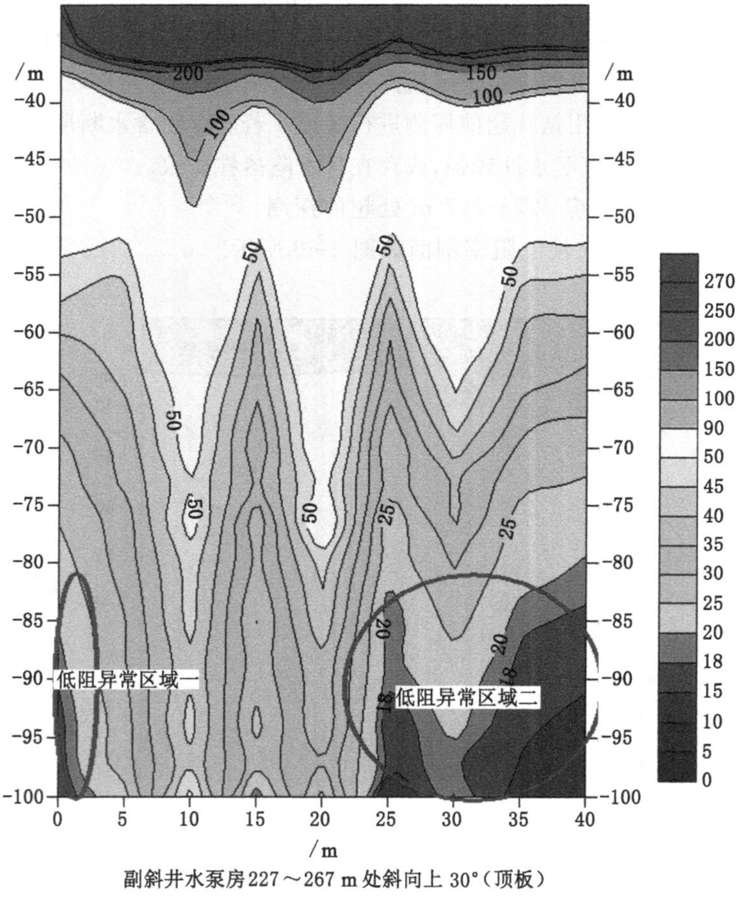

图 4-61　斜向上 30°方向视电阻率剖面图

低阻异常区域一位于 0 m(即 267 m 处)，深度为 82～100 m 处，为异常形态。根据实际现场情况，建议钻探验证。

低阻异常区域二位于 22～40 m 处，深度为 80～100 m，低阻异常形态较为明显应特别注意。建议钻探验证。

③ 顺层方向视电阻率剖面如图 4-62 所示。

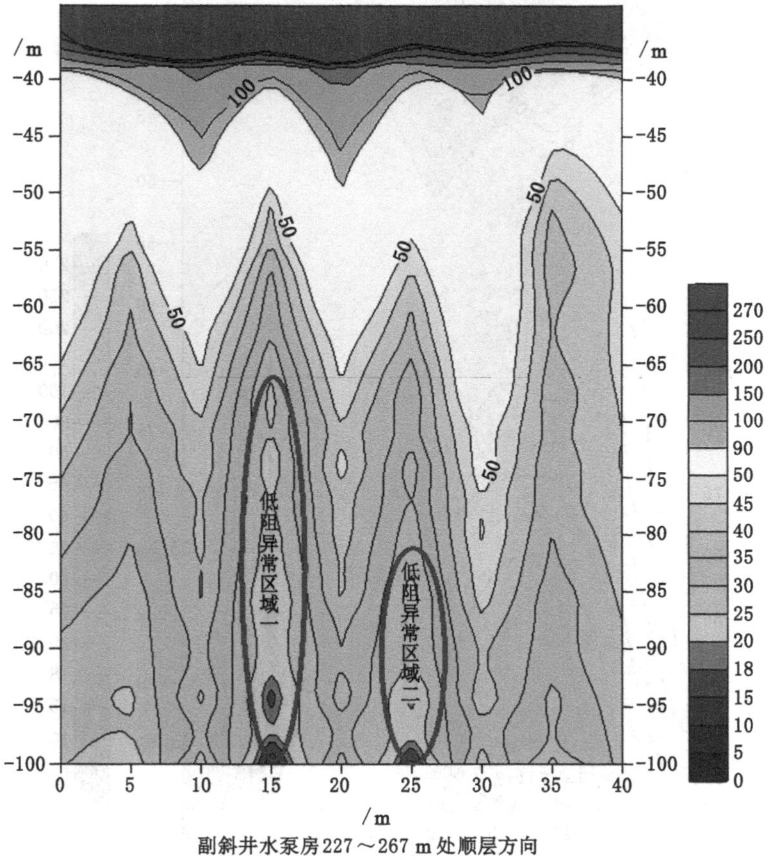

图 4-62　顺层方向视电阻率剖面图

低阻异常区域一位于 13～18 m 处，深度为 67～100 m，异常形态呈带状。根据实际现场情况，建议钻探验证。

低阻异常区域二位于 23～28 m 处，深度为 84～100 m，异常形态呈水平带状。建议钻探验证。

④ 斜向下 30°方向视电阻率剖面如图 4-63 所示。

低阻异常区域一位于 7～17 m 处，深度为 93～100 m，为异常形态。根据实际现场情况，建议钻探验证。

低阻异常区域二位于 30～40 m 处，深度为 84～100 m，异常形态较为明显。

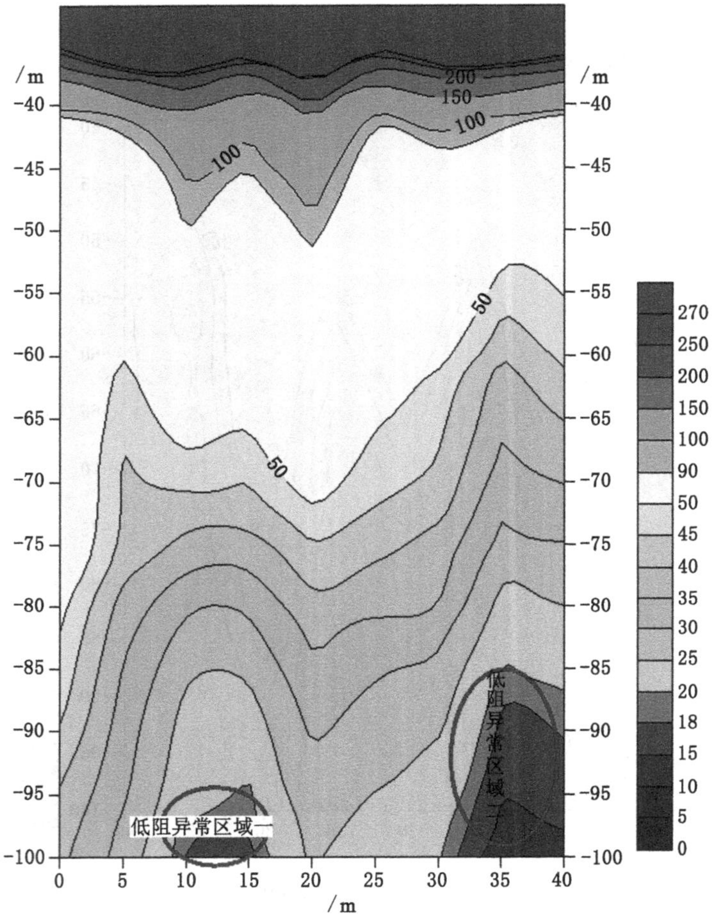

副斜井水泵房227～267 m处斜向下30°(底板)

图 4-63　斜向下 30°方向视电阻率剖面图

建议钻探验证。

在进行主斜井井下物探结果分析过程中，由于物探地点主斜井是穿岩层巷道，并不位于煤层之中，这就对此地点物探探查结果中高阻及低阻异常区域具体位置的判定带来了一定的阻碍。为了准确的判定高阻及低阻异常区域内是否存在煤层采空区或采空积水区，必须要确定高阻及低阻异常区域范围内是否存在可采的 2# 及 9# ＋10# ＋11# 煤层，若存在可采煤层，则判定相应的高阻异常区域可能为煤层采空区，低阻异常区域可能为煤层采空积水区；若不存在可采煤层，则可排除采空区或采空积水区的可能。要确定高阻及低阻异常区域内是否存在可采煤层，可在异常区域内选取特征点，过特征点平行主斜井方向做相应可采煤层的剖面图，对比特征点的标高及特征点投影到相应可采煤层上的标高，最后确定异常区域内是否存在可采煤层，详见表 4-4。

表 4-4　主斜井各物探地点异常区域剖面情况表

地点	方向	解释区域	剖面与勘探点距离	异常区域特征点投影到煤层底板标高/m	异常区域特征点标高/m	备注
主斜井 285 m	顺层方向	A	左帮 20 m(特征点距勘探点 41.2 m，与勘探点的连线与中心轴线夹角 29°)	(2$^{\#}$)713	731.6	剖面图详见图 4-64
		C	右帮 26 m(特征点距勘探点 38.2 m，与勘探点的连线与中心轴线夹角 43°)	(2$^{\#}$)704.34	733.4	剖面图详见图 4-65
		D	右帮 60 m(特征点距勘探点 69.97 m，与勘探点的连线与中心轴线夹角 59°)	(2$^{\#}$)705.17	730.05	剖面图详见图 4-66
	斜向下 30°	A	右帮 70 m(特征点距勘探点 81.4 m，与勘探点的连线与中心轴线夹角 83°)	(2$^{\#}$)706.95	702.69	剖面图详见图 4-67
			右帮 53.3 m(特征点距勘探点 62 m，与勘探点的连线与中心轴线夹角 83°)	(2$^{\#}$)704.73	712.456	剖面图详见图 4-68
主斜井 480 m	斜向下 30°	C	右帮 75 m(特征点距勘探点 96.35 m，与勘探点的连线与中心轴线夹角 64°)	(9$^{\#}$＋10$^{\#}$＋11$^{\#}$)590.23	613.994	剖面图详见图 4-69
			右帮 70 m(特征点距勘探点 95.3 m，与勘探点的连线与中心轴线夹角 58°)	(9$^{\#}$＋10$^{\#}$＋11$^{\#}$)589	611.883	剖面图详见图 4-70
	顺层方向	C	右帮 70 m(特征点距勘探点 96 m，与勘探点的连线与中心轴线夹角 47°)	(9$^{\#}$＋10$^{\#}$＋11$^{\#}$)586.1	648	剖面图详见图 4-71

表 4-4(续)

地点	方向	解释区域	剖面与勘探点距离	异常区域特征点投影到煤层底板标高/m	异常区域特征点标高/m	备注
主斜井 480 m	斜向上 30°	A	左帮 47.63 m(特征点距勘探点 55 m,与勘探点的连线与中心轴线夹角 90°)	(2#)720.13	699.728	剖面图详见图 4-72
		C	左帮 84.4 m(特征点距勘探点 98 m,与勘探点的连线与中心轴线夹角 84°)	(2#)718.87	714.565	剖面图详见图 4-73
			左帮 86.6 m(特征点距勘探点 100 m,与勘探点的连线与中心轴线夹角 90°)	(2#)718.88	718.751	剖面图详见图 4-74
			右帮 86.6 m(特征点距勘探点 100 m,与勘探点的连线与中心轴线夹角 90°)	(2#)727.14	718.751	剖面图详见图 4-75
主斜井 570 m	顺层方向	C	右帮 70 m(特征点距勘探点 76 m,与勘探点的连线与中心轴线夹角 66°)	(9#+10#+11#)582.13	628	剖面图详见图 4-76
		D	左帮 10 m(特征点距勘探点 80.6 m,与勘探点的连线与中心轴线夹角 7°)	(9#+10#+11#)595.74	610	剖面图详见图 4-77
	斜向下 30°	B	右帮 30 m(特征点距勘探点 69.28 m,与勘探点的连线与中心轴线夹角 30°)	(9#+10#+11#)568.83	589.591	剖面图详见图 4-78

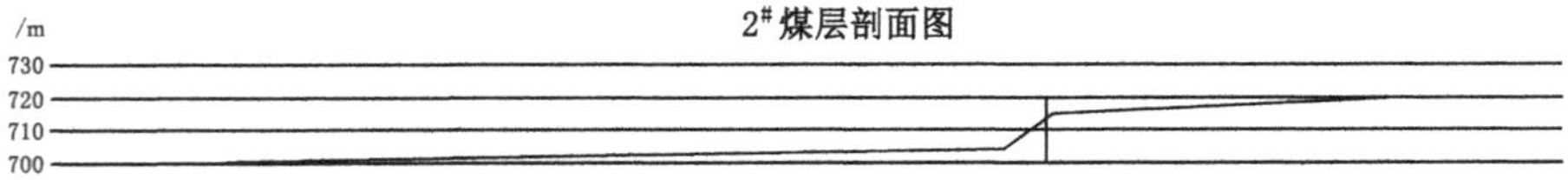

图 4-64　主斜井 285 m 顺层解释区域 A 剖面图

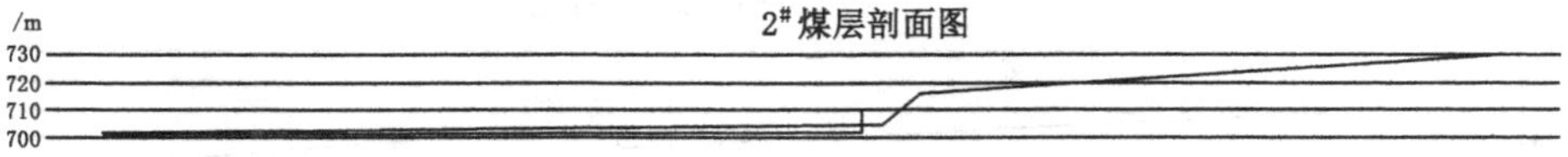

图 4-65　主斜井 285 m 顺层解释区域 C 剖面图

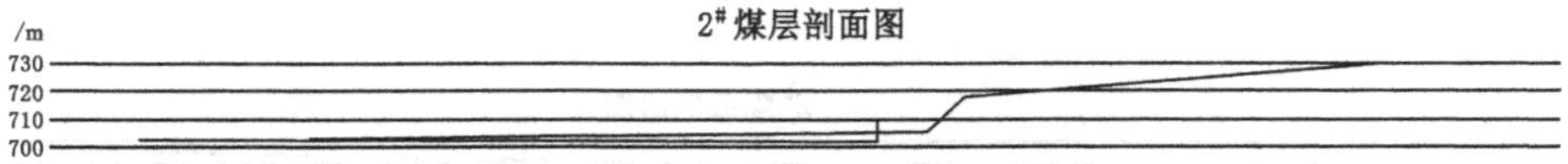

图 4-66　主斜井 285 m 顺层解释区域 D 剖面图

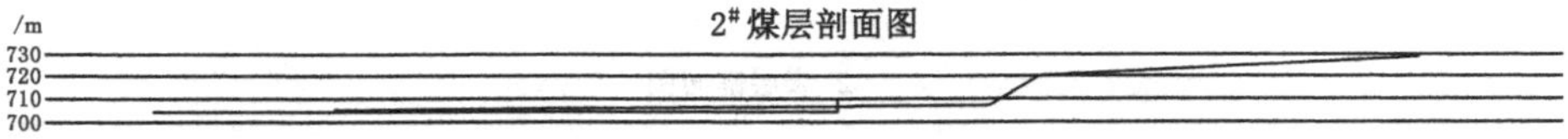

图 4-67　主斜井 285 m 斜向下 30°解释区域 A 剖面图(一)

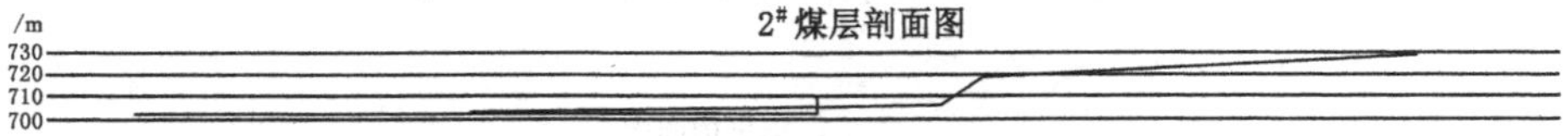

图 4-68　主斜井 285 m 斜向下 30°解释区域 A 剖面图(二)

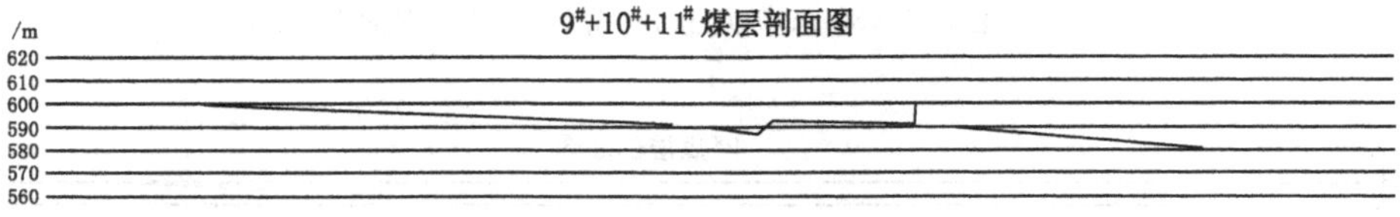

图 4-69　主斜井 480 m 斜向下 30°解释区域 C 剖面图(一)

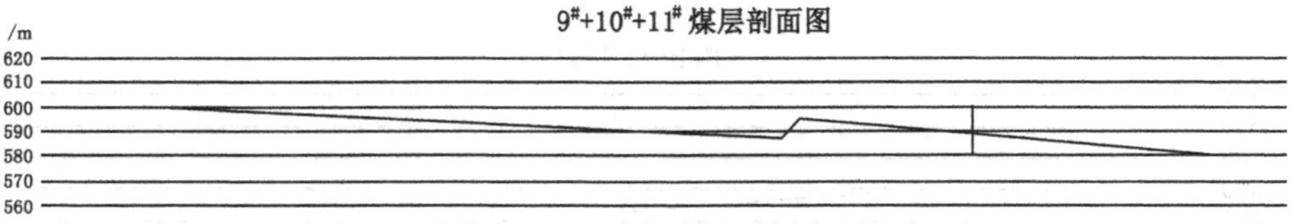

图 4-70　主斜井 480 m 斜向下 30°解释区域 C 剖面图(二)

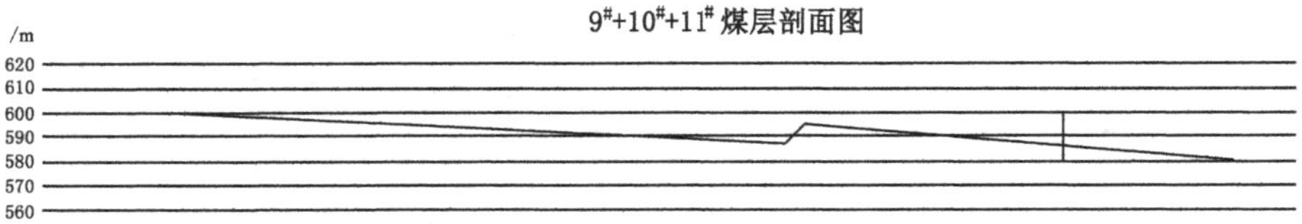

图 4-71　主斜井 480 m 顺层解释区域 C 剖面图

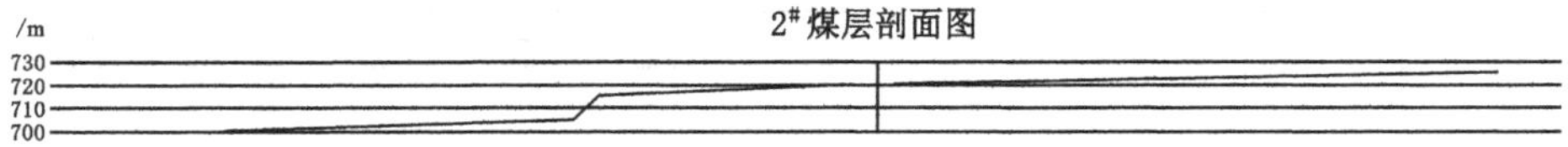

图 4-72　主斜井 480 m 斜向上 30°解释区域 A 剖面图

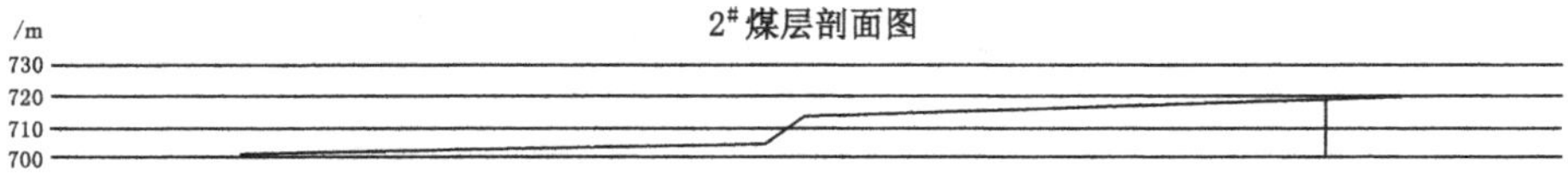

图 4-73　主斜井 480 m 斜向上 30°解释区域 C 剖面图(一)

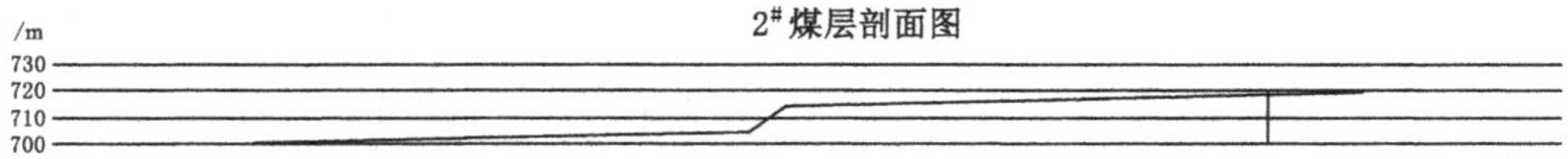

图 4-74　主斜井 480 m 斜向上 30°解释区域 C 剖面图(二)

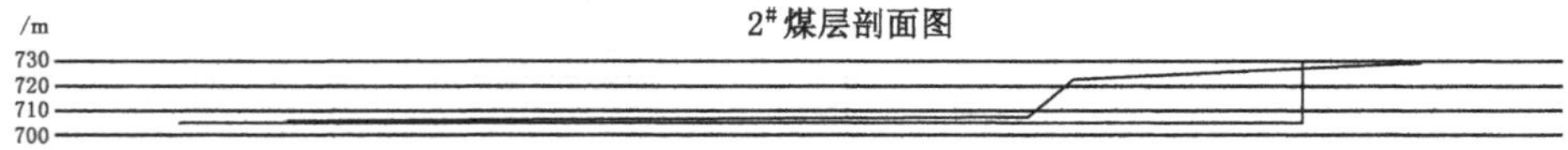

图 4-75　主斜井 480 m 斜向上 30°解释区域 C 剖面图(三)

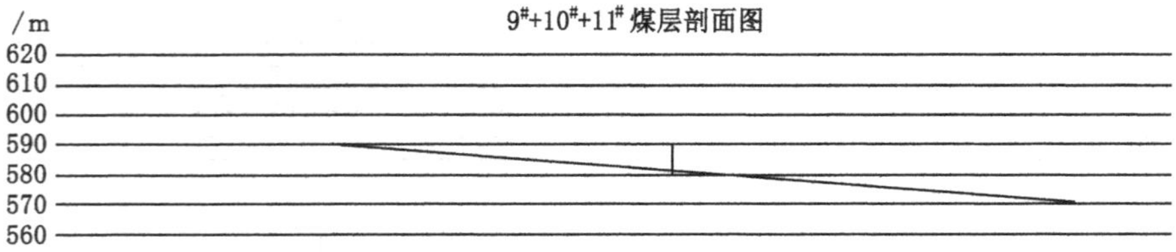

图 4-76　主斜井 570 m 顺层解释区域 C 剖面图

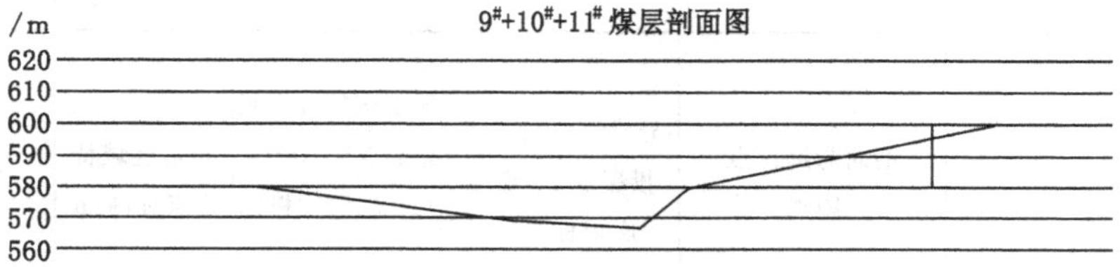

图 4-77　主斜井 570 m 顺层解释区域 D 剖面图

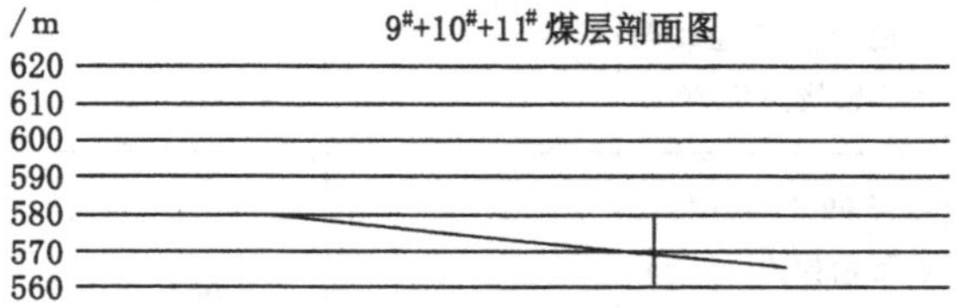

图 4-78　主斜井 570 m 斜向下 30°解释区域 B 剖面图

在进行井下物探结果分析过程中，由于个别物探地点探测范围为 150 m 或 160 m，当探测方向为斜向上 30°或 60°探测顶板时，需要考虑到探测结果中，高阻及低阻异常区域是否会到达上方 2# 煤层，若异常区域内存在 2# 煤层，则异常区域可能存在 2# 煤层采空区或采空积水区；若异常区域内不存在 2# 煤层，则可以排除异常区域内存在 2# 煤层采空区或采空积水区的可能。要确定高阻及低阻异常区域内是否存在 2# 可采煤层，可在异常区域内选取特征点，过特征点平行于进行物探工作巷道方向做相应 2# 及 9# +10# +11# 煤层的剖面图，对比特征点的标高及特征点投影到 2# 及 9# +10# +11# 可采煤层上的标高，最后确定异常区内是否存在可采煤层，详见表 4-5。

表 4-5　井下物探斜向上方向探测范围≥150 m 时的异常区域剖面情况表

地点	方向	解释区域	剖面与勘探点距离	异常区域特征点投影到 2# 煤层底板标高/m	异常区特征点投影到 9# +10# +11# 煤层底板标高/m	异常区域特征点标高/m	备注
1902 回风巷 80 m	斜向上 30°	C	右帮 122.34 m(特征点距勘探点 160 m，与勘探点的连线与中心轴线夹角 62°)	725.49	629.37	709.37	剖面图详见图 4-79

表 4-5(续)

地点	方向	解释区域	剖面与勘探点距离	异常区域特征点投影到 2# 煤层底板标高/m	异常区特征点投影到 9# +10# +11# 煤层底板标高/m	异常区域特征点标高/m	备注
1902 回风巷 190 m	斜向上 30°	A	左帮 56.95 m(特征点距勘探点 150 m,与勘探点的连线与中心轴线夹角 26°)	718.55	618.33	693.33	剖面图详见图 4-80
			右帮 99.51 m(特征点距勘探点 150 m,与勘探点的连线与中心轴线夹角 50°)	732.57	636.17	711.17	剖面图详见图 4-81
1902 回风巷 330 m	斜向上 30°	C	左帮 116.76 m(特征点距勘探点 150 m,与勘探点的连线与中心轴线夹角 64°)	721.82	616.3	691.3	剖面图详见图 4-82
1902 回风巷 445 m	斜向上 30°	C	右帮 117.7 m(特征点距勘探点 150 m,与勘探点的连线与中心轴线夹角 65°)	根据对 2# 煤层采掘工程平面图的分析,此次探测范围内,2# 煤层最高赋存标高为 740 m,即使探测范围外部存在 2# 煤层,那么煤层的赋存标高也一定大于 740 m	660.82	735.82<740	剖面图详见图 4-83
轨道巷 370 m	斜向上 30°	C	左帮 74.5 m(特征点距勘探点 150 m,与勘探点的连线与中心轴线夹角 35°)	718.94	599.27	674.27	剖面图详见图 4-84

表 4-5(续)

地点	方向	解释区域	剖面与勘探点距离	异常区域特征点投影到 $2^{\#}$ 煤层底板标高/m	异常区特征点投影到 $9^{\#}+10^{\#}+11^{\#}$ 煤层底板标高/m	异常区域特征点标高/m	备注
胶带巷 445 m	斜向上 60°	C	左帮 75 m(特征点距勘探点 150 m,与勘探点的连线与中心轴线夹角 90°)	722.57	599.34	732.05	剖面图详见图 4-85
			左帮 66 m(特征点距勘探点 132 m,与勘探点的连线与中心轴线夹角 90°)	723.69	599.73	716.51	剖面图详见图 4-86
			右帮 37.5 m(特征点距勘探点 150 m,与勘探点的连线与中心轴线夹角 30°)	731.66	599.63	732.34	剖面图详见图 4-87
	斜向上 30°	C	左帮 129.9 m(特征点距勘探点 150 m,与勘探点的连线与中心轴线夹角 90°)	717.65	598.38	675	剖面图详见图 4-88
			右帮 78.18 m(特征点距勘探点 150 m,与勘探点的连线与中心轴线夹角 37°)	733.96	599.63	676.25	剖面图详见图 4-89

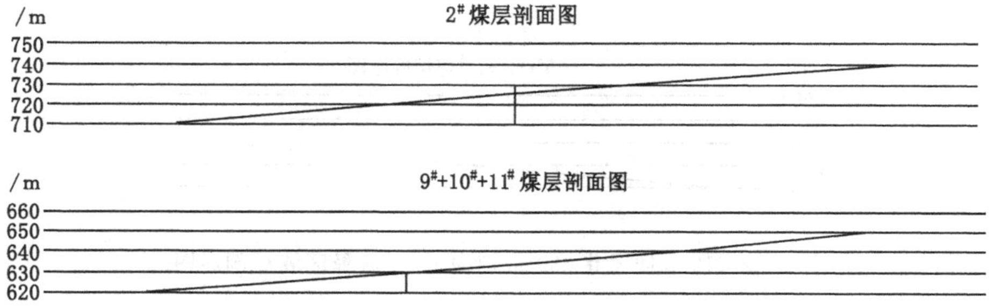

图 4-79　1902 回风巷 80 m 斜向上 30°解释区域 C 剖面图

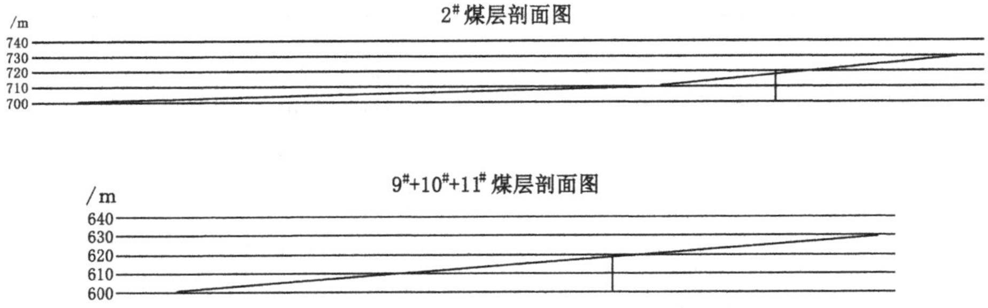

图 4-80　1902 回风巷 190 m 斜向上 30°解释区域 A 剖面图(一)

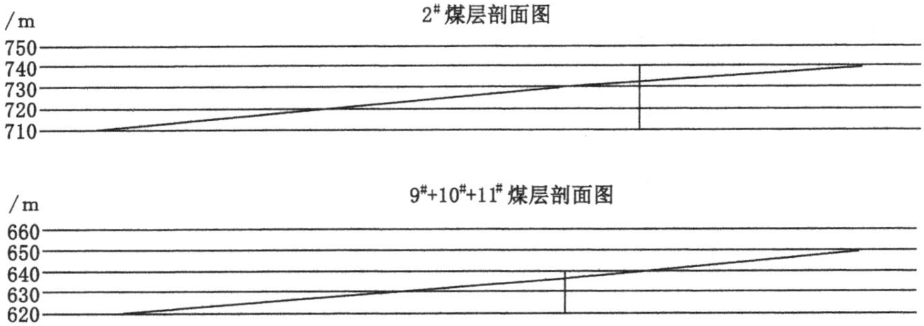

图 4-81　1902 回风巷 190 m 斜向上 30°解释区域 A 剖面图(二)

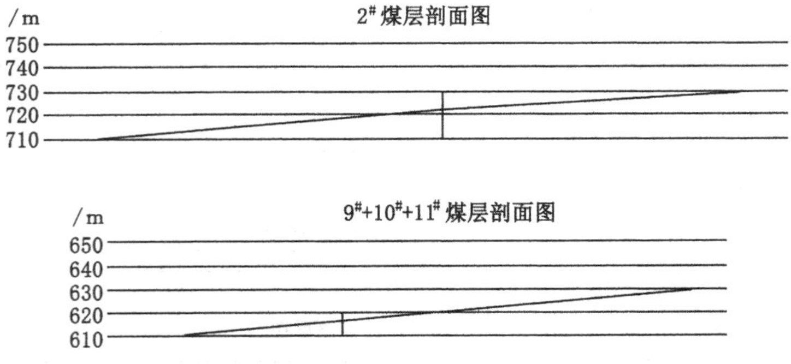

图 4-82　1902 回风巷 330 m 斜向上 30°解释区域 C 剖面图

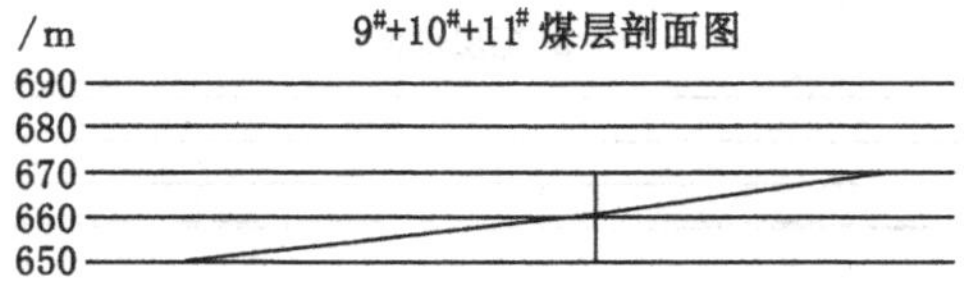

图 4-83　1902 回风巷 445 m 斜向上 30°解释区域 C 剖面图

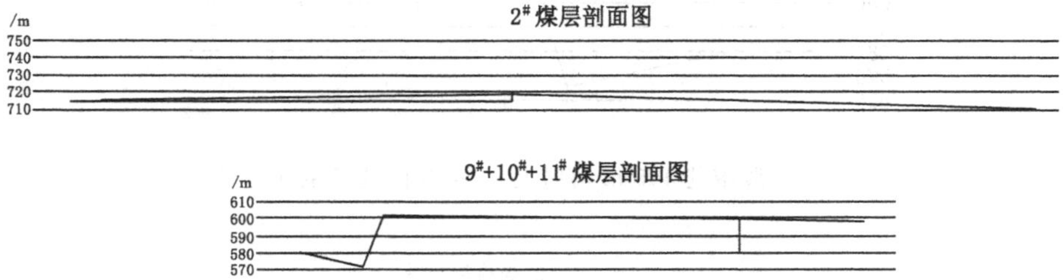

图 4-84　轨道巷 370 m 斜向上 30°解释区域 C 剖面图

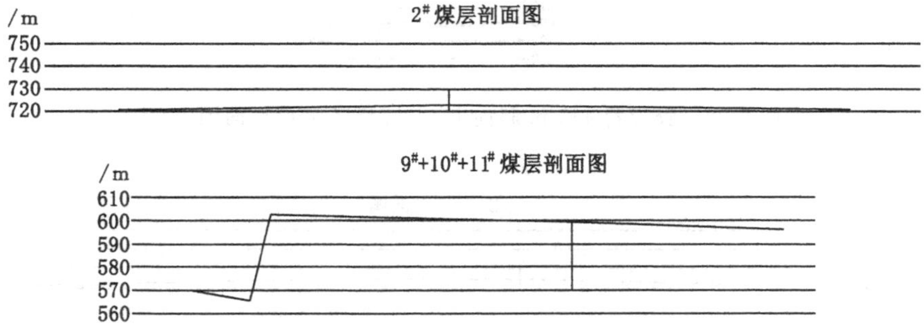

图 4-85　胶带巷 445 m 斜向上 60°解释区域 C 剖面图(一)

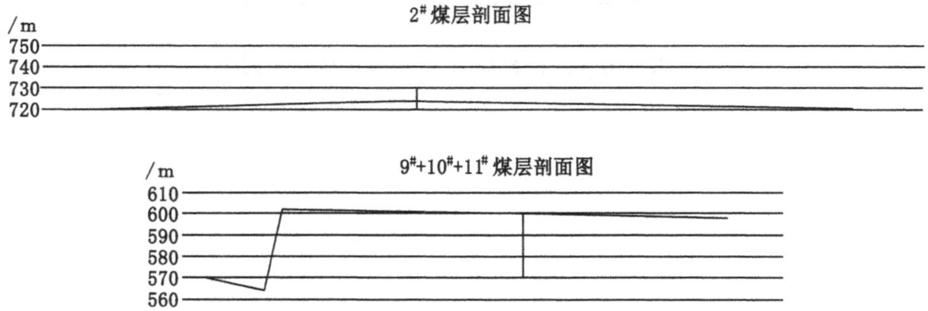

图 4-86　胶带巷 445 m 斜向上 60°解释区域 C 剖面图(二)

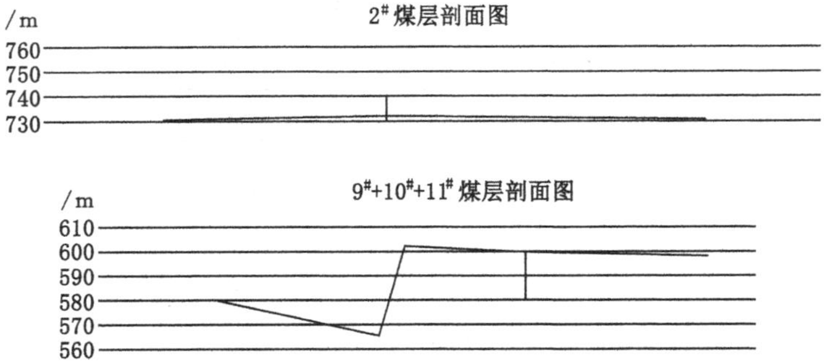

图 4-87　胶带巷 445 m 斜向上 60°解释区域 C 剖面图(三)

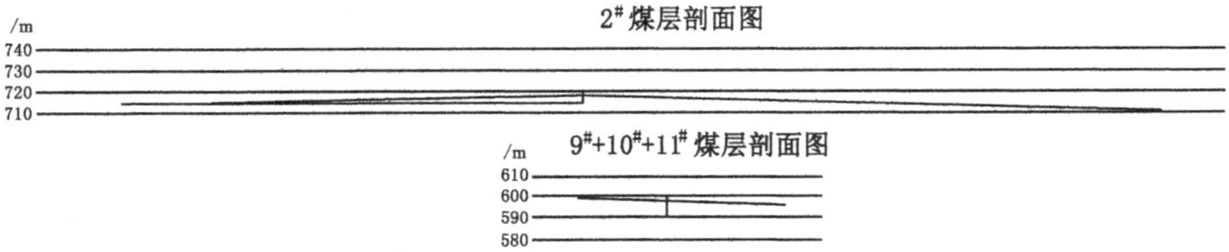

图 4-88　胶带巷 445 m 斜向上 30°解释区域 C 剖面图(一)

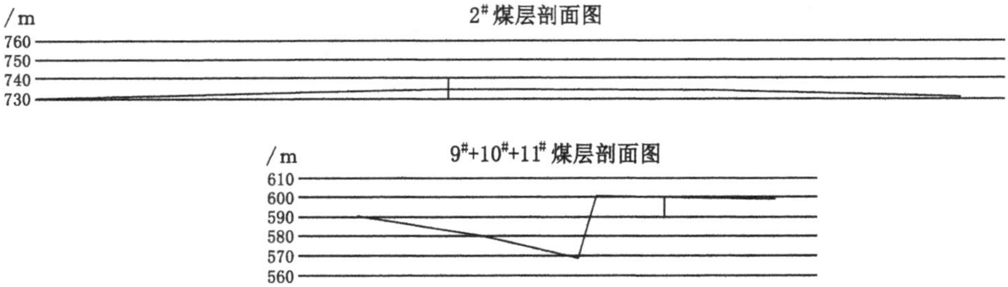

图 4-89　胶带巷 445 m 斜向上 30°解释区域 C 剖面图(二)

第 5 章　地面物探方案设计及实施

5.1　工程布置

5.1.1　测线测点布置

为了查明胜利煤矿首采区 2 号煤层采空积水情况，采用瞬变电磁法对胜利煤矿首采区进行了勘探，本次勘查测区，首采区范围为 1 840 m×700 m 的长条状，勘查面积为 1.288 km^2。测线、测点的布置以"由西向东、由南向北"的原则布置。根据以上原则，胜利煤矿首采区共布置设计测线 93 条，线距 20 m，每条测线长度相等为 700 m，点距 20 m，每条测线上测点 36 个。测点共计 3 348 个，测线总长度为 65 100 m，由西向东分别为 1# ～93# 测线，由南向北分别为 1# ～36# 测点，测线测点工程布置如图 5-1 所示。

5.1.2　试验仪器设备

本次探测采用的仪器为地矿部廊坊物化探研究所生产的 IGGETEM-30B 型瞬变电磁仪。

5.1.2.1　IGGETEM-30B 型瞬变电磁仪主要功能特点

① 配有深层、浅层、连续三种测量模块。深层模块时窗范围较宽，但采样密度较小；浅层模块时窗范围较窄，但采样密度较大。两种模块采样方式时间序列不一致。可根据不同的地质任务来选择不同测量模块，以取得满意的地质效果。

② 大屏幕显示现场观测数据 $V(t)$、$V(t)/I$ 衰减曲线以及多测道电压剖面；小屏幕显示发送电流。

③ 各测道的时窗范围测量道数以及存储点数，通过改变不同发射周期来实现。

④ 仪器工艺质量好、工作稳定性高、抗干扰能力强。

5.1.2.2　仪器主要技术指标

(1) 发射部分

① 发射线圈为 10 m×10 m～2 550 m×2 550 m；

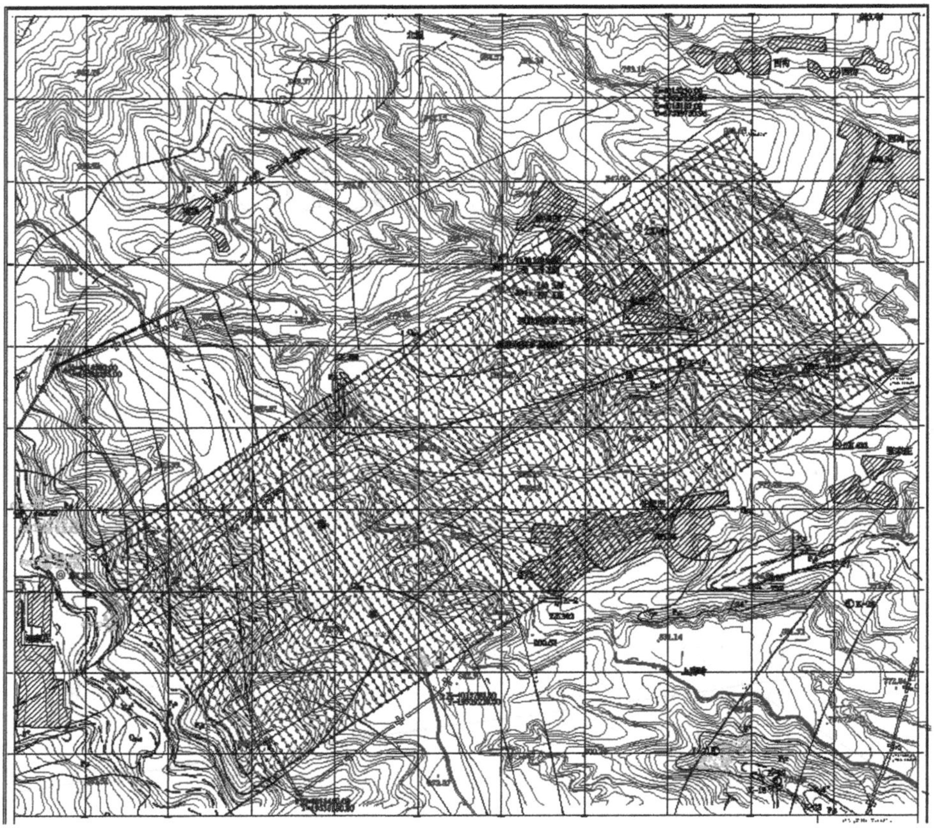

图 5-1　测线测点工程布置示意图

② 最大发射电压为 48 V；

③ 最大发射电流为 10 A；

④ 使用 12～48 V 镉镍可充电电瓶；

⑤ 勘探深度为 500 m(中等地层电阻率)。

(2) 接收部分

① 频带为 0～7.5 kHz；

② 观测精度小于观测值×1%±0.5 μV；

③ 动态范围为 136 dB；

④ 输入道灵敏度为 0.05 μV；

⑤ A/D 转换器为 16 Bit；

⑥ 叠加次数为 1～32 768(任选)；

⑦ 对 50 Hz 的抑制大于 60 dB。

5.2 试验工作参数确定

根据电法勘探规范，以及本区勘探设计方案的要求，为了更好地完成本次地质任务，在进行野外数据采集之前，进行了试验工作。试验工作的主要目的是了解勘查区的地电条件、施工条件、干扰背景以及煤层采空积水区的地球物理特征等，通过有效试验，以便选择最佳工作方法和装置参数。试验工作遵循由已知到未知、由简单到复杂的原则进行，试验线选在勘查区内已知采空积水的地段进行。

5.2.1 试验目的

① 根据本勘查区地质及地表情况，选择合适的仪器测量参数；

② 根据本勘查区已知情况，在选择合适的仪器参数后，进行方法有效性试验；

③ 初步了解勘查区电性规律及干扰水平情况。

5.2.2 试验内容

根据本区特点及瞬变电磁法的要求，试验工作包括以下内容：

① 仪器参数的试验：以单点试验为主，包括发射边框、发射电流、发射时基、关断时间、延迟时间、叠加次数等；

② 方法有效性试验：在已知采空积水区布置一段测线，通过对试验线分析解释，比较解释结果与已知的地质资料吻合情况，确定方法的有效性；

③ 干扰水平调查：通过调查勘查区地电干扰情况，确定提高信噪比、压制干扰的措施。

5.2.3 仪器参数试验

在试验过程中在同一测点反复变换单一参数调整仪器参数，改变时基、发射电流、关断时间、接收延时与叠加次数等参数进行试验，对比不同参数的衰减曲线，最终确定较为合适的仪器参数。

（1）时基试验

在固定发射线框为 15 m×30 m、发射电流为 8 A、关断时间为 100 μs、叠加次数为 512 次、接收延时为 320 μs 的前提下，进行了 20 ms、40 ms 两个时基的试验。从图 5-2 中可以看出，20 ms、40 ms 的 $V(t)/I$ 衰减曲线形态基本一致，但由于测区内干扰较大，目的层较深，因此，时基确定为 40 ms。

（2）关断时间试验

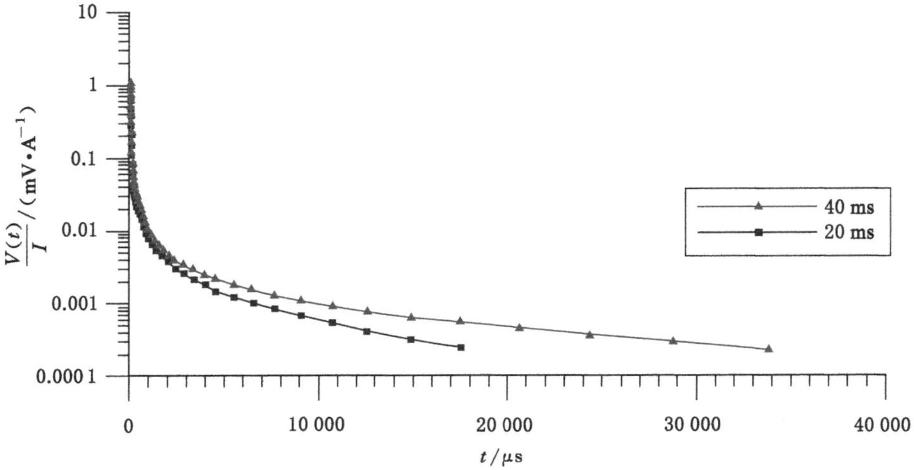

图 5-2　时基试验曲线

在固定发射线框为 15 m×30 m、发射电流为 8 A、时基为 40 ms、叠加次数为 512 次、接收延时为 320 μs 的前提下，进行了 75 μs、100 μs 两个关断时间的试验。从图 5-3 中可以看出，75 μs 和 100 μs 的 $V(t)/I$ 衰减曲线在晚期道整体线性都较好，而 100 μs 的 $V(t)/I$ 衰减曲线早期道电压值偏低，因此，关断时间确定为 100 μs。

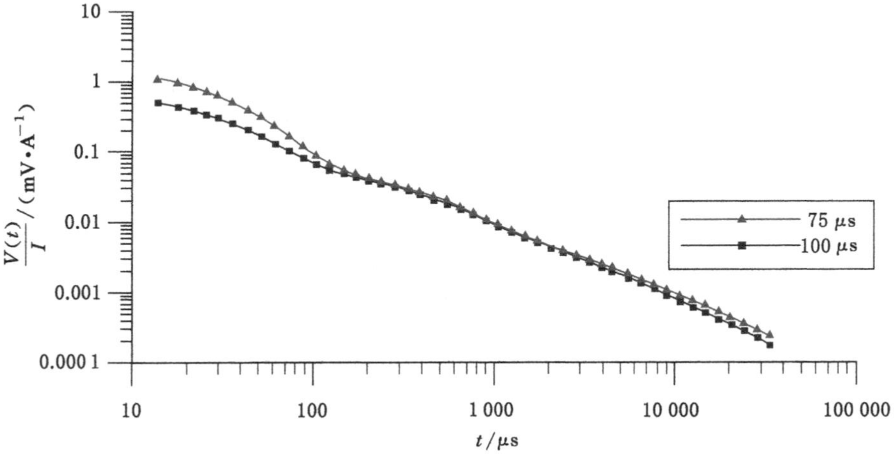

图 5-3　关断时间试验曲线

(3) 接收延时试验

在固定发射线框为 15 m×30 m、发射电流为 8 A、时基为 40 ms、叠加次数为 512 次、关断时间为 100 μs 的前提下，进行了 200 μs、250 μs、320 μs 三个接收延时的试验。从图 5-4 中可以看出，200 μs 的 $V(t)/I$ 衰减曲线的电压值相对较低、线性太差；250 μs 的 $V(t)/I$ 衰减曲线电压值早期道相对较高、晚期道相对较低，线性较差；相对而言，320 μs 的 $V(t)/I$ 衰减曲线较好。

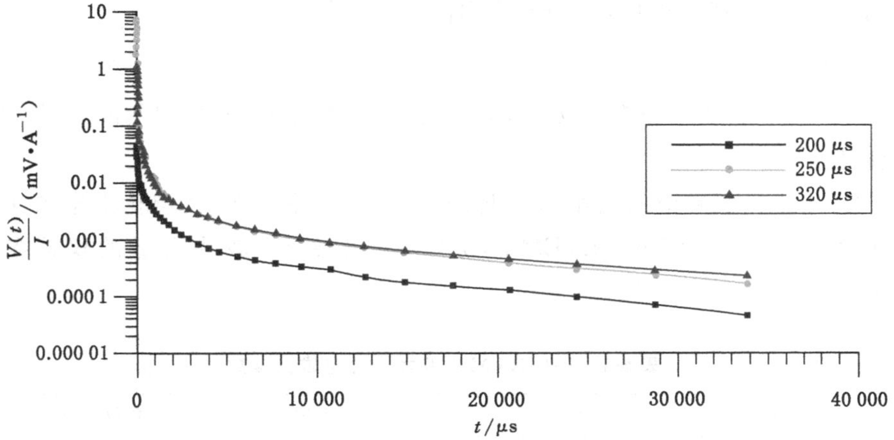

图 5-4　接收延时试验曲线

（4）电流试验

在固定发射线框为 15 m×30 m、时基为 40 ms、叠加次数为 512 次、关断时间为 100 μs、接收延时为 320 μs 的前提下，发射电流进行了 4 A、8 A 的试验。从图 5-5中可以看出：4 A 电流衰减曲线不够圆滑，受到不同程度的干扰；8 A 的 $V(t)/I$ 衰减曲线比 4 A 的 $V(t)/I$ 衰减曲线圆滑整体线性好，因此，发射电流为 8 A。

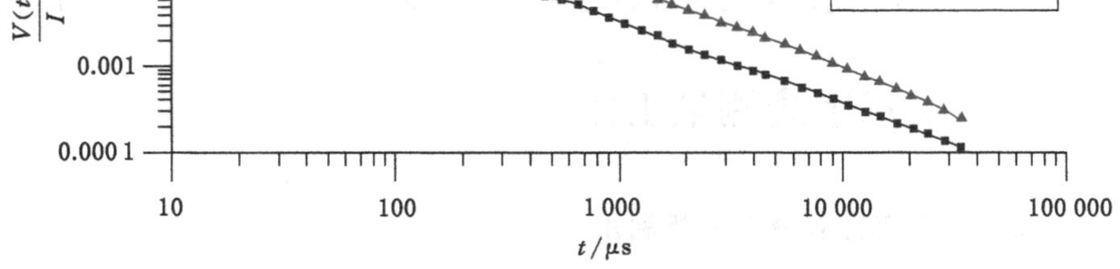

图 5-5　电流试验曲线

（5）叠加次数试验

在固定发射线框为 15 m×30 m、发射电流为 8 A、时基为 40 ms、关断时间为 100 μs、接收延时为 320 μs 的前提下，进行了 256 次、512 次、1 024 次三个叠加次数的试验，一般来说，叠加次数越大，衰减曲线越圆滑，但同时也增加了测量时间、计算量，因此，叠加次数选择中间值的 512 次。

5.2.4 试验结论

从上述试验工作分析可以得知，本次试验工作达到了试验目的的预期效果，具体结论如下：

① 采集电压数值的大小与关断、延迟时间关系密切，而与供电电流关系较小，野外采集使用 IGGETEM-30B 型瞬变电磁仪，较为合适的仪器参数见表 5-1。

表 5-1 IGGETEM-30B 型瞬变电磁仪参数

参数名称	数值大小	参数名称	数值大小
发射框	15 m×30 m	时基	40 ms
接收面积	450 m^2	关断时间	100 μs
采样道	21 道	延时	320 μs
叠加次数	512 次	发射电流	8 A

② 工作区内的游散电流干扰不大，噪声电平为 0.1 μV 左右，只是在高压线下 30 m 左右的范围内较强，噪声电平可达 0.5 μV 以上。

③ 瞬变电磁法结合已知资料进行了反演，反演深度最大可达 200 m 以上，从深度上可进一步确定煤层采空层位。

④ 根据采空积水区的物性特征可知，采空区基本上反映为“低电压、高电阻”，相对采空区而言，采空积水区基本上反映为“高电压、低电阻”。

总之，从试验工作可知，采用瞬变电磁法的“∞”字形重叠回线装置探测采空积水区较为有效，选定的采集参数满足本次勘探要求，能够完成本次勘探任务。

5.3 GPS 定点定线测量工作

5.3.1 勘查区已有控制资料分析利用

本区测量采用中海达仪器公司生产的 V8GNSSRTK 三台套 RTK 进行测

量。利用大同矿区独立坐标系控制点作为基础控制测量的起算数据。施工用图采用 1∶2 000 地形图，坐标系采用北京 54 坐标系统，3°带高斯投影，中央子午线 111°。本勘查区经过检测，采用胜利煤矿提供的 jj2、j2、jj1 三个控制点作为本勘查区的起算点，各控制点坐标高程见表 5-2。

表 5-2　控制点坐标

点号	坐标 X/m	坐标 Y/m	高程 H/m
j2	4 014 134.879	539 103.942 5	832.917
jj2	4 013 911.076	539 360.196	795.324
jj1	4 013 951.903	539 305.187	795.541

5.3.2　GPS 控制测量

根据《煤炭资源勘查工程测量规程》和《全球定位系统（GPS）测量规范》等规程规范的要求，结合本勘探区地形地貌的实际情况，经实地踏勘，共选 5 个 GPS 点，作为工程勘探的基础控制，编号为 J001～J005，采用边连接的布网形式。

5.3.2.1　选点原则

① 点位设在易于安装接收设备，视野开阔的较高点上；

② 点位目标显著，视场周围 15°以上不应有障碍物；

③ 点位远离大功率无线电发射源，其距离不小于 200 m；

④ 远离高压输电线和微波无线电信号传送通道，其距离不得小于 50 m；

⑤ 点位附近不应有大面积水域或不应有强烈干扰卫星信号接收的物体；

⑥ 点位选在交通方便，有利于其他观测手段扩展与连测的地方；

⑦ 地面基础稳定，易于点的保存，每个点应有一个以上的通视方向。

此次埋石采用短期临时地面点标志，将长 30 cm、一端削尖的方形木桩打入地面，木桩上部露出地面约 2 cm，木桩端面中央画有“＋”字。

5.3.2.2　GPS 控制点进行布网施测的主要技术指标要求

① 卫星高度角大于等于 15°；

② 有效观测卫星总数大于等于 4 颗；

③ 观测时段长度大于等于 40 min；

④ 观测中任一卫星有效观测时间大于等于 15 min；

⑤ 数据采样间隔为 15 s；

⑥ 点位几何图形强度因子 PDOP 小于 6。

每站观测时，在开机前后各量一次天线高，两次测量之差不大于 3 mm，取其平均值作为天线高，不测气象元素。在观测过程中，做到了细心操作，认真完成每一项工作并符合要求后再迁站。

5.3.2.3 数据处理

(1) 基线解算

基线解算采用双差固定解，同一时段数据剔除率不超过 10%。标准差计算 E 级的精度要求固定误差 a 小于等于 10 mm，比例误差系数 b 小于等于 20×10^{-6}。

各 GPS 网相邻点间基线长度精度用下式表示：

$$s=\sqrt{a^2+(bd)^2} \tag{5-1}$$

式中 s——标准差，mm；

a——固定误差，mm；

b——比例误差系数，mm；

d——相邻点间距离，mm。

GPS 网同步环闭合差数值：

$$W_x=\frac{\sqrt{3}}{5}\sigma \qquad W_y=\frac{\sqrt{3}}{5}\sigma \qquad W_z=\frac{\sqrt{3}}{5}\sigma \tag{5-2}$$

式中 σ——规定的相应级别精度(按网的平均边长计算)。

复测基线的长度较差 ds 应满足下式规定：

$$\mathrm{d}s\leqslant 2\sqrt{2}\sigma \tag{5-3}$$

各独立闭合环或附合路线坐标闭合差应满足：

$$W_x\leqslant 3\sqrt{n}\sigma \qquad W_y\leqslant 3\sqrt{n}\sigma \qquad W_z\leqslant 3\sqrt{n}\sigma \qquad W_s\leqslant 3\sqrt{n}\sigma \tag{5-4}$$

式中 n——闭合环边数。

$$W_s=\sqrt{W_x^2+W_y^2+W_z^2} \tag{5-5}$$

(2) 无约束平差

在基线向量检验符合要求后，以三维基线向量及其相应方差——协方差阵作为观测信息，以一个点的 WGS-84 系三维坐标作为起算数据，进行 WGS 网的无约束平差。目的是为了进一步剔除基线粗差。无约束平差中，基线分量的改正数约对值($V_{\Delta x}$，$V_{\Delta y}$，$V_{\Delta z}$)应满足下式：

$$V_{\Delta x} \leqslant 3\sigma \qquad V_{\Delta y} \leqslant 3\sigma \qquad V_{\Delta z} \leqslant 3\sigma \tag{5-6}$$

式中　$V_{\Delta x}$,$V_{\Delta y}$,$V_{\Delta z}$——基线分量的改正数约对值。

(3) 约束平差

约束平差的作用是剔除已知点粗差,输出的内容是成果和最后的精度信息。约束平差中,基线向量的改正数与剔除粗差后的无约束平差结果的同名基线改正数的较差($dV_{\Delta x}$,$dV_{\Delta y}$,$dV_{\Delta z}$)应满足下列要求:

$$dV_{\Delta x} \leqslant 2\sigma \qquad dV_{\Delta y} \leqslant 2\sigma \qquad dV_{\Delta z} \leqslant 2\sigma \tag{5-7}$$

式中　σ——规定的相应级别精度(按网的平均边长计算)。

(4) 高程拟合

高程拟合模式有参数拟合、TGO 垂直平差、FreeSurvey 高程拟合等三种模式。

5.3.3　物理点放样测量

在测量过程中使用中海达测绘仪器公司生产的 V8GNSSRTK 进行物理点测量。把基准站架设没有任何干扰的地方,之后把移动站架设在事先做好的已知控制点上进行校正,在采取另外一个已知点进行检查,确保正确后再使用手簿里测点放样功能对各个理论物理点进行实地放样测量,待信号稳定后手簿屏幕上显示固定解时保存该数据,之后记录该数据即可。

在本测区的最后成果中,每个测点的实际坐标与理论坐标之差都小于 0.3 m。检查点高程误差都小于 0.3 m。在测点测线时,测点都打了木桩,在木桩上写好了线号和点号,并系好了红布条,测线的完整率为 100%。每日施工前、需复测两个以上物理点或复测两次单个控制点检核后方能施工。复测检核的物理点与原测量点的坐标和高程互差限差如下:$\Delta X \leqslant 0.3$ m、$\Delta Y \leqslant 0.3$ m、$\Delta H \leqslant 0.3$ m,并要求整个工区复测量不得少于总量的 1%。

5.4　完成工作量与质量评价

5.4.1　完成工作量

瞬变电磁法设计测线 93 条、测点 3 348 个,实际完成测线 93 条、试验点 50 个、测点 3 304 个、检查点 180 个、丢点 44 个。瞬变电磁法完成工作量及质量情况详见表 5-3。

表 5-3　瞬变电磁法完成工作量及质量情况

线号	设计点数	完成点数	丢点数	检查点	质量情况			
					甲级数	甲级占比/%	乙级占比/%	废
1	36	35	1	1	30	85.7%	14.3%	/
2	36	35	1	1	28	80.0%	20.0%	/
3	36	36	0	2	29	80.6%	19.4%	/
4	36	36	0	2	31	86.1%	13.9%	/
5	36	35	1	1	29	82.9%	17.1%	/
6	36	35	1	2	28	80.0%	20.0%	/
7	36	35	1	1	30	85.7%	14.3%	/
8	36	36	0	2	29	80.6%	19.4%	/
9	36	35	1	1	30	85.7%	14.3%	/
10	36	36	0	2	30	83.3%	16.7%	/
11	36	36	0	3	30	83.3%	16.7%	/
12	36	36	0	2	29	80.6%	19.4%	/
13	36	36	0	2	30	83.3%	16.7%	/
14	36	36	0	2	30	83.3%	16.7%	/
15	36	36	0	3	29	80.6%	19.4%	/
16	36	36	0	2	30	83.3%	16.7%	/
17	36	36	0	2	30	83.3%	16.7%	/
18	36	36	0	2	30	83.3%	16.7%	/
19	36	36	0	2	30	83.3%	16.7%	/
20	36	36	0	3	29	80.6%	19.4%	/
21	36	36	0	2	30	83.3%	16.7%	/
22	36	36	0	2	29	80.6%	19.4%	/
23	36	35	1	1	30	85.7%	14.3%	/
24	36	36	0	2	29	80.6%	19.4%	/
25	36	36	0	2	30	83.3%	16.7%	/
26	36	36	0	2	32	88.9%	11.1%	/
27	36	36	0	2	30	83.3%	16.7%	/
28	36	36	0	2	33	91.7%	8.3%	/
29	36	36	0	2	33	91.7%	8.3%	/
30	36	36	0	3	30	83.3%	16.7%	/

表 5-3(续)

线号	设计点数	完成点数	丢点数	检查点	质量情况			
					甲级数	甲级占比/%	乙级占比/%	废
31	36	36	0	2	30	83.3%	16.7%	/
32	36	36	0	2	30	83.3%	16.7%	/
33	36	36	0	3	34	94.4%	5.6%	/
34	36	35	1	2	30	85.7%	14.3%	/
35	36	36	0	2	31	86.1%	13.9%	/
36	36	36	0	2	30	83.3%	16.7%	/
37	36	36	0	3	32	88.9%	11.1%	/
38	36	36	0	2	30	83.3%	16.7%	/
39	36	36	0	2	31	86.1%	13.9%	/
40	36	36	0	2	30	83.3%	16.7%	/
41	36	36	0	3	29	80.6%	19.4%	/
42	36	36	0	2	34	94.4%	5.6%	/
43	36	36	0	3	28	77.8%	22.2%	/
44	36	36	0	2	34	94.4%	5.6%	/
45	36	36	0	2	33	91.7%	8.3%	/
46	36	35	1	2	30	85.7%	14.3%	/
47	36	35	1	2	30	85.7%	14.3%	/
48	36	35	1	2	30	85.7%	14.3%	/
49	36	35	1	2	30	85.7%	14.3%	/
50	36	36	0	2	34	94.4%	5.6%	/
51	36	35	1	2	30	85.7%	14.3%	/
52	36	35	1	2	30	85.7%	14.3%	/
53	36	36	0	2	30	83.3%	16.7%	/
54	36	35	1	2	30	85.7%	14.3%	/
55	36	35	1	2	30	85.7%	14.3%	/
56	36	35	1	2	30	85.7%	14.3%	/
57	36	35	1	2	30	85.7%	14.3%	/
58	36	35	1	2	30	85.7%	14.3%	/
59	36	35	1	2	30	85.7%	14.3%	/
60	36	36	0	2	34	94.4%	5.6%	/

表 5-3(续)

线号	设计点数	完成点数	丢点数	检查点	质量情况			
					甲级数	甲级占比/%	乙级占比/%	废
61	36	35	1	2	30	85.7%	14.3%	/
62	36	35	1	2	30	85.7%	14.3%	/
63	36	36	0	2	30	83.3%	16.7%	/
64	36	35	1	2	30	85.7%	14.3%	/
65	36	35	1	2	30	85.7%	14.3%	/
66	36	35	1	2	30	85.7%	14.3%	/
67	36	36	0	2	34	94.4%	5.6%	/
68	36	35	1	2	30	85.7%	14.3%	/
69	36	35	1	2	30	85.7%	14.3%	/
70	36	35	1	2	30	85.7%	14.3%	/
71	36	36	0	2	35	97.2%	2.8%	/
72	36	35	1	2	30	85.7%	14.3%	/
73	36	35	1	2	30	85.7%	14.3%	/
74	36	36	0	2	30	83.3%	16.7%	/
75	36	35	1	2	30	85.7%	14.3%	/
76	36	36	0	2	30	83.3%	16.7%	/
77	36	35	1	2	30	85.7%	14.3%	/
78	36	36	0	2	33	91.7%	8.3%	/
79	36	35	1	1	30	85.7%	14.3%	/
80	36	35	1	2	30	85.7%	14.3%	/
81	36	35	1	2	30	85.7%	14.3%	/
82	36	36	0	2	34	94.4%	5.6%	/
83	36	35	1	2	30	85.7%	14.3%	/
84	36	35	1	1	30	85.7%	14.3%	/
85	36	35	1	2	30	85.7%	14.3%	/
86	36	35	1	1	30	85.7%	14.3%	/
87	36	35	1	1	30	85.7%	14.3%	/
88	36	36	0	2	33	91.7%	8.3%	/
89	36	35	1	1	30	85.7%	14.3%	/
90	36	35	1	1	30	85.7%	14.3%	/

表 5-3(续)

线号	设计点数	完成点数	丢点数	检查点	质量情况			
					甲级数	甲级占比/%	乙级占比/%	废
91	36	36	0	2	32	88.9%	11.1%	/
92	36	35	1	1	30	85.7%	14.3%	/
93	36	35	1	1	30	85.7%	14.3%	/
小计	3 348	3 304	44	180	2 832	85.7%	14.3%	/
试验	50	50						
检查	180	180						
合计	3 578	3 534						

5.4.2　质量评价

原始资料的验收以及工程质量的评价，严格依照《地面磁性源瞬变电磁法技术规程》和《煤炭电法勘探规范》的要求进行。

瞬变电磁对观测质量主要以系统检查观测来衡量，检查点误差计算公式为：

① 单个点(第 j 点)各测道的平均相对误差：

$$\overline{\sigma_j}=\sum_{j=1}^{N}\frac{V_{ji}-V_{ji}'}{\overline{V_{ji}}}\times 100\%/N \tag{5-8}$$

式中　N——参加统计的测道数；

i——某测道；

V_{ji} 及 V_{ji}'——第 j 观测点第 i 道的原始及检查观测值；

$\overline{V_{ji}}$——V_{ji} 与 V_{ji}' 的平均值。

② 全区各检查点总均方相对误差 M_{ji} 计算公式为：

$$M_{ji}=\pm\sqrt{\sum_{i=1}^{M}\sum_{j=1}^{N}\left(\frac{V_{ji}-V_{ji}'}{\overline{V_{ji}}}\right)/2MN\times 100\%} \tag{5-9}$$

式中　N——参加统计的测道数；

M——检查点数。

本次瞬变电磁共施工检查点 180 个，占全区观测物理点总数的 5.1%，其平均相对误差为 5.7%，总均方相对误差为 6.3%。根据检查情况测点精度均小于 0.3 m，点位精度为 0.10 m，高程精度为 0.10 m，依据规程要求的质量验收标准，全区工作质量合格，无废品，完全能满足规范设计和电法放线的质量要求，本资料可以作为电法放线使用。

第 6 章　地面物探测试数据处理及采空区特征分析

6.1　地面物探测试数据分析

6.1.1　数据资料整理

资料的整理包括地质调查资料和野外实测资料的整理，其目的是将所有的已知信息汇总，为下一步的资料分析、解释做准备工作，具体有以下内容：

① 将各测线、测点原始数据重新排序、编号，原始数据重新备份。

② 整理各测线端点的坐标，将测线展布在实际材料图上。

③ 将收集到的小煤矿、私采点、老窑的井口位置皆展布到实际材料图上。

④ 将收集到的其他相关资料展布到图上，以备分析解释时使用。

6.1.2　数据处理

瞬变电磁数据处理由瞬变电磁工作站完成，该工作系统具有以下特点：

① 集数据处理、绘图输出于一体；

② 在 Windows 平台支持下，采用汉字提示下的交互操作模式，用户界面友好；

③ 提示详尽，纠错能力较强；

④ 可处理多种装置形式（磁源、电源）的数据；

⑤ 独特的数据预处理模块，较强的数据预处理能力；

⑥ 无须用户按常规方法建立有关的正、反演参数文件，减轻了用户负担；

⑦ 对所显示的图形均提供编辑功能；

⑧ 所显示的图形均可以按指定大小输出到纸介质上。

瞬变电磁图件多测道电压剖面图的绘制采用 Grapher 数据处理软件，平面图和断面图的处理采用 Surfer 数据处理软件，Surfer 数据处理流程图如图 6-1 所示。

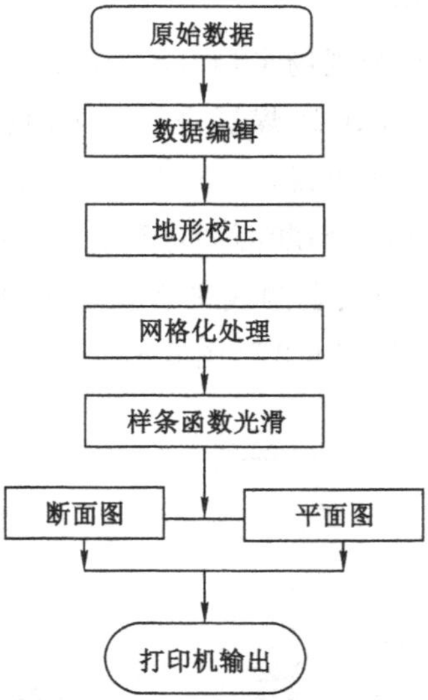

图 6-1　Surfer 数据处理流程图

6.2　采空积水区判定

6.2.1　采空积水区异常特征

不同的岩石具有不同的电性特征，从岩石电性特征上可以看出，煤层的视电阻率值高于岩层，而对于采空区来说，其规模远大于煤层，视电阻率值远高于煤层和岩层，电性差异明显，表现为高阻异常，而当采空区积水时，由于有水的存在，其视电阻率值明显降低，与煤层、岩层有明显的电性差异，视电阻率远小于煤层和岩层，表现为低阻异常。根据试验工作所确定的物性特征，采空区及采空积水区在探测资料上符合以下特征：

① 采空区在瞬变电磁多测道电压剖面图和平面图上表现为“低电压值异常”，在视电阻率拟断面图和平面图上表现为“高电阻率异常”。

② 采空区充水较多时，在瞬变电磁多测道电压剖面图和平面图上表现为“高电压值异常”，在视电阻率拟断面图和平面图上表现为“低电阻率异常”，在高密度视电阻率断面图上表现为“低电阻率异常”。

6.2.2 采空积水区判别依据

根据胜利煤矿地质资料与现场走访、踏查结果可知，原胜利煤矿在主、副斜井附近位置进行了开采作业，对 2# 煤层进行了不同程度的开采，并存有一定量的积水。结合施工布置图分析可得，采空积水区位于 2# 煤层 61# ～65# 测线之间，对 61# ～65# 测线拟视电阻率断面图进行分析，结合煤层赋存情况，确定了采空积水区低阻异常阻值，为其余测线采空积水区判别提供理论依据。61# ～65# 测线拟视电阻率断面图如图 6-2 至图 6-6 所示。

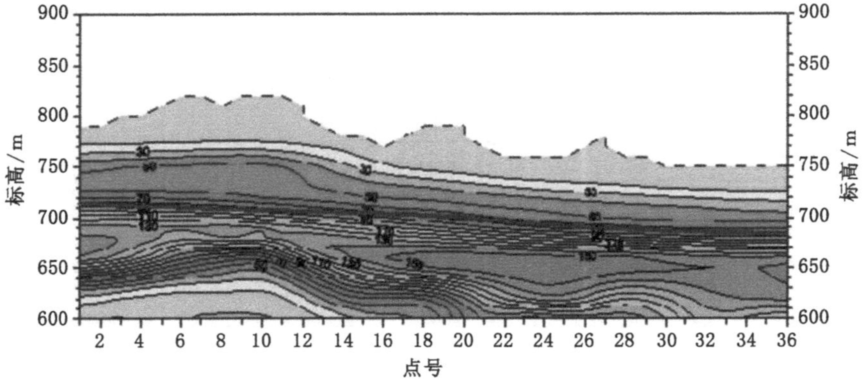

图 6-2　61# 测线拟视电阻率断面示意图

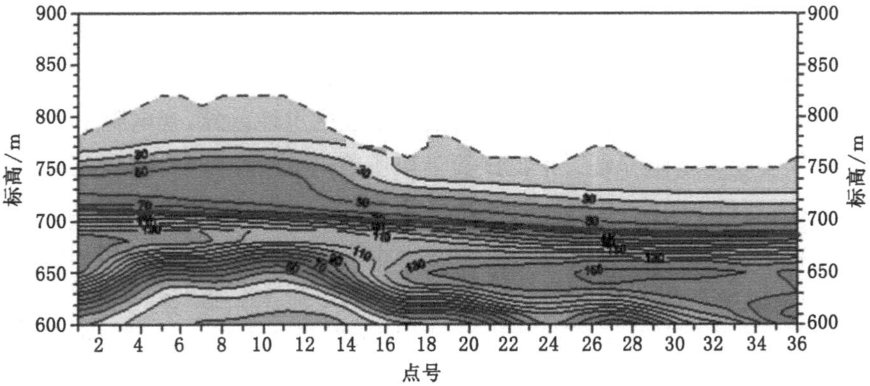

图 6-3　62# 测线拟视电阻率断面示意图

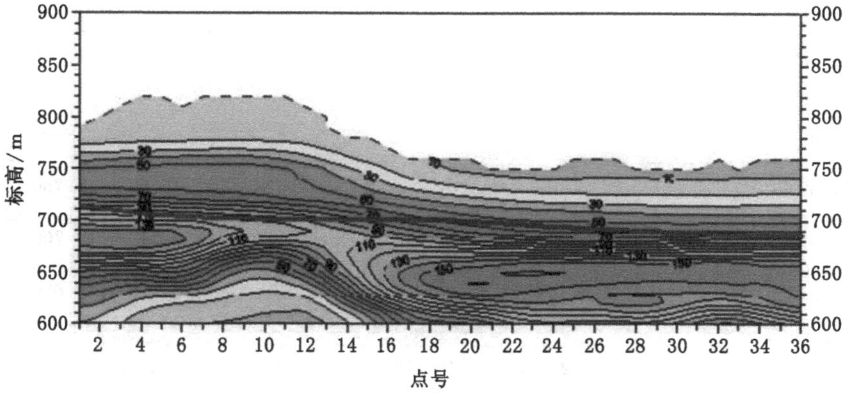

图 6-4　63# 测线拟视电阻率断面示意图

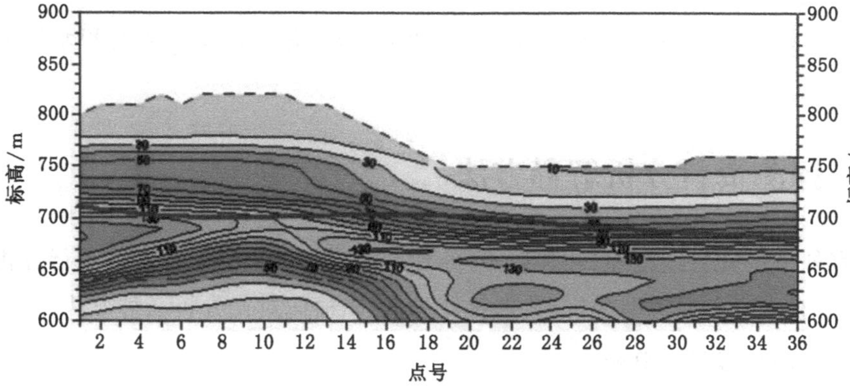

图 6-5　64# 测线拟视电阻率断面示意图

根据主、副斜井位置附近 61# ～65# 测线拟视电阻率断面图可以看出，采空积水区在瞬变电磁法勘探拟视电阻率断面图上显现为低阻异常。在图 6-2 中标高 690 m 左右，19# ～31# 点等值线阻值较低，视电阻率阻值在 60 左右，为煤层采空区积水的反应；在图 6-3 中标高 690 m 左右，20# ～33# 点等值线阻值较低，视电阻率阻值在 60 左右，为煤层采空区积水的反应；在图 6-4 中标高 695 m 左右，18# ～31# 点等值线阻值较低，视电阻率阻值在 50～60 左右，为煤层采空区积水的反应；在图 6-5 中标高 695 m 左右，17# ～28# 点等值线阻值较低，视电阻率阻值在 45～60 左右，为煤层采空区积水的反应；在图 6-6 中标高 690 m 左右，17# ～30# 点等值线阻值较低，视电阻率阻值在 45～60 左右，为煤层采空区积水

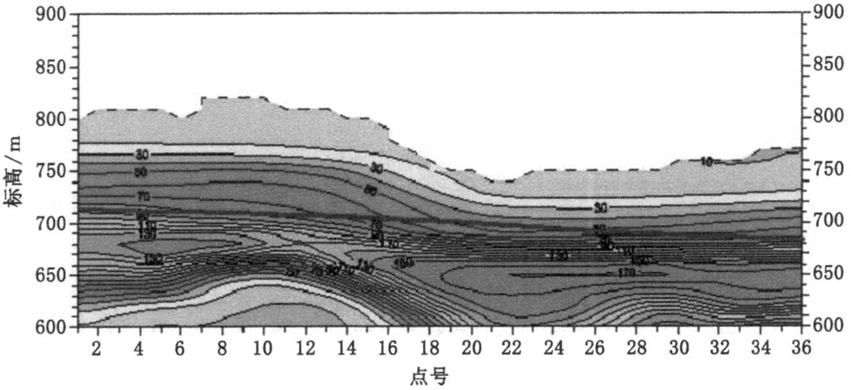

图 6-6　65# 测线拟视电阻率断面示意图

的反应。因此，视电阻率阻值小于 60 为低阻异常，是判定煤层采空积水区的理论依据。

6.3　探测资料分析解释方法

野外采集资料经整理、处理后，对处理后的资料采用了多种方法进行分析解释，主要有衰减曲线类型分析、数理统计分析、纵横向对比分析三种方法。

6.3.1　衰减曲线类型分析

不同地质条件下的衰减曲线类型不同，通过对衰减曲线分类，可以初步确定勘查区的地层变化情况。本次瞬变电磁法衰减曲线类型主要有两类，一类曲线中段衰减较慢，说明测点处的地层电阻率较低；另一类曲线从中段到尾支衰减较快，说明测点处的地层电阻率较高，从侧面可以反映出采空区与采空积水区及未采区的区别。

6.3.2　数理统计分析

数理统计分析的目的是通过数学统计的方法，对测量数据进行分析，确定解释的基线标准，准确地划分正常区和异常区。任何自然规律都服从于统计学，通过数理统计可以科学地分析自然界客观存在的现象。本次数理统计主要是对各测道电压的最大值、最小值和中值进行统计，并计算其平均值和标准偏差，并以平均值为基线在多测道剖面图和等电压平面图确定瞬变电磁法的正常区和异常区。本次选取了有代表性的 12 测道、14 测道、16 测道、18 测道进行了统计，同时，通过数理统计分析，把电压值分成不同的级别，从电压值的大小可以划分煤层的未采区、采空区和采空积水区。统计结果见表 6-1。

表 6-1　电压值统计

测道	样本个数	最小值/μV	最大值/μV	中值/μV	平均值/μV	标准偏差
12 测道	3 304	1.53	9.83	3.25	3.32	0.83
14 测道	3 304	0.77	5.38	1.821	1.84	0.45
16 测道	3 304	0.455	3.19	1.10	1.11	0.27
18 测道	3 304	0.27	1.96	0.69	0.70	0.17

6.3.3　纵横向对比分析

横纵向对比分析主要以瞬变电磁多测道电压剖面和等电压平面图分析，从多测道电压剖面的曲线异常形态分析采空区积水的位置，同时，结合拟视电阻率断面图确定采空积水区的深度，从不同测道等电压平面图的异常形态分析采空积水区的范围，综合对比分析解释的结果，使解释结论更趋于实际。

6.4　探测资料分析解释

探测资料的分析解释，以瞬变电磁法多测道电压剖面、视电阻率拟断面图和等电压值平面图为主，结合了高密度电阻率法断面图，同时考虑了实际地质情况及各种干扰因素进行综合分析解释。

6.4.1　单条测线分析解释

单条测线的分析解释包括瞬变电磁多测道电压剖面和视电阻率拟断面图。

瞬变电磁多测道电压剖面图以测点为横坐标（算术坐标），$V(t)/I$ 值为纵坐标（对数坐标），将每个测点的 $V(t)/I$ 值，按 1～21 次序，相应展布在图上，然后将相同的 $V(t)/I$ 值相连成线，即为多测道电压剖面曲线图。由于瞬变电磁二次场随时间的衰减具有在高阻层衰减快、低阻层衰减慢的特征，故在高阻层采集到的二次场电压值小，在低阻层采集到的二次场电压值大。反映在剖面曲线图上，低值响应部分为高阻层，高值响应部分为低阻层。多测道电压剖面图不但能反映剖面上各测点垂直方向电性变化情况，而且还能反映不同深度沿水平方向电性变化情况，如采空区、采空区积水区、陷落柱、断层等。

瞬变电磁视电阻率拟断面图以测点为横坐标(算术坐标)，深度为纵坐标(算术坐标)，将各测点不同采样时间经初步反演所得到的 ρ_τ 值，经网格化后成图。视电阻率拟断面图不但能反映剖面上各测点垂直方向电性变化情况，而且还能反映不同深度沿水平方向电性变化情况，它比多测道剖面图更形象直观，能比较详细和清楚地反映地下构造特征和各种地质现象。

理论上分析，正常的沉积地层在视电阻率拟断面图上，等值线基本呈水平层状分布，当有异常体存在时，等值线将发生畸变，呈现各种形态的变化，研究曲线在纵向和横向上电性的变化特征，以确定异常体的性质，便是本次分析视电阻率拟断面图的理论依据。现对测线进行分析：

(1) 1# 测线分析

在拟视电阻率断面图 6-7 中标高 750 m 左右，1# 测线 1# ～28#、30# ～36# 点等值线阻值较低，视电阻率阻值在 30～60 左右，该测线电阻率阻值反映为低阻异常，为煤层采空区积水的反映。

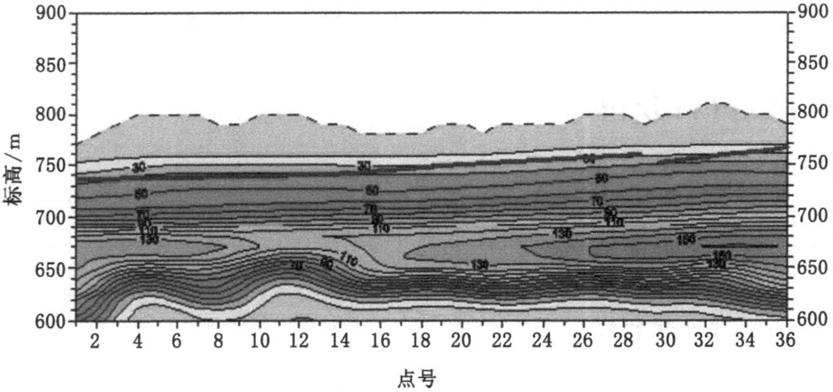

图 6-7　1# 测线拟视电阻率断面示意图

(2) 2# 测线分析

在拟视电阻率断面图 6-8 中，视电阻率由浅到深逐渐升高，等值线呈近水平层状分布，并随着地层的起伏而表现出高低变化，标高 750 m 左右时，无明显的低阻异常，1# ～36# 点视电阻率阻值均在 80 以上，结合调查的煤矿采空资料综合分析认为，该测线无采空积水反映。

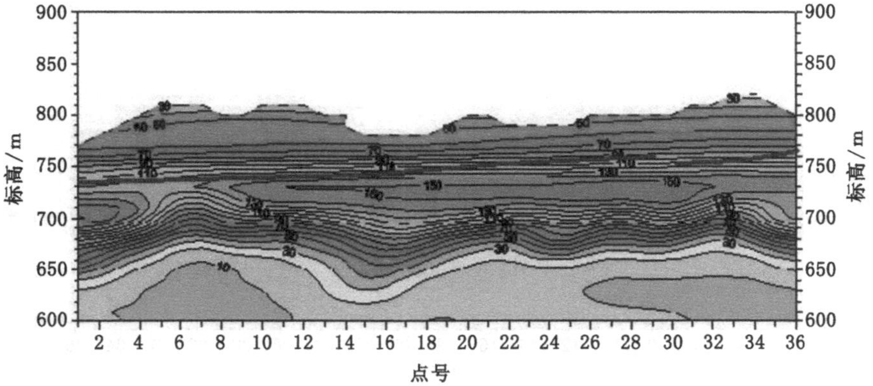

图 6-8　2# 测线拟视电阻率断面示意图

(3) 3# 测线分析

在拟视电阻率断面图 6-9 中标高 750 m 左右，3# 测线 1# ～28#、30# ～36# 点等值线阻值较低，视电阻率阻值在 40～60 左右，该测线电阻率阻值反映为低阻异常，为煤层采空区积水的反映。

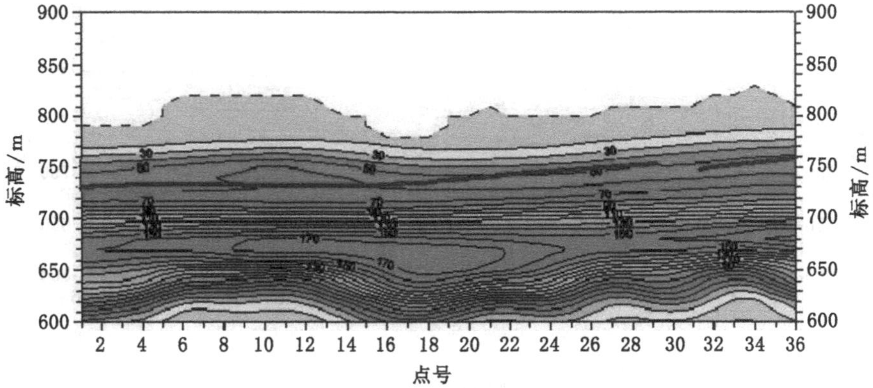

图 6-9　3# 测线拟视电阻率断面示意图

(4) 4# 测线分析

在拟视电阻率断面图 6-10 中标高 750 m 左右，4# 测线 8# ～36# 点等值线阻值较低，视电阻率阻值在 40～60 左右，该测线电阻率阻值反映为低阻异常，为煤层采空区积水的反映。

(5) 5# 测线分析

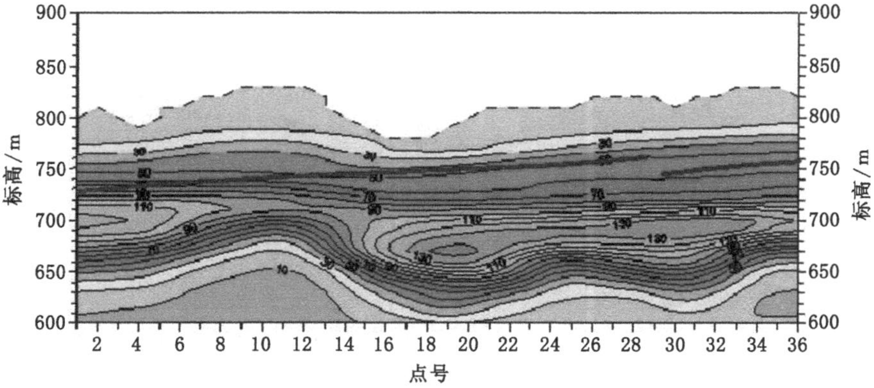

图 6-10　4# 测线拟视电阻率断面示意图

在拟视电阻率断面图 6-11 中标高 750 m 左右，5# 测线 21# ～29# 点等值线阻值较低，视电阻率阻值在 40～60 左右，该测线电阻率阻值反映为低阻异常，为煤层采空区积水的反映。

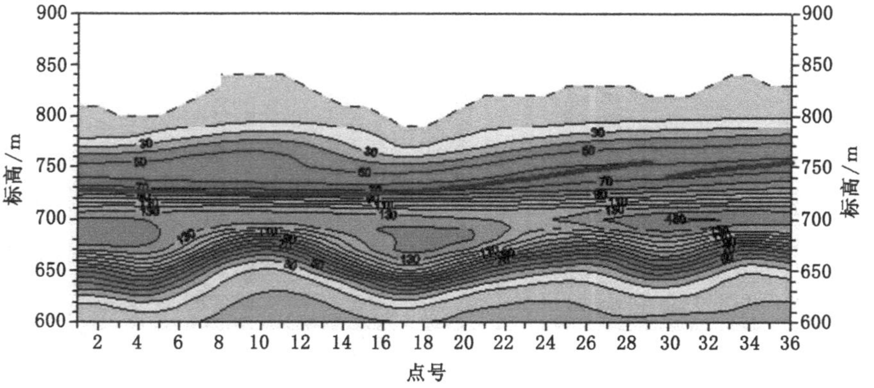

图 6-11　5# 测线拟视电阻率断面示意图

(6) 6# 测线分析

在拟视电阻率断面图 6-12 中标高 750 m 左右，6# 测线 16# ～29# 点等值线阻值较低，视电阻率阻值在 40～60 左右，该测线电阻率阻值反映为低阻异常，为煤层采空区积水的反映。

(7) 7# 测线分析

在拟视电阻率断面图 6-13 中标高 750 m 左右，7# 测线 18# ～22# 点等值线

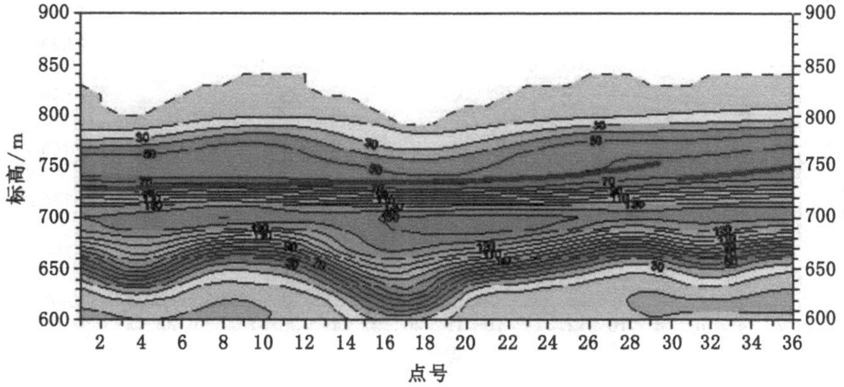

图 6-12　6# 测线拟视电阻率断面示意图

阻值较低，视电阻率阻值在 60 左右，该测线电阻率阻值反映为低阻异常，为煤层采空区积水的反映。

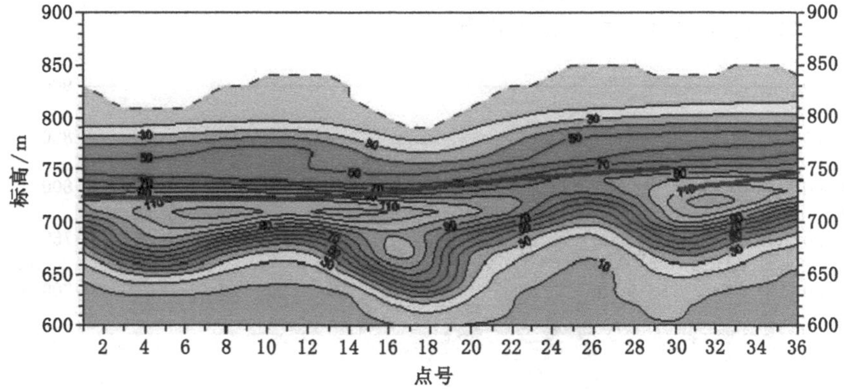

图 6-13　7# 测线拟视电阻率断面示意图

(8) 8# 测线分析

在拟视电阻率断面图 6-14 中，视电阻率由浅到深逐渐升高，等值线呈近水平层状分布，并随着地层的起伏而表现出高低变化，标高 750 m 左右时，无明显的低阻异常，1#～36# 点视电阻率阻值均在 90 以上，结合调查的煤矿采空资料综合分析认为，该测线无采空积水反映。

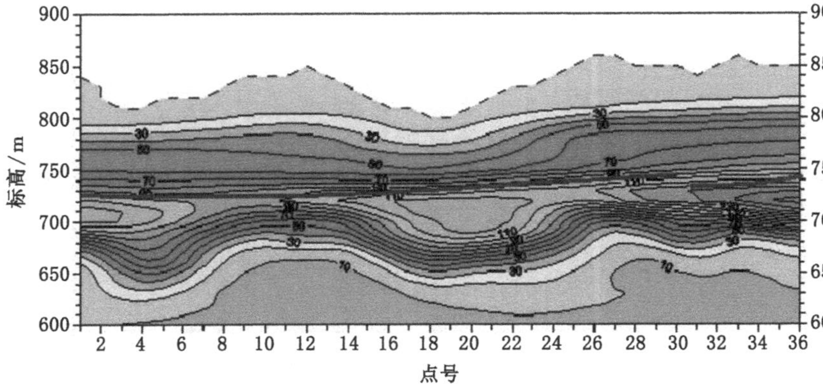

图 6-14　8# 测线拟视电阻率断面示意图

(9) 9# 测线分析

在拟视电阻率断面图 6-15 中，视电阻率由浅到深逐渐升高，等值线呈近水平层状分布，并随着地层的起伏而表现出高低变化，标高 750 m 左右时，无明显的低阻异常，1# ～36# 点视电阻率阻值均在 110 以上，结合调查的煤矿采空资料综合分析认为，该测线无采空积水反映。

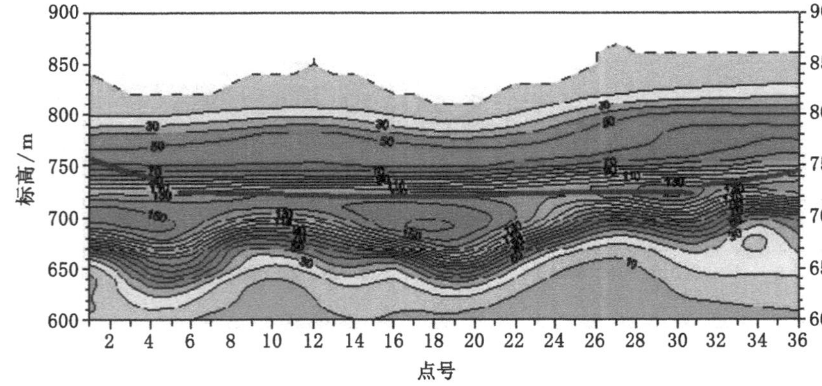

图 6-15　9# 测线拟视电阻率断面示意图

(10) 10# 测线分析

在拟视电阻率断面图 6-16 中，视电阻率由浅到深逐渐升高，等值线呈近水平层状分布，并随着地层的起伏而表现出高低变化，标高 750 m 左右时，无明显的低阻异常，1# ～36# 点视电阻率阻值均在 100 以上，结合调查的煤矿采空资料综合分析认为,该测线无采空积水反映。

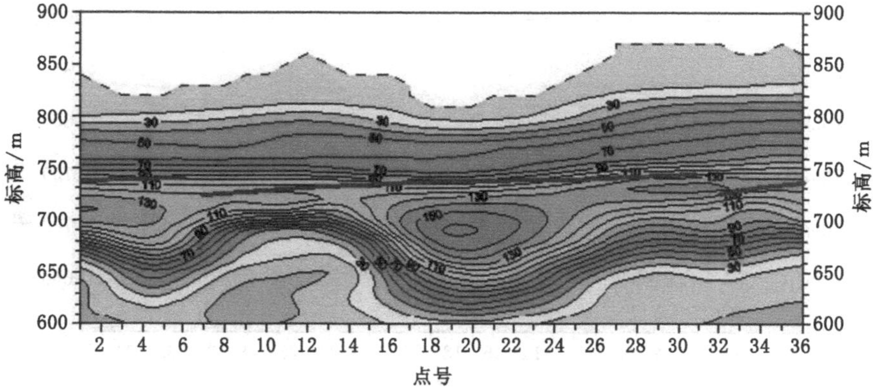

图 6-16　10# 测线拟视电阻率断面示意图

(11) 11# 测线分析

在拟视电阻率断面图 6-17 中,视电阻率由浅到深逐渐升高,等值线呈近水平层状分布,并随着地层的起伏而表现出高低变化,标高 750 m 左右时,无明显的低阻异常,1# ~36# 点视电阻率阻值均在 110 左右。结合调查的煤矿采空资料综合分析认为,该测线无采空积水反映。

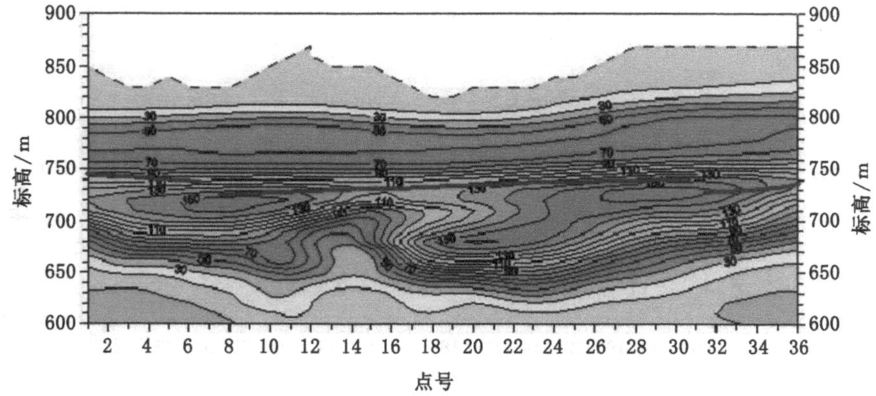

图 6-17　11# 测线拟视电阻率断面示意图

(12) 12# 测线分析

在拟视电阻率断面图 6-18 中标高 710 m 左右,12# 测线 13# ~15# 点等值线阻值较低,视电阻率阻值为 50~60,该测线电阻率阻值反映为低阻异常,为煤层采空区积水的反映。

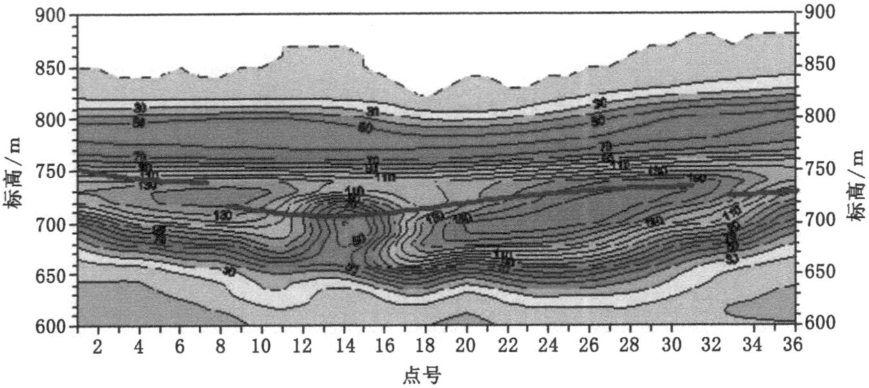

图 6-18 12# 测线拟视电阻率断面示意图

(13) 13# 测线分析

在拟视电阻率断面图 6-19 中，视电阻率由浅到深逐渐升高，等值线呈近水平层状分布，并随着地层的起伏而表现出高低变化，标高 720 m 左右时，无明显的低阻异常，1# ～36# 点视电阻率阻值均在 90 以上。结合调查的煤矿采空资料综合分析认为，该测线无采空积水反映。

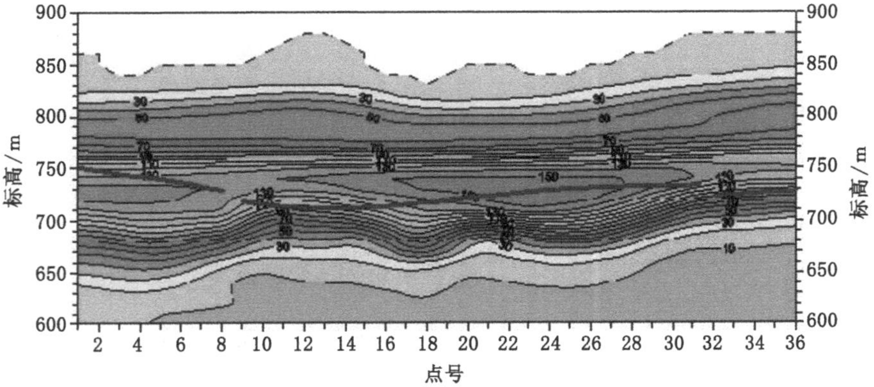

图 6-19 13# 测线拟视电阻率断面示意图

(14) 14# 测线分析

在拟视电阻率断面图 6-20 中标高 710 m 左右，14# 测线 10# ～15# 点、32# ～36# 点等值线阻值较低，视电阻率阻值小于 60，该测线电阻率阻值反映为低阻异常，为煤层采空区积水的反映。

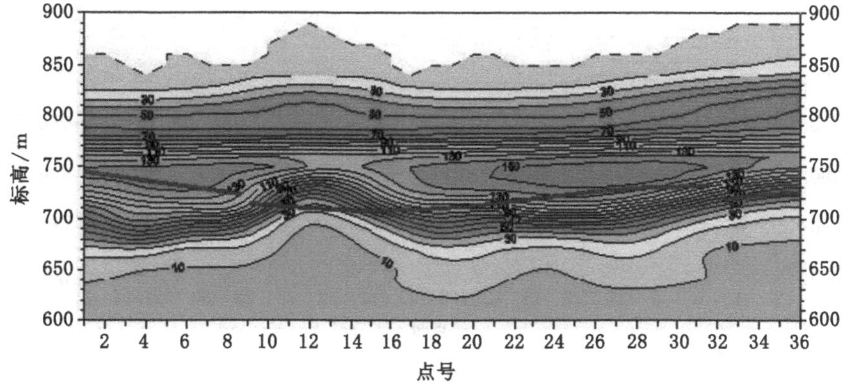

图 6-20　14# 测线拟视电阻率断面示意图

（15）15# 测线分析

在拟视电阻率断面图 6-21 中标高 720 m 左右，15# 测线 9# ～17# 点、32# ～36# 点等值线阻值较低，视电阻率阻值小于 60，该测线电阻率阻值反映为低阻异常，为煤层采空区积水的反映。

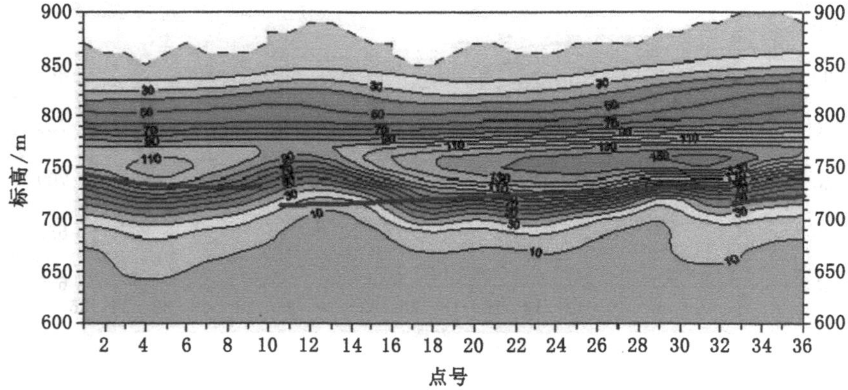

图 6-21　15# 测线拟视电阻率断面示意图

（16）16# 测线分析

在拟视电阻率断面图 6-22 中标高 720 m 左右，16# 测线 11# ～16# 点、33# ～36# 点等值线阻值较低，视电阻率阻值小于 60，该测线电阻率阻值反映为低阻异常，为煤层采空区积水的反映。

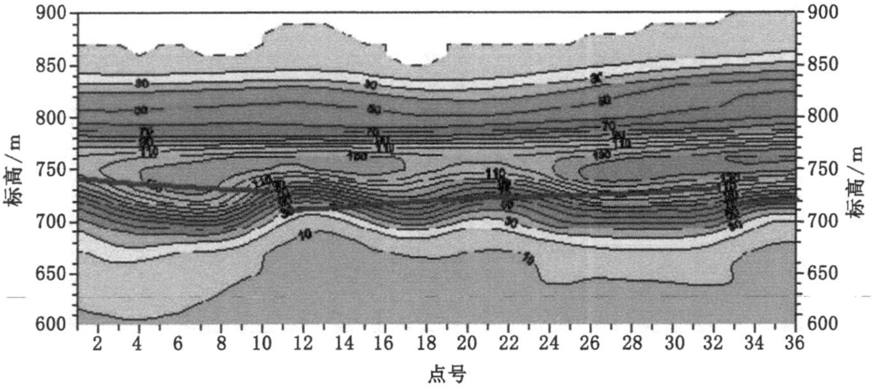

图 6-22　16# 测线拟视电阻率断面示意图

(17) 17# 测线分析

在拟视电阻率断面图 6-23 中标高 710 m 左右，17# 测线 9# ～23# 点、33# ～36# 点等值线阻值较低，视电阻率阻值小于 60，该测线电阻率阻值反映为低阻异常，为煤层采空区积水的反映。

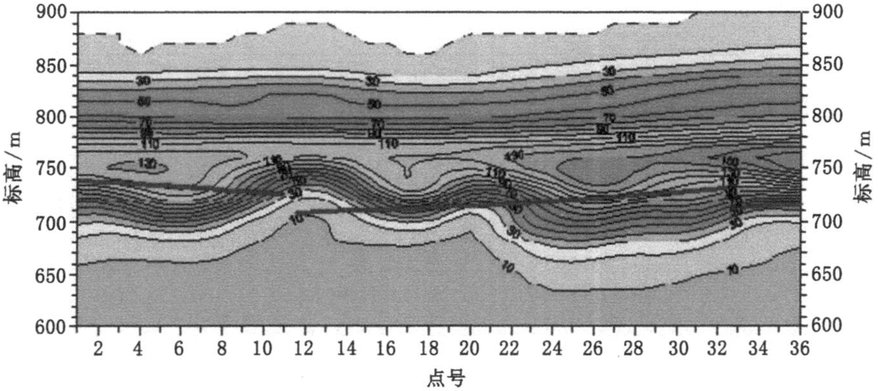

图 6-23　17# 测线拟视电阻率断面示意图

(18) 18# 测线分析

在拟视电阻率断面图 6-24 中标高 720 m 左右，18# 测线 12# ～15# 点、33# ～36# 点等值线阻值较低，视电阻率阻值小于 60，该测线电阻率阻值反映为低阻异常，为煤层采空区积水的反映。

(19) 19# 测线分析

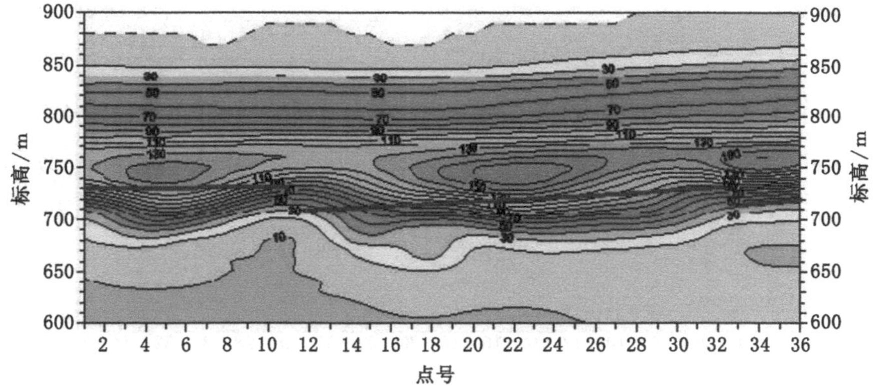

图 6-24　18# 测线拟视电阻率断面示意图

在拟视电阻率断面图 6-25 中标高 710～720 m，19# 测线 12# ～21# 点、30# ～36# 点等值线阻值较低，视电阻率阻值小于 60，该测线电阻率阻值反映为低阻异常，为煤层采空区积水的反映。

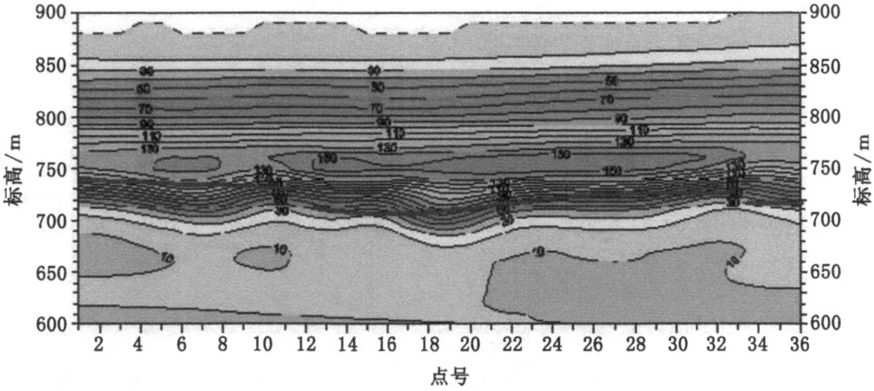

图 6-25　19# 测线拟视电阻率断面示意图

(20) 20# 测线分析

在拟视电阻率断面图 6-26 中标高 710～720 m，20# 测线 12# ～20# 点、30# ～36# 点等值线阻值较低，视电阻率阻值小于 60，该测线电阻率阻值反映为低阻异常，为煤层采空区积水的反映。

(21) 21# 测线分析

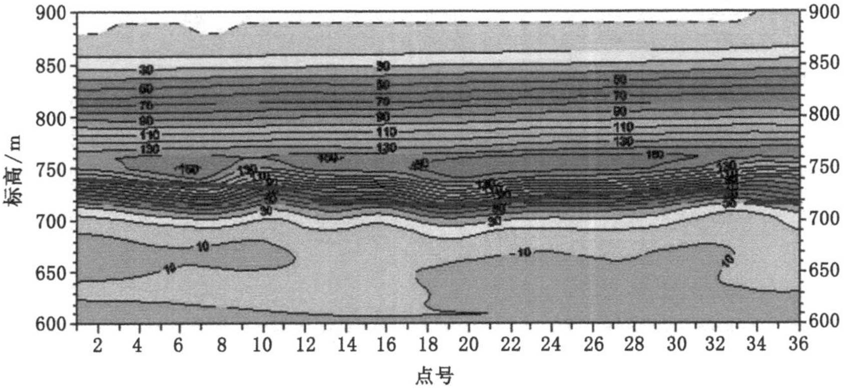

图 6-26　20# 测线拟视电阻率断面示意图

在拟视电阻率断面图 6-27 中标高 710 m 左右，21# 测线 13# ～21# 点、34# ～36# 点等值线阻值较低，视电阻率阻值小于 60，该测线电阻率阻值反映为低阻异常，为煤层采空区积水的反映。

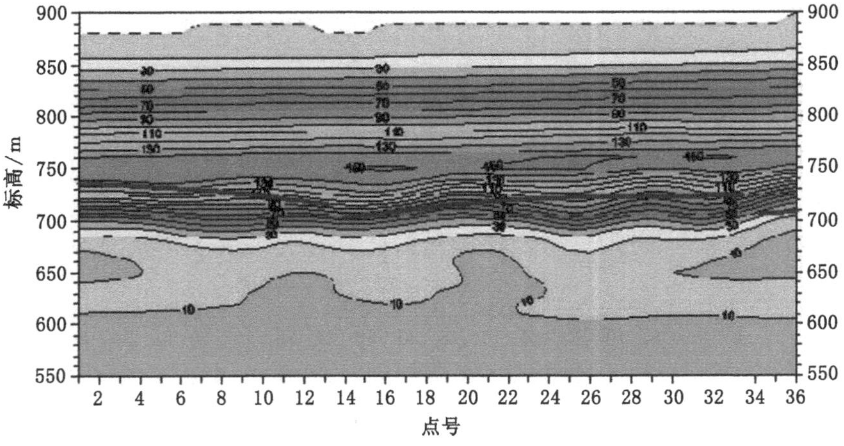

图 6-27　21# 测线拟视电阻率断面示意图

(22) 22# 测线分析

在拟视电阻率断面图 6-28 中标高 710 m 左右，22# 测线 14# ～33# 点、34# ～36# 点等值线阻值较低，视电阻率阻值小于 60，该测线电阻率阻值反映为低阻异常，为煤层采空区积水的反映。

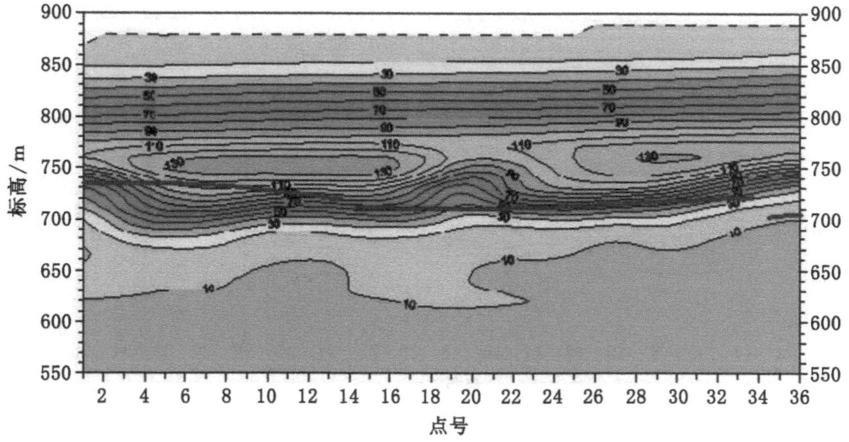

图 6-28　22# 测线拟视电阻率断面示意图

(23) 23# 测线分析

在拟视电阻率断面图 6-29 中标高 710 m 左右，23# 测线 1# ～14# 点、15# ～34# 点、35# ～36# 点等值线阻值较低，视电阻率阻值小于 60，该测线电阻率阻值反映为低阻异常。

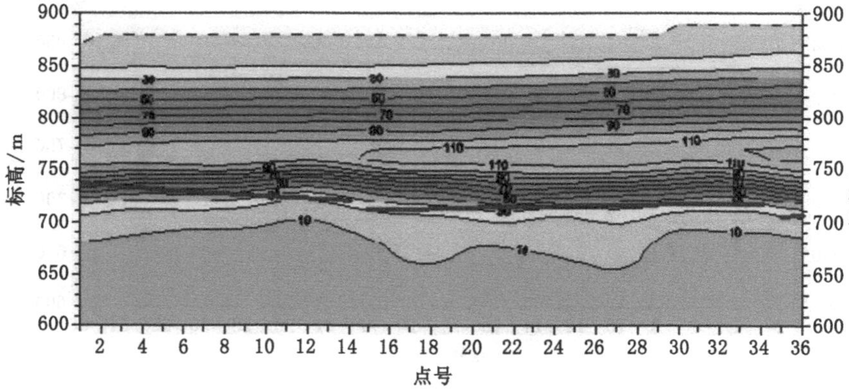

图 6-29　23# 测线拟视电阻率断面示意图

(24) 24# 测线分析

在拟视电阻率断面图 6-30 中标高 710 m 左右，24# 测线 22# ～34# 点、35# ～36# 点等值线阻值较低，视电阻率阻值小于 60，该测线电阻率阻值反映为低阻异常，为煤层采空区积水的反映。

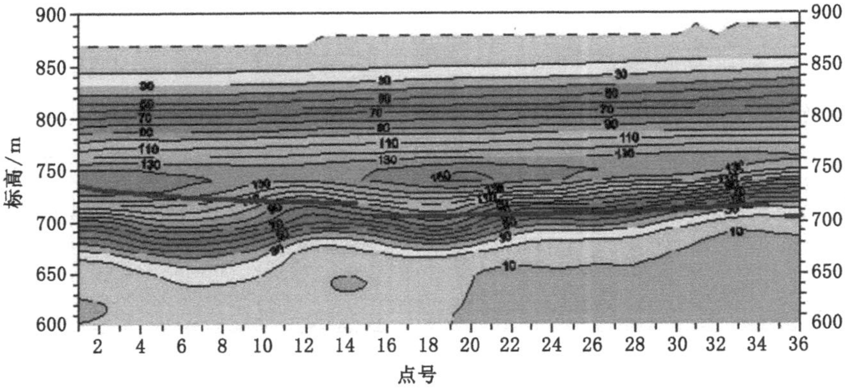

图 6-30　24# 测线拟视电阻率断面示意示意图

(25) 25# 测线分析

在拟视电阻率断面图 6-31 中标高 710 m 左右,25# 测线 16# ～34# 点、35# ～36# 点等值线阻值较低,视电阻率阻值小于 60,该测线电阻率阻值反映为低阻异常,为煤层采空区积水的反映。

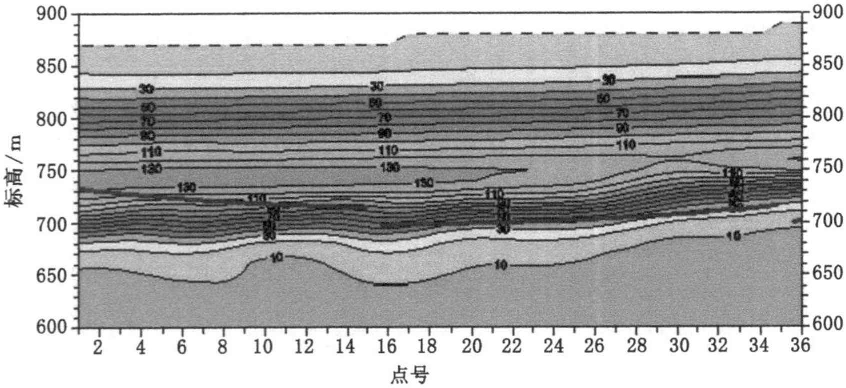

图 6-31　25# 测线拟视电阻率断面示意图

(26) 26# 测线分析

在拟视电阻率断面图 6-32 中标高 700 m 左右,26# 测线 18# ～32# 点等值线阻值较低,视电阻率阻值小于 60,该测线电阻率阻值反映为低阻异常,为煤层采空区积水的反映。

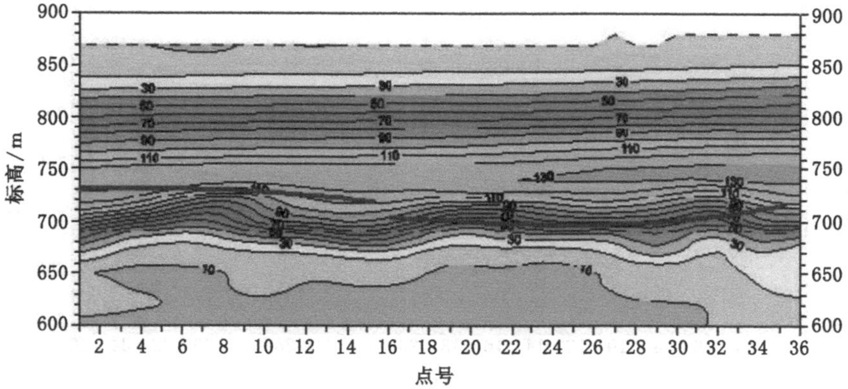

图 6-32　26# 测线拟视电阻率断面示意图

(27) 27# 测线分析

在拟视电阻率断面图 6-33 中标高 710 m 左右，27# 测线 28# ～36# 点等值线阻值较低，视电阻率阻值小于 60，该测线电阻率阻值反映为低阻异常，为煤层采空区积水的反映。

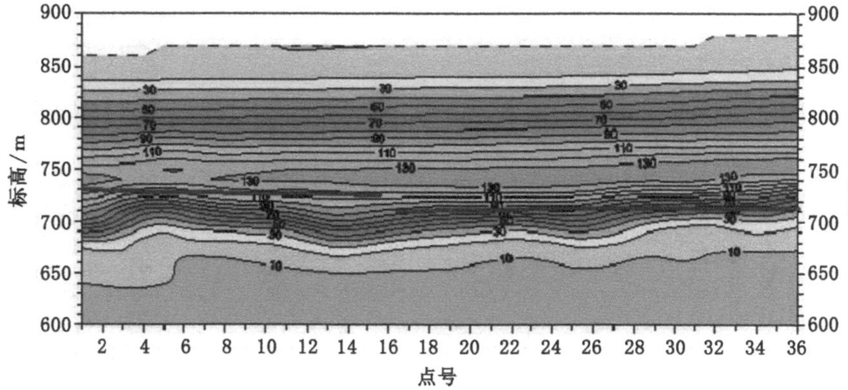

图 6-33　27# 测线拟视电阻率断面示意图

(28) 28# 测线分析

在拟视电阻率断面图 6-34 中标高 700 m 左右，28# 测线 17# ～36# 点等值线阻值较低，视电阻率阻值小于 60，该测线电阻率阻值反映为低阻异常，为煤层采空区积水的反映。

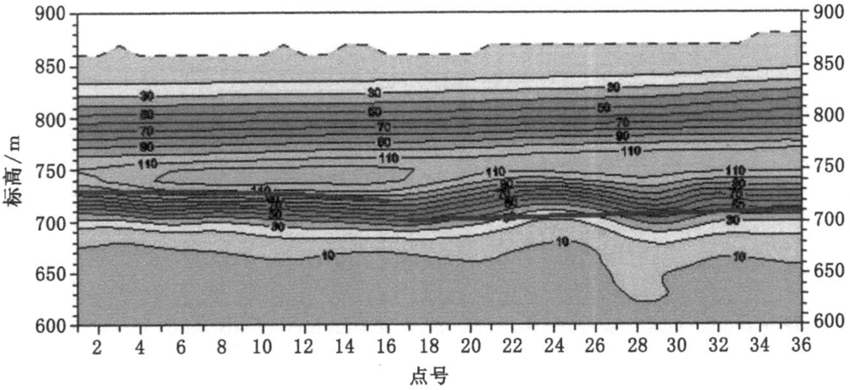

图 6-34　28# 测线拟视电阻率断面示意图

(29) 29# 测线分析

在拟视电阻率断面图 6-35 中标高 710 m 左右，29# 测线 9# ～36# 点等值线阻值较低，视电阻率阻值小于 60，该测线电阻率阻值反映为低阻异常，为煤层采空区积水的反映。

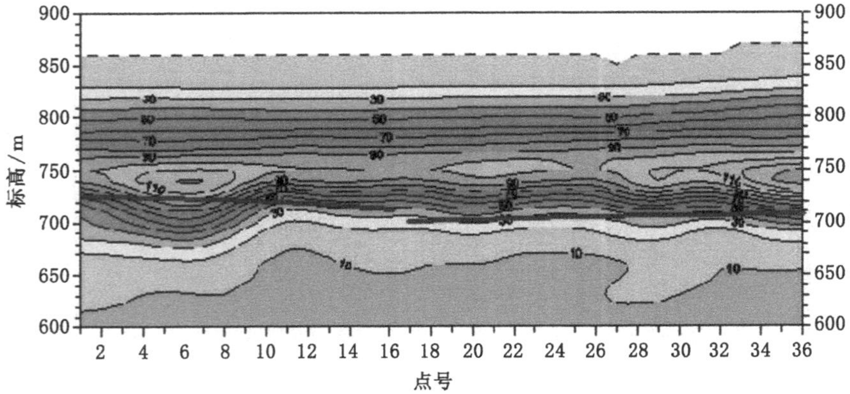

图 6-35　29# 测线拟视电阻率断面示意图

(30) 30# 测线分析

在拟视电阻率断面图 6-36 中标高 710 m 左右，30# 测线 9# ～19# 点、34# ～36# 点等值线阻值较低，视电阻率阻值小于 60，该测线电阻率阻值反映为低阻异常，为煤层采空区积水的反映。

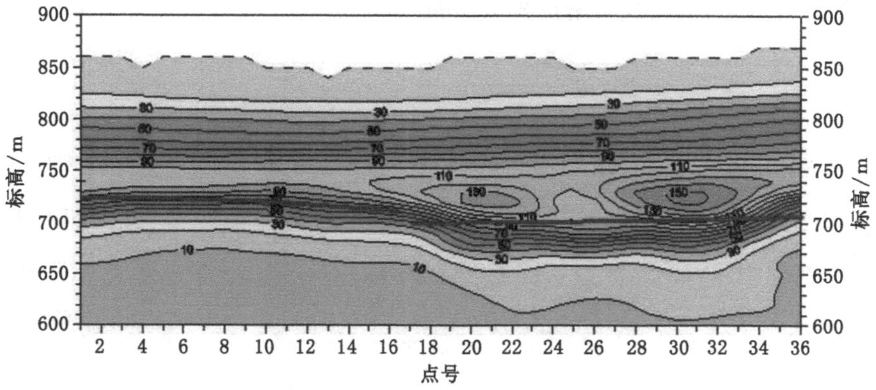

图 6-36　30# 测线拟视电阻率断面示意图

(31) 31# 测线分析

在拟视电阻率断面图 6-37 中,视电阻率由浅到深逐渐升高,等值线呈近水平层状分布,并随着地层的起伏而表现出高低变化,标高 710 m 左右时,无明显的低阻异常,1# ~36# 点视电阻率阻值均在 150 以上。结合调查的煤矿采空资料综合分析认为,该测线无采空积水反映。

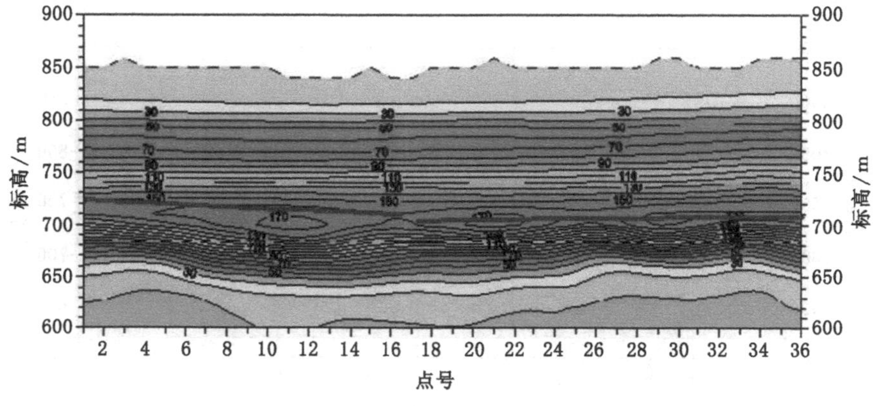

图 6-37　31# 测线拟视电阻率断面示意图

(32) 32# 测线分析

在拟视电阻率断面图 6-38 中,视电阻率由浅到深逐渐升高,等值线呈近水平层状分布,并随着地层的起伏而表现出高低变化,标高 710 m 左右时,无明显的低阻异常,1# ~36# 点视电阻率阻值均在 150 左右。结合调查的煤矿采空资料综合分析认为，该测线无采空积水反映。

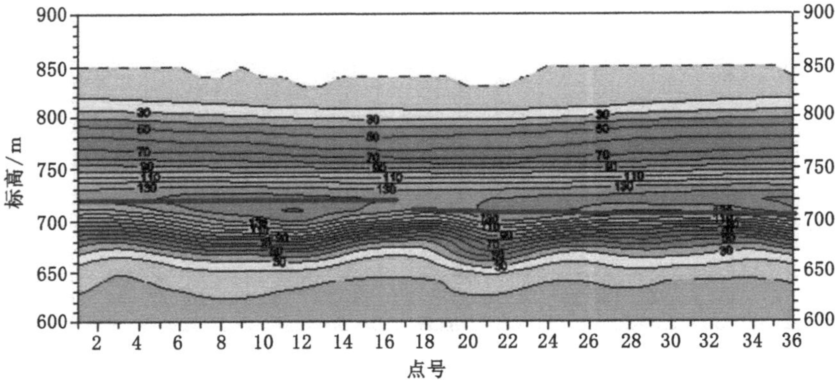

图 6-38　32$^{\#}$测线拟视电阻率断面示意图

(33) 33$^{\#}$测线分析

在拟视电阻率断面图 6-39 中，视电阻率由浅到深逐渐升高，等值线呈近水平层状分布，并随着地层的起伏而表现出高低变化，标高 710 m 左右时，无明显的低阻异常，1$^{\#}$～36$^{\#}$点视电阻率阻值均在 120 以上。结合调查的煤矿采空资料综合分析认为，该测线无采空积水反映。

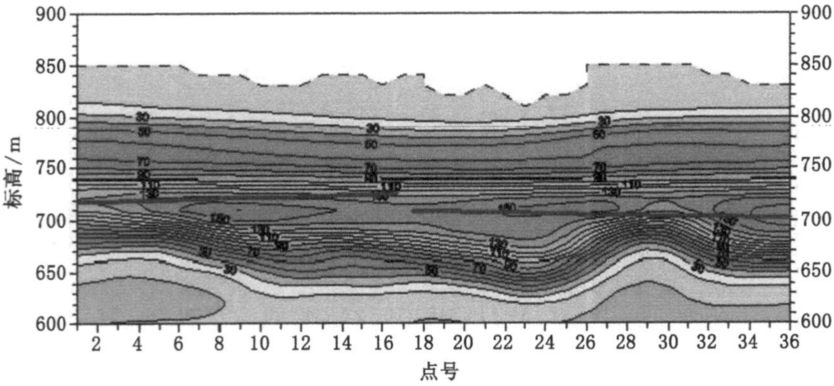

图 6-39　33$^{\#}$测线拟视电阻率断面示意图

(34) 34$^{\#}$测线分析

在拟视电阻率断面图 6-40 中，视电阻率由浅到深逐渐升高，等值线呈近水平层状分布，并随着地层的起伏而表现出高低变化，标高 710 m 左右时，无明显的低阻异常，1# ～36# 点视电阻率阻值均在 80 以上。结合调查的煤矿采空资料综合分析认为，该测线无采空积水反映。

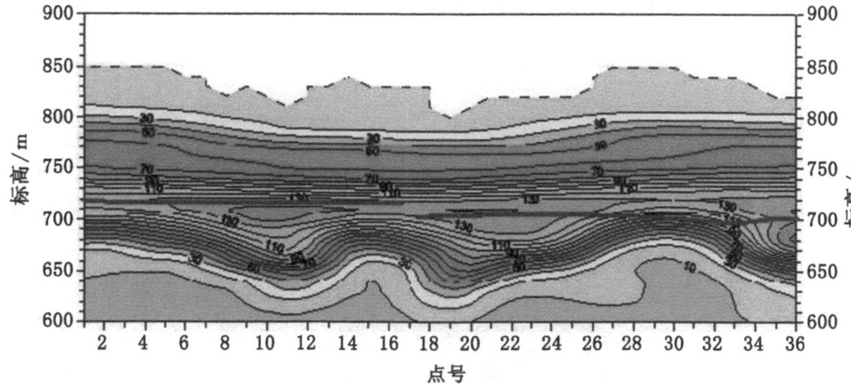

图 6-40　34# 测线拟视电阻率断面示意图

(35) 35# 测线分析

在拟视电阻率断面图 6-41 中，视电阻率由浅到深逐渐升高，等值线呈近水平层状分布，并随着地层的起伏而表现出高低变化，标高 710 m 左右时，无明显的低阻异常，1# ～36# 点视电阻率阻值均在 70 以上。结合调查的煤矿采空资料综合分析认为，该测线无采空积水反映。

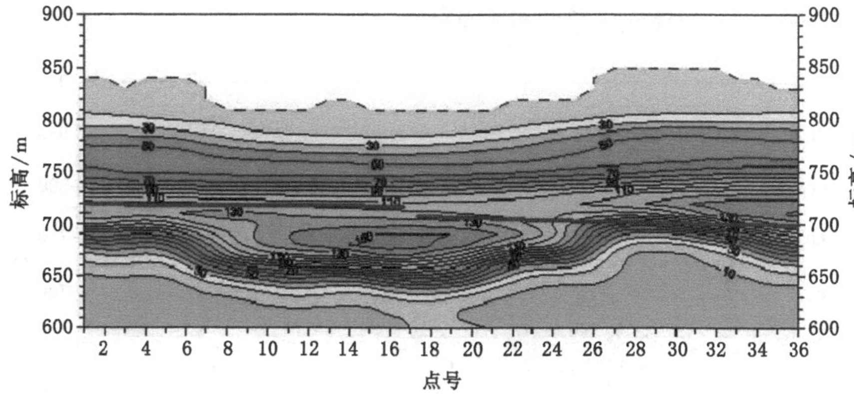

图 6-41　35# 测线拟视电阻率断面示意图

(36) 36# 测线分析

在拟视电阻率断面图 6-42 中，视电阻率由浅到深逐渐升高，等值线呈近水平层状分布，并随着地层的起伏而表现出高低变化，标高 710 m 左右时，无明显的低阻异常，1$^{\#}$～36$^{\#}$点视电阻率阻值均在 100 以上。结合调查的煤矿采空资料综合分析认为，该测线无采空积水反映。

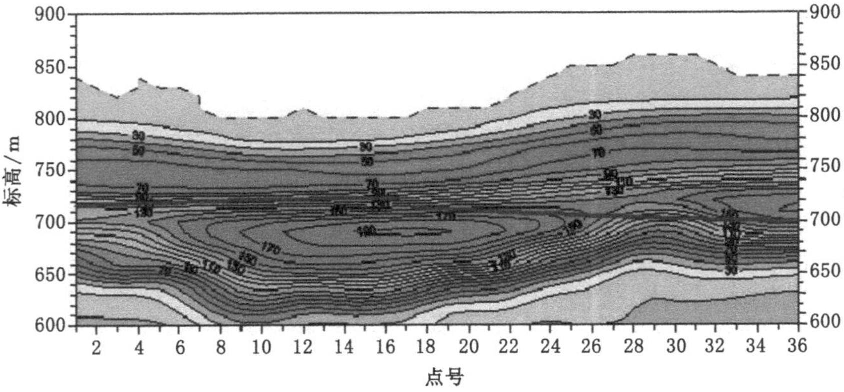

图 6-42　36$^{\#}$测线拟视电阻率断面示意图

(37) 37$^{\#}$测线分析

在拟视电阻率断面图 6-43 中，视电阻率由浅到深逐渐升高，等值线呈近水平层状分布，并随着地层的起伏而表现出高低变化，标高 710 m 左右时，无明显的低阻异常，1$^{\#}$～36$^{\#}$点视电阻率阻值均在 100 以上。结合调查的煤矿采空资料综合分析认为，该测线无采空积水反映。

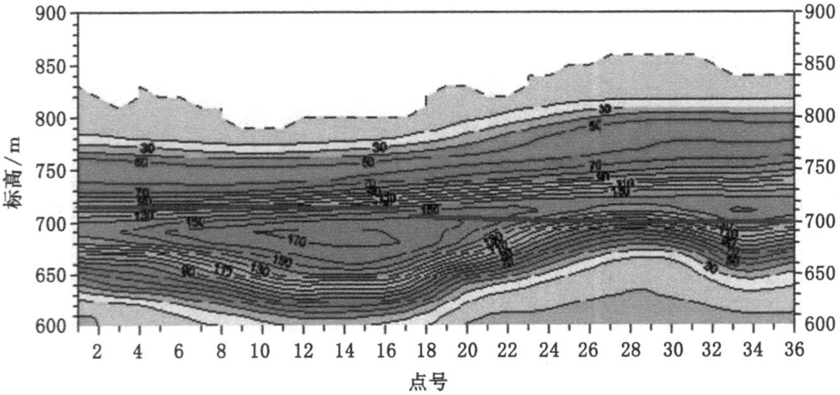

图 6-43　37$^{\#}$测线拟视电阻率断面示意图

（38）38# 测线分析

在拟视电阻率断面图 6-44 中，视电阻率由浅到深逐渐升高，等值线呈近水平层状分布，并随着地层的起伏而表现出高低变化，标高 710 m 左右时，无明显的低阻异常，1# ～36# 点视电阻率阻值均在 80 以上。结合调查的煤矿采空资料综合分析认为，该测线无采空积水反映。

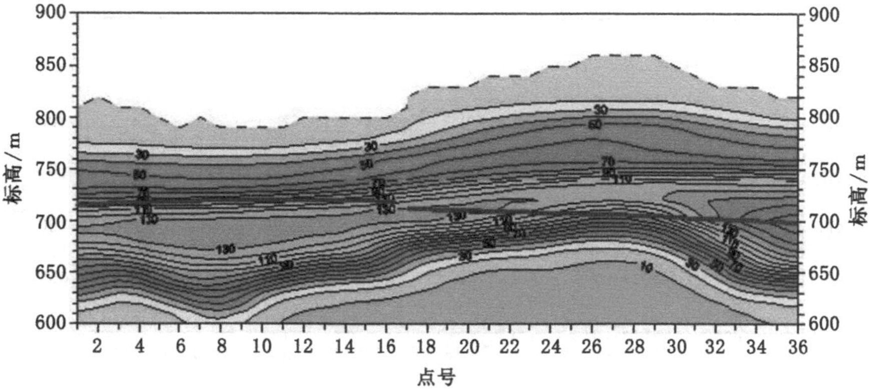

图 6-44　38# 测线拟视电阻率断面示意图

（39）39# 测线分析

在拟视电阻率断面图 6-45 中，视电阻率由浅到深逐渐升高，等值线呈近水平层状分布，并随着地层的起伏而表现出高低变化，标高 710 m 左右时，无明显的低阻异常，1# ～36# 点视电阻率阻值均在 90 以上。结合调查的煤矿采空资料综合分析认为，该测线无采空积水反映。

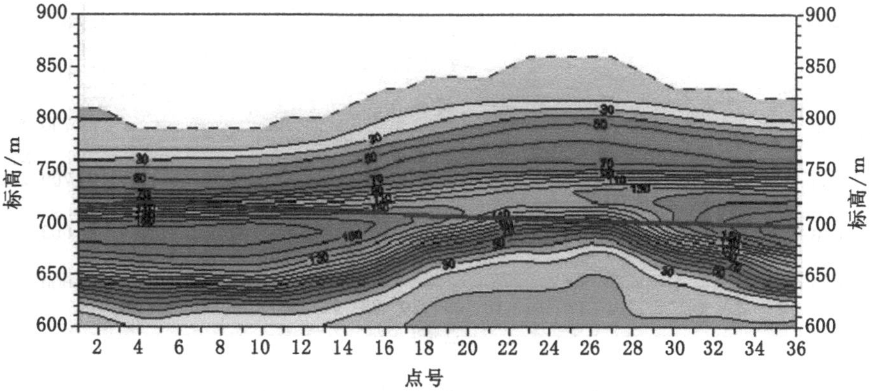

图 6-45　39# 测线拟视电阻率断面示意图

(40) 40[#]测线分析

在拟视电阻率断面图6-46中,视电阻率由浅到深逐渐升高,等值线呈近水平层状分布,并随着地层的起伏而表现出高低变化,标高710 m左右时,无明显的低阻异常,1[#]~36[#]点视电阻率阻值均在70以上。结合调查的煤矿采空资料综合分析认为,该测线无采空积水反映。

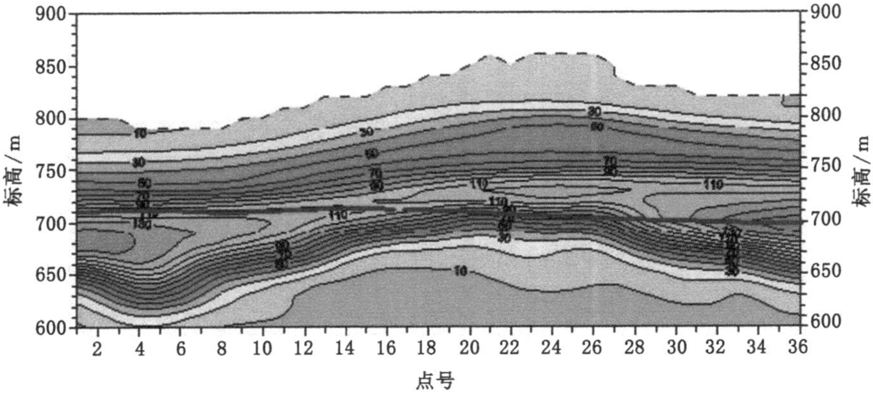

图6-46　40[#]测线拟视电阻率断面示意图

(41) 41[#]测线分析

在拟视电阻率断面图6-47中标高700 m左右,41[#]测线19[#]~27[#]点等值线阻值较低,视电阻率阻值小于60,该测线电阻率阻值反映为低阻异常,为煤层采空区积水的反映。

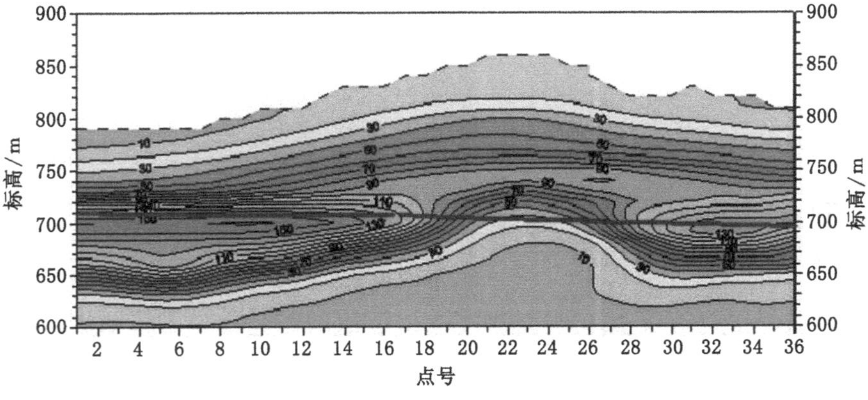

图6-47　41[#]测线拟视电阻率断面示意图

(42) 42# 测线分析

在拟视电阻率断面图 6-48 中标高 700 m 左右,42# 测线 21# ～24# 点等值线阻值较低,视电阻率阻值小于 60,该测线电阻率阻值反映为低阻异常,为煤层采空区积水的反映。

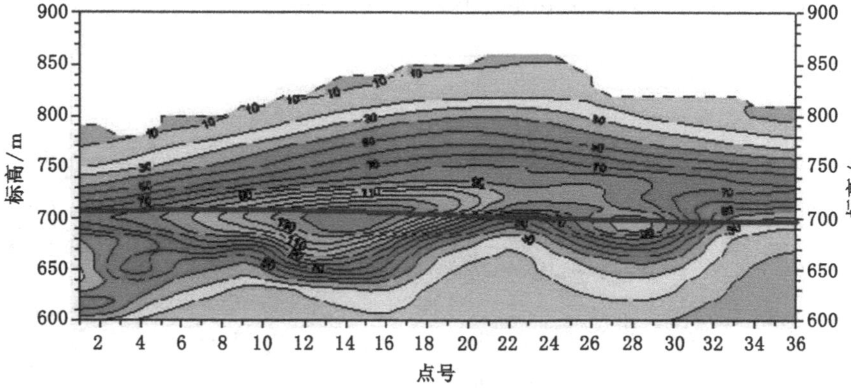

图 6-48　42# 测线拟视电阻率断面示意图

(43) 43# 测线分析

在拟视电阻率断面图 6-49 中标高 700 m 左右,43# 测线 5# ～11#、30# ～36# 点等值线阻值较低,视电阻率阻值小于 60,该测线电阻率阻值反映为低阻异常,为煤层采空区积水的反映。

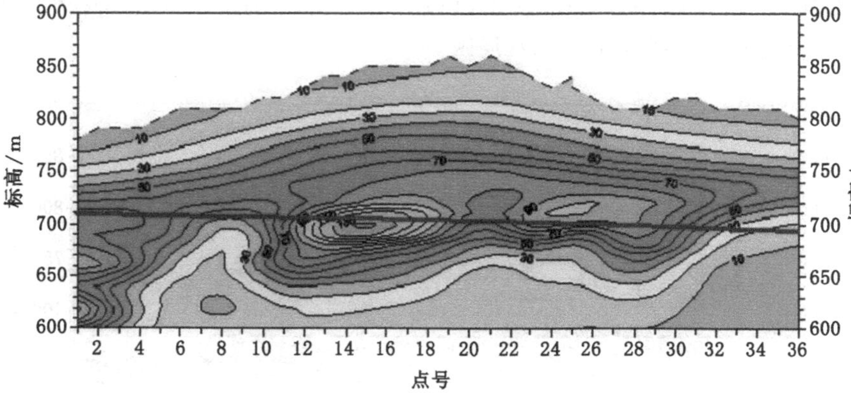

图 6-49　43# 测线拟视电阻率断面示意图

(44) 44[#]测线分析

在拟视电阻率断面图6-50中，视电阻率由浅到深逐渐升高，等值线呈近水平层状分布，并随着地层的起伏而表现出高低变化，标高700 m左右时，无明显的低阻异常，1[#]～36[#]点视电阻率阻值均在70以上。结合调查的煤矿采空资料综合分析认为，该测线无采空积水反映。

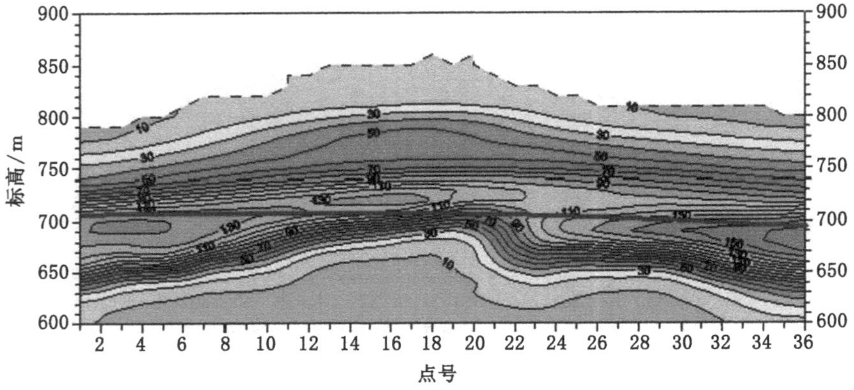

图6-50　44[#]测线拟视电阻率断面示意图

(45) 45[#]测线分析

在拟视电阻率断面图6-51中，视电阻率由浅到深逐渐升高，等值线呈近水平层状分布，并随着地层的起伏而表现出高低变化，标高700 m左右时，无明显的低阻异常，1[#]～36[#]点视电阻率阻值均在70以上。结合调查的煤矿采空资料综合分析认为，该测线无采空积水反映。

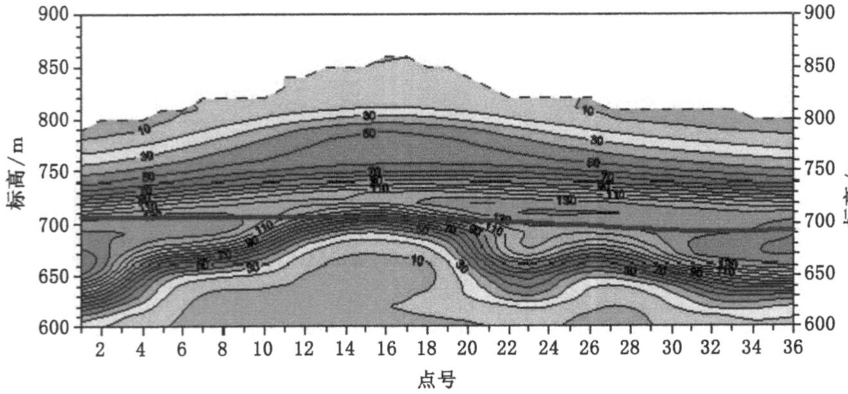

图6-51　45[#]测线拟视电阻率断面示意图

(46) 46# 测线分析

在拟视电阻率断面图 6-52 中标高 710 m 左右,46# 测线 4# ～22# 点等值线阻值较低,视电阻率阻值小于 60,该测线电阻率阻值反映为低阻异常,为煤层采空区积水的反映。

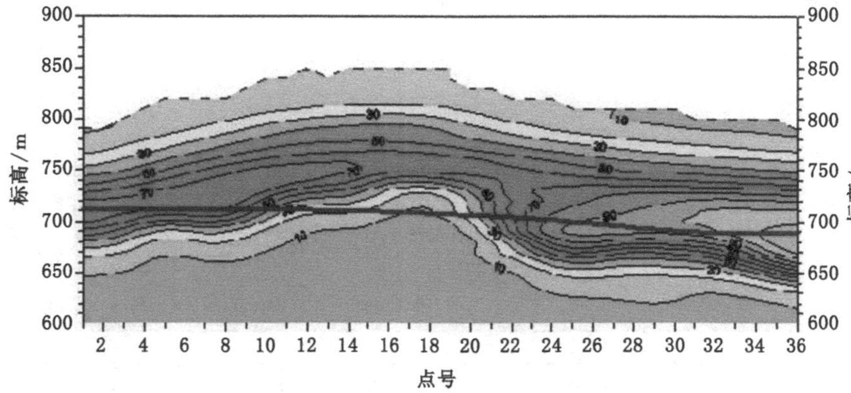

图 6-52　46# 测线拟视电阻率断面示意图

(47) 47# 测线分析

在拟视电阻率断面图 6-53 中标高 700 m 左右,47# 测线 10# ～16# 点等值线阻值较低,视电阻率阻值小于 60,该测线电阻率阻值反映为低阻异常,为煤层采空区积水的反映。

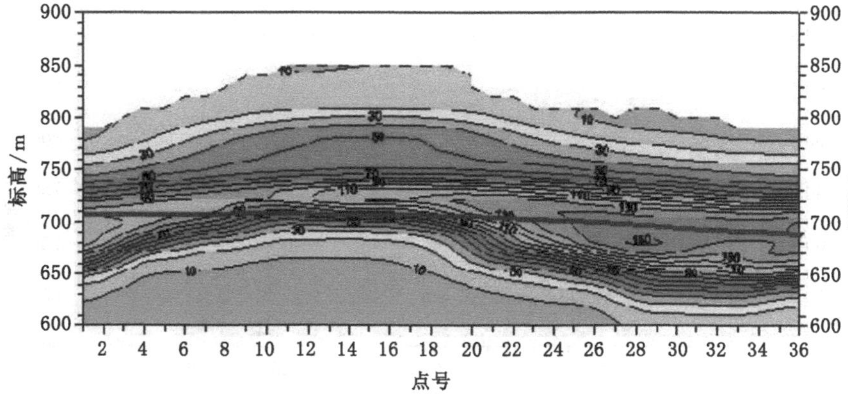

图 6-53　47# 测线拟视电阻率断面示意图

(48) 48# 测线分析

在拟视电阻率断面图 6-54 中，视电阻率由浅到深逐渐升高，等值线呈近水平层状分布，并随着地层的起伏而表现出高低变化，标高 700 m 左右时，无明显的低阻异常，1#～36# 点视电阻率阻值均在 110 以上。结合调查的煤矿采空资料综合分析认为，该测线无采空积水反映。

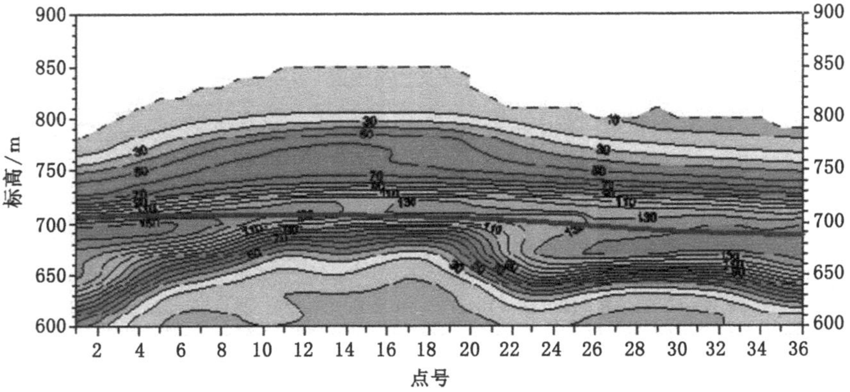

图 6-54　48# 测线拟视电阻率断面示意图

(49) 49# 测线分析

在拟视电阻率断面图 6-55 中标高 690 m 左右，49# 测线 27#～35# 点等值线阻值较低，视电阻率阻值小于 60，该测线电阻率阻值反映为低阻异常，为煤层采空区积水的反映。

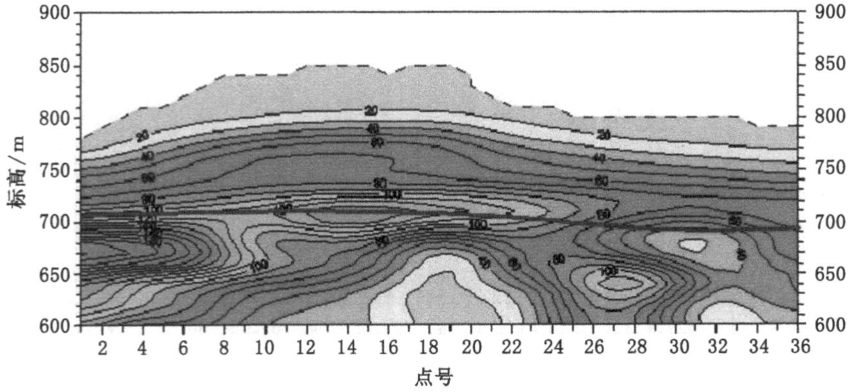

图 6-55　49# 测线拟视电阻率断面示意图

(50) 50# 测线分析

在拟视电阻率断面图 6-56 中，视电阻率由浅到深逐渐升高，等值线呈近水平层状分布，并随着地层的起伏而表现出高低变化，标高 700 m 左右时，无明显的低阻异常，1#～36# 点视电阻率阻值均在 100 以上。结合调查的煤矿采空资料综合分析认为，该测线无采空积水反映。

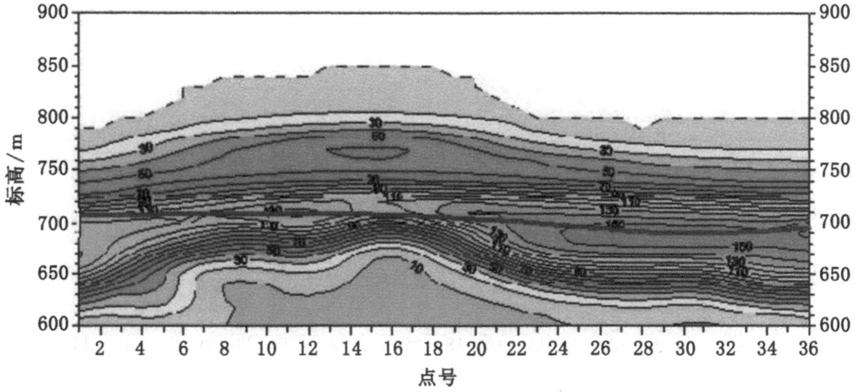

图 6-56　50# 测线拟视电阻率断面示意图

(51) 51# 测线分析

在拟视电阻率断面图 6-57 中，视电阻率由浅到深逐渐升高，等值线呈近水平层状分布，并随着地层的起伏而表现出高低变化，标高 700 m 左右时，无明显的低阻异常，1#～36# 点视电阻率阻值均在 110 以上。结合调查的煤矿采空资料综合分析认为，该测线无采空积水反映。

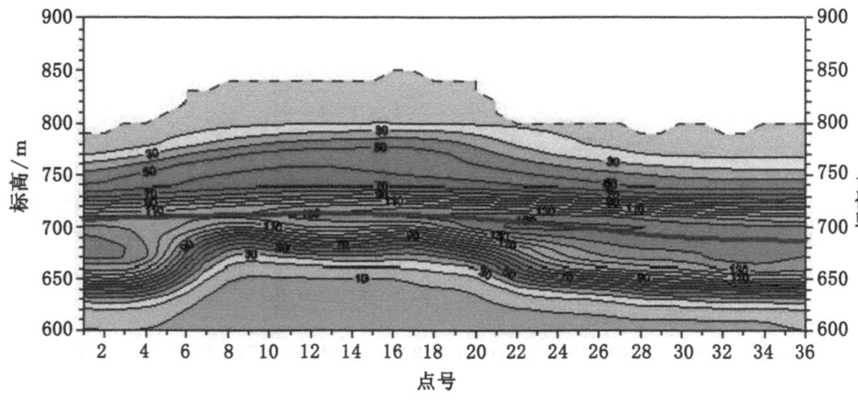

图 6-57　51# 测线拟视电阻率断面示意图

(52) 52# 测线分析

在拟视电阻率断面图 6-58 中，视电阻率由浅到深逐渐升高，等值线呈近水平层状分布，并随着地层的起伏而表现出高低变化，标高 700 m 左右时，无明显的低阻异常，1# ～36# 点视电阻率阻值均在 130 以上。结合调查的煤矿采空资料综合分析认为，该测线无采空积水反映。

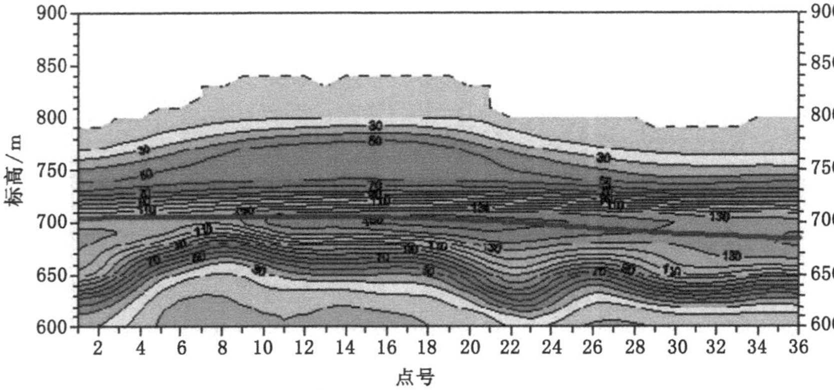

图 6-58　52# 测线拟视电阻率断面示意图

(53) 53# 测线分析

在拟视电阻率断面图 6-59 中，视电阻率由浅到深逐渐升高，等值线呈近水平层状分布，并随着地层的起伏而表现出高低变化，标高 700 m 左右时，无明显的低阻异常，1# ～36# 点视电阻率阻值均在 110 以上。结合调查的煤矿采空资料综合分析认为，该测线无采空积水反映。

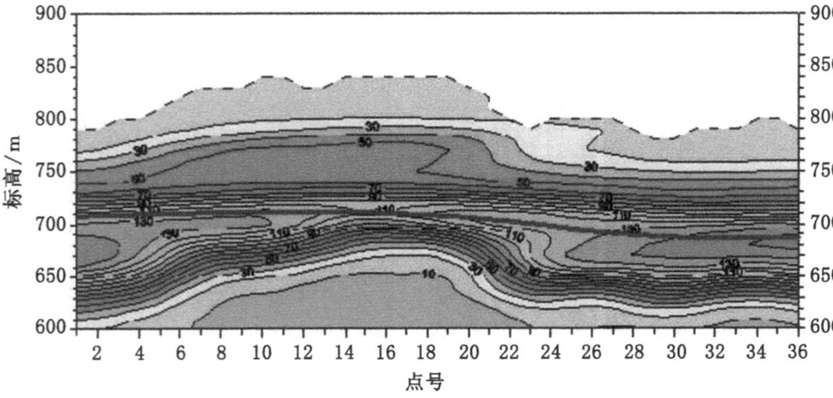

图 6-59　53# 测线拟视电阻率断面示意图

(54) 54# 测线分析

在拟视电阻率断面图 6-60 中，视电阻率由浅到深逐渐升高，等值线呈近水平层状分布，并随着地层的起伏而表现出高低变化，标高 700 m 左右时，无明显的低阻异常，1# ～36# 点视电阻率阻值均在 110 以上。结合调查的煤矿采空资料综合分析认为，该测线无采空积水反映。

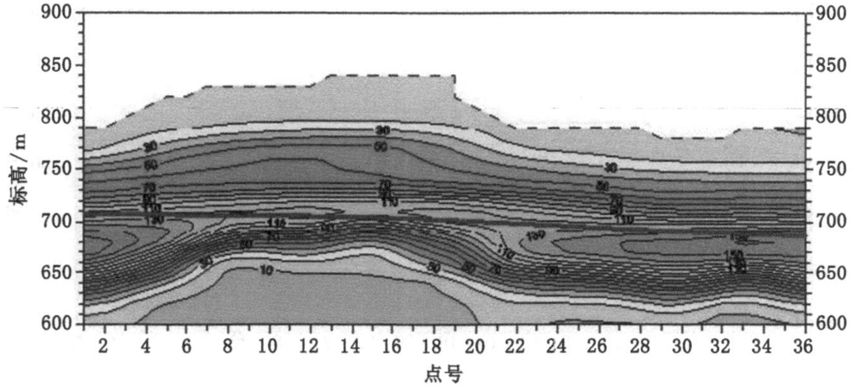

图 6-60　54# 测线拟视电阻率断面示意图

(55) 55# 测线分析

在拟视电阻率断面图 6-61 中，视电阻率由浅到深逐渐升高，等值线呈近水平层状分布，并随着地层的起伏而表现出高低变化，标高 700 m 左右时，无明显的低阻异常，1# ～36# 点视电阻率阻值均在 110 以上。结合调查的煤矿采空资料综合分析认为，该测线无采空积水反映。

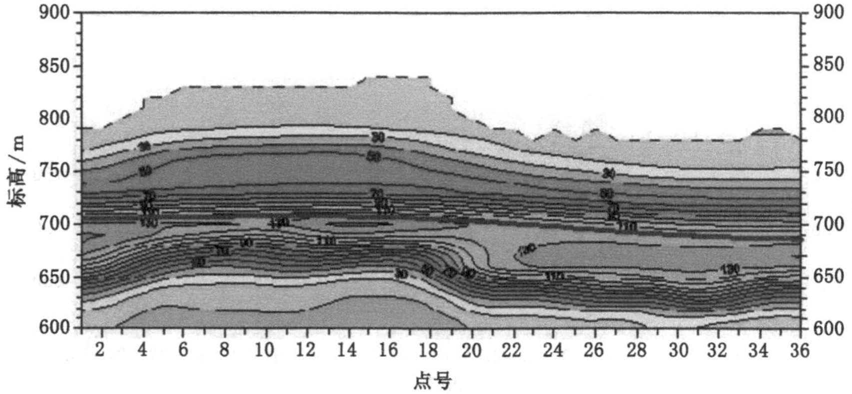

图 6-61　55# 测线拟视电阻率断面示意图

(56) 56# 测线分析

在拟视电阻率断面图6-62中,视电阻率由浅到深逐渐升高,等值线呈近水平层状分布,并随着地层的起伏而表现出高低变化,标高700 m左右时,无明显的低阻异常,1#～36#点视电阻率阻值均在110以上。结合调查的煤矿采空资料综合分析认为,该测线无采空积水反映。

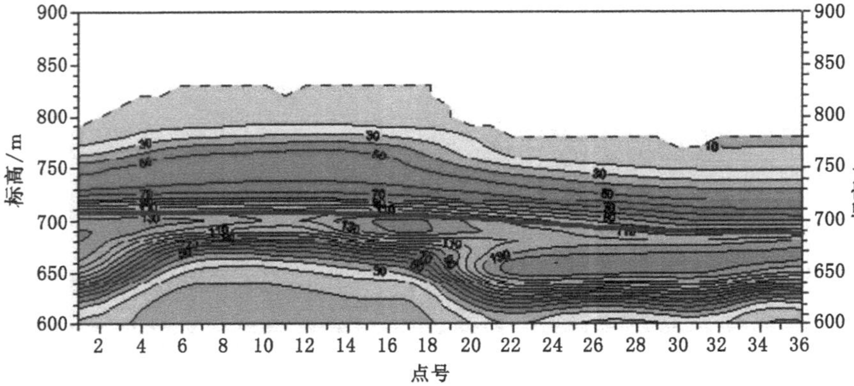

图6-62　56# 测线拟视电阻率断面示意图

(57) 57# 测线分析

在拟视电阻率断面图6-63中,视电阻率由浅到深逐渐升高,等值线呈近水平层状分布,并随着地层的起伏而表现出高低变化,标高700 m左右时,无明显的低阻异常,1#～36#点视电阻率阻值均在90以上。结合调查的煤矿采空资料综合分析认为,该测线无采空积水反映。

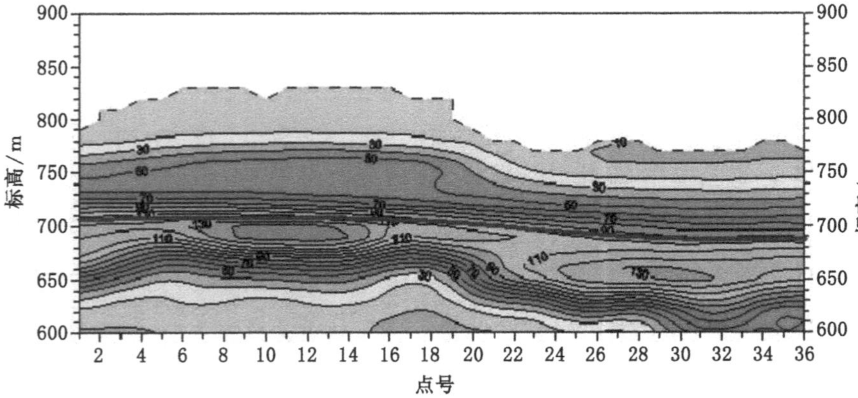

图6-63　57# 测线拟视电阻率断面示意图

(58) 58# 测线分析

在拟视电阻率断面图 6-64 中，视电阻率由浅到深逐渐升高，等值线呈近水平层状分布，并随着地层的起伏而表现出高低变化，标高 700 m 左右时，无明显的低阻异常，1#～36# 点视电阻率阻值均在 100 以上。结合调查的煤矿采空资料综合分析认为，该测线无采空积水反映。

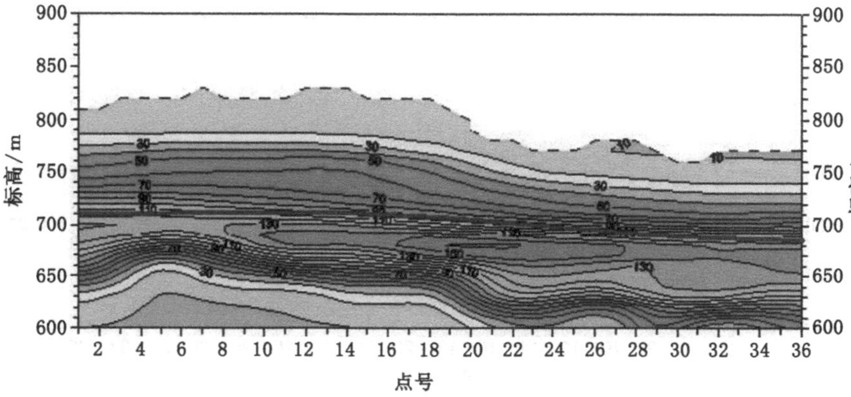

图 6-64　58# 测线拟视电阻率断面示意图

(59) 59# 测线分析

在拟视电阻率断面图 6-65 中，视电阻率由浅到深逐渐升高，等值线呈近水平层状分布，并随着地层的起伏而表现出高低变化，标高 700 m 左右时，无明显的低阻异常，1#～36# 点视电阻率阻值均在 80 以上。结合调查的煤矿采空资料综合分析认为，该测线无采空积水反映。

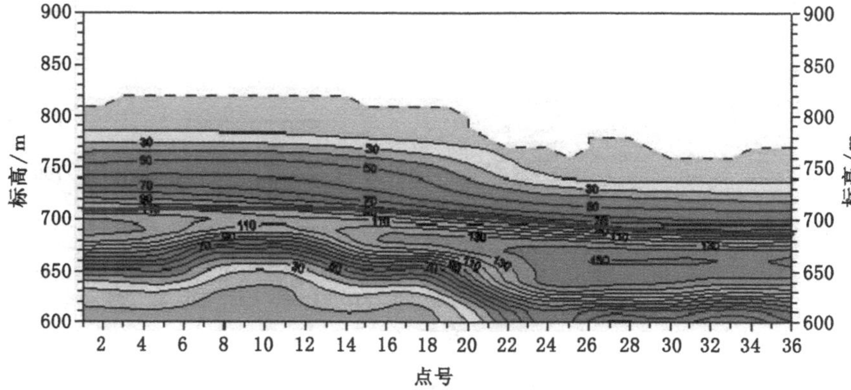

图 6-65　59# 测线拟视电阻率断面示意图

(60) 60# 测线分析

在拟视电阻率断面图 6-66 中，视电阻率由浅到深逐渐升高，等值线呈近水平层状分布，并随着地层的起伏而表现出高低变化，标高 700 m 左右时，无明显的低阻异常，1# ～36# 点视电阻率阻值均在 80 以上。结合调查的煤矿采空资料综合分析认为，该测线无采空积水反映。

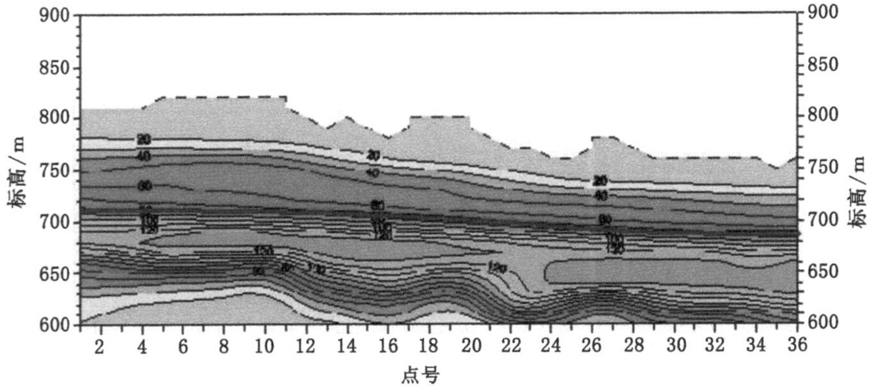

图 6-66　60# 测线拟视电阻率断面示意图

(61) 66# 测线分析

在拟视电阻率断面图 6-67 中标高 700 m 左右，66# 测线 15# ～29# 点等值线阻值较低，视电阻率阻值在 60 左右，该测线电阻率阻值反映为低阻异常，为煤层采空区积水的反映。

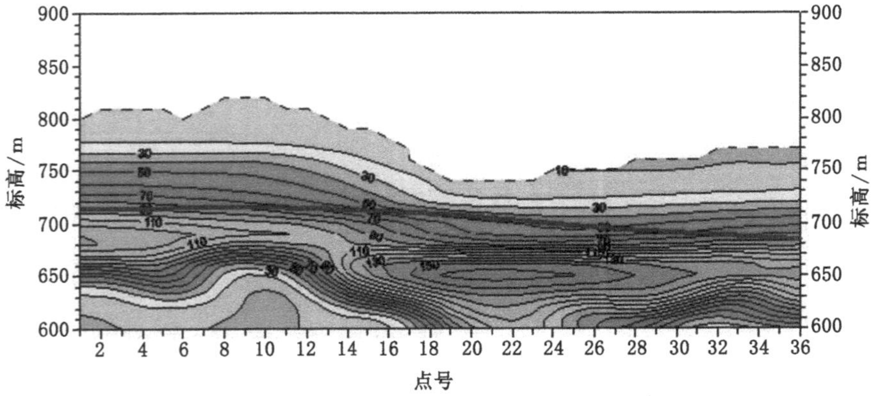

图 6-67　66# 测线拟视电阻率断面示意图

(62) 67# 测线分析

在拟视电阻率断面图 6-68 中标高 700 m 左右，67# 测线 18# ～29# 点等值线阻值较低，视电阻率阻值在 50～60 之间，该测线电阻率阻值反映为低阻异常，为煤层采空区积水的反映。

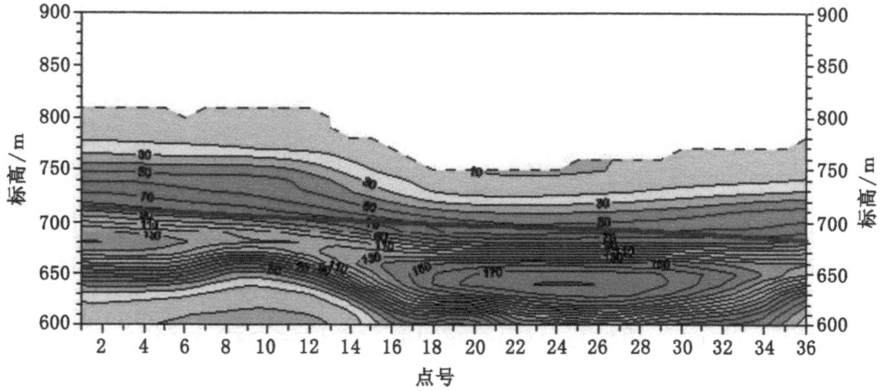

图 6-68　67# 测线拟视电阻率断面示意图

(63) 68# 测线分析

在拟视电阻率断面图 6-69 中标高 700 m 左右，68# 测线 8# ～22# 点等值线阻值较低，视电阻率阻值在 50～60 之间，该测线电阻率阻值反映为低阻异常，为煤层采空区积水的反映。

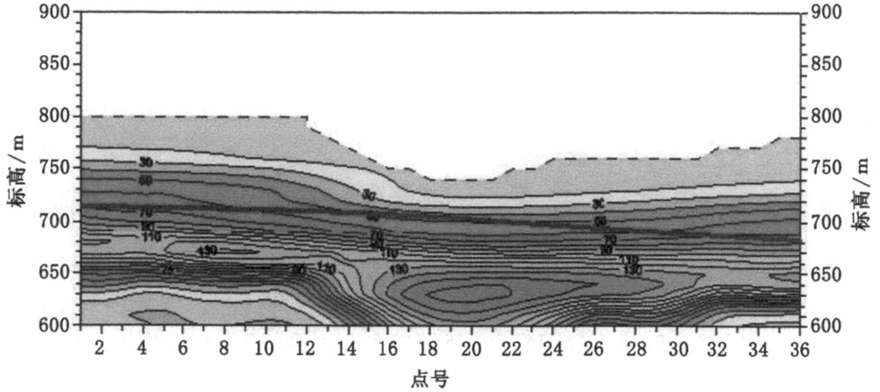

图 6-69　68# 测线拟视电阻率断面示意图

(64) 69# 测线分析

在拟视电阻率断面图 6-70 中标高 700 m 左右，69# 测线 7# ～25# 点等值线阻值较低，视电阻率阻值在 50～60 之间，该测线电阻率阻值反映为低阻异常，为煤层采空区积水的反映。

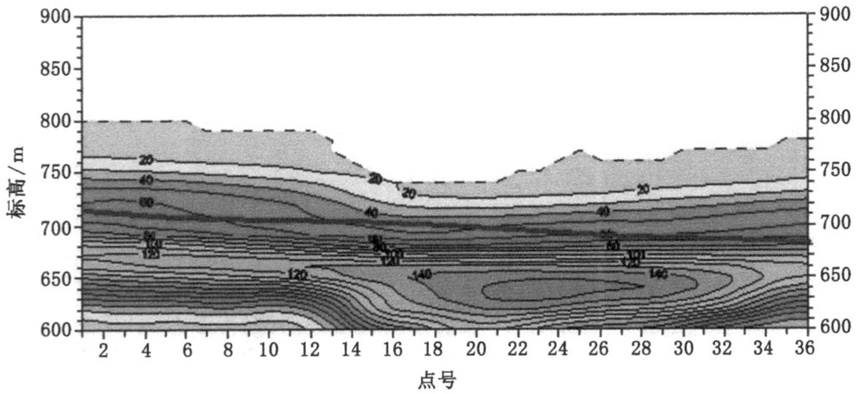

图 6-70　69# 测线拟视电阻率断面示意图

(65) 70# 测线分析

在拟视电阻率断面图 6-71 中标高 700 m 左右，70# 测线 8～24# 点等值线阻值较低，视电阻率阻值在 50～60 之间，该测线电阻率阻值反映为低阻异常，为煤层采空区积水的反映。

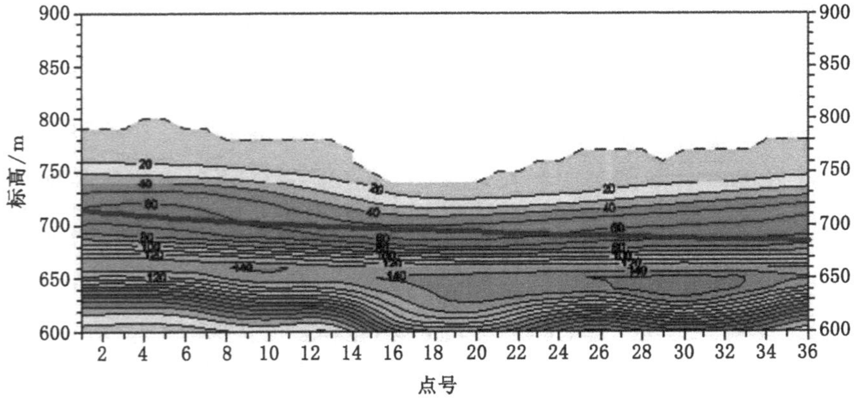

图 6-71　70# 测线拟视电阻率断面示意图

(66) 71# 测线分析

在拟视电阻率断面图 6-72 中标高 700 m 左右,71# 测线 1# ～26# 点等值线阻值较低,视电阻率阻值在 60 以下,该测线电阻率阻值反映为低阻异常,为煤层采空区积水的反映。

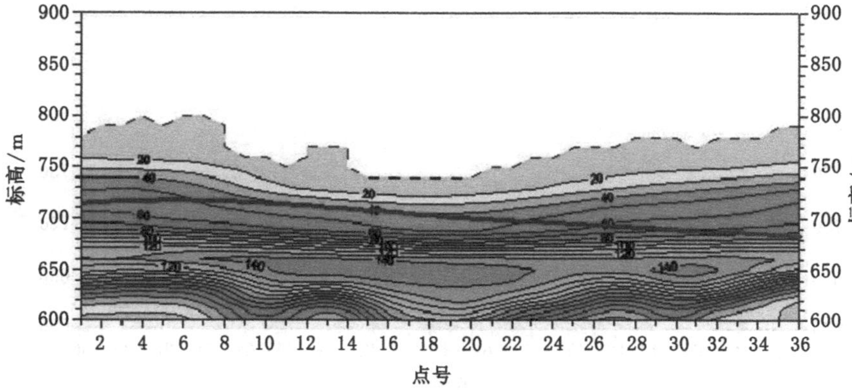

图 6-72　71# 测线拟视电阻率断面示意图

(67) 72# 测线分析

在拟视电阻率断面图 6-73 中标高 700 m 左右,72# 测线 1# ～25# 点等值线阻值较低,视电阻率阻值在 60 以下,该测线电阻率阻值反映为低阻异常,为煤层采空区积水的反映。

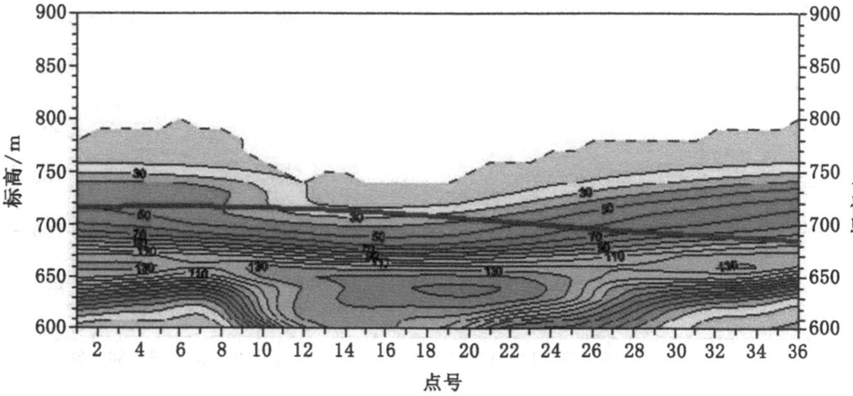

图 6-73　72# 测线拟视电阻率断面示意图

（68）73# 测线分析

在拟视电阻率断面图 6-74 中标高 700 m 左右，73# 测线 1# ～23# 点等值线阻值较低，视电阻率阻值在 60 以下，该测线电阻率阻值反映为低阻异常，为煤层采空区积水的反映。

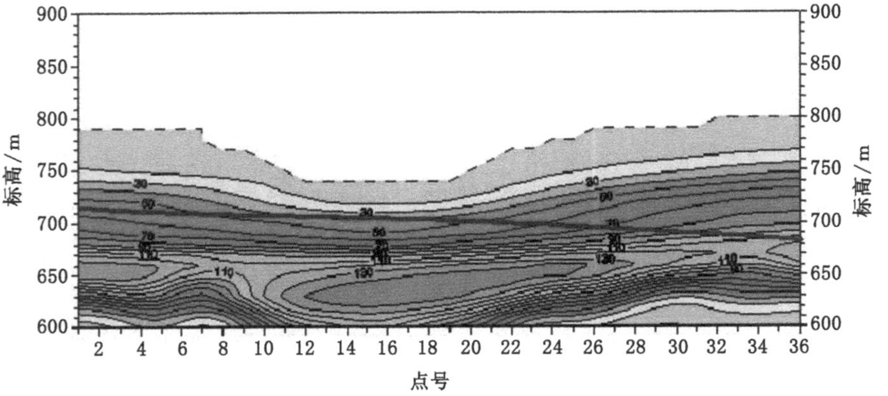

图 6-74　73# 测线拟视电阻率断面示意图

（69）74# 测线分析

在拟视电阻率断面图 6-75 中标高 700 m 左右，74# 测线 1# ～18# 点等值线阻值较低，视电阻率阻值在 60 以下，该测线电阻率阻值反映为低阻异常，为煤层采空区积水的反映。

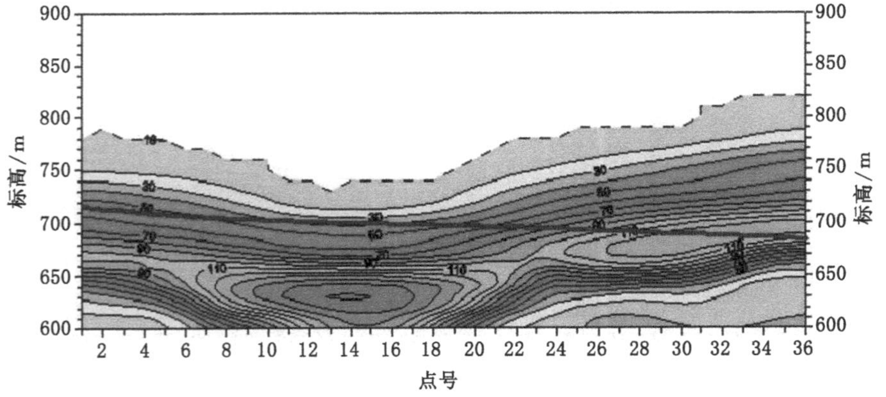

图 6-75　74# 测线拟视电阻率断面示意图

(70) 75# 测线分析

在拟视电阻率断面图 6-76 中标高 700 m 左右,75# 测线 1# ～19# 点等值线阻值较低,视电阻率阻值在 60 以下,该测线电阻率阻值反映为低阻异常,为煤层采空区积水的反映。

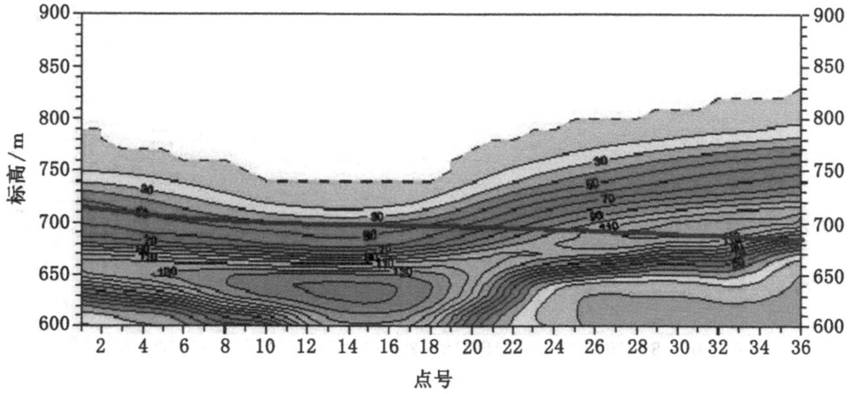

图 6-76　75# 测线拟视电阻率断面示意图

(71) 76# 测线分析

在拟视电阻率断面图 6-77 中标高 700 m 左右,76# 测线 1# ～18# 点等值线阻值较低,视电阻率阻值在 60 以下,该测线电阻率阻值反映为低阻异常,为煤层采空区积水的反映。

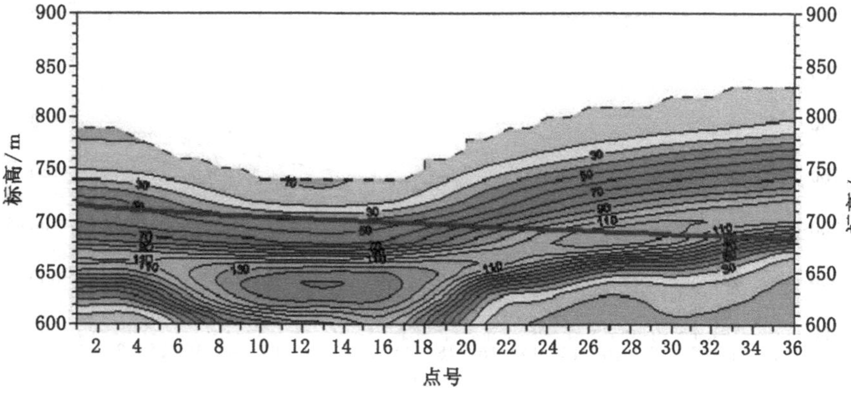

图 6-77　76# 测线拟视电阻率断面示意图

(72) 77# 测线分析

在拟视电阻率断面图 6-78 中标高 700 m 左右,77# 测线 1# ~20# 点等值线阻值较低,视电阻率阻值在 60 以下,该测线电阻率阻值反映为低阻异常,为煤层采空区积水的反映。

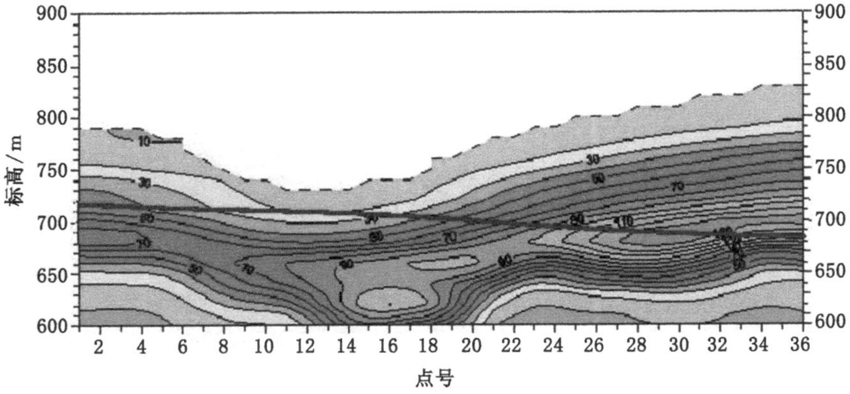

图 6-78　77# 测线拟视电阻率断面示意图

(73) 78# 测线分析

在拟视电阻率断面图 6-79 中标高 710 m 左右,78# 测线 1# ~21# 点等值线阻值较低,视电阻率阻值在 60 以下,该测线电阻率阻值反映为低阻异常,为煤层采空区积水的反映。

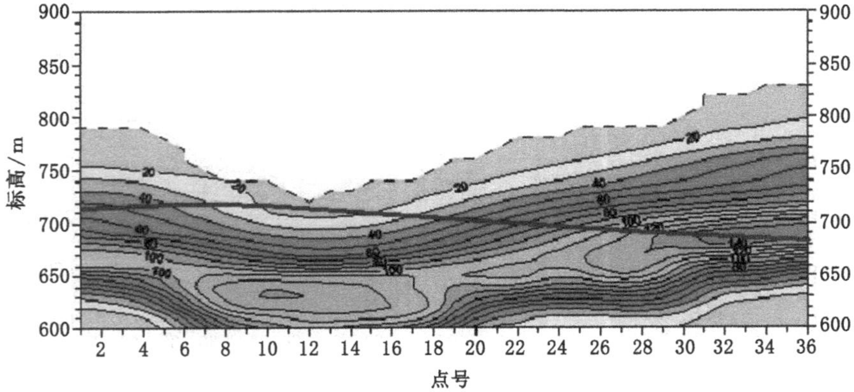

图 6-79　78# 测线拟视电阻率断面示意图

(74) 79# 测线分析

在拟视电阻率断面图 6-80 中标高 700 m 左右，79# 测线 1# ～20# 点等值线阻值较低，视电阻率阻值在 60 以下，该测线电阻率阻值反映为低阻异常，为煤层采空区积水的反映。

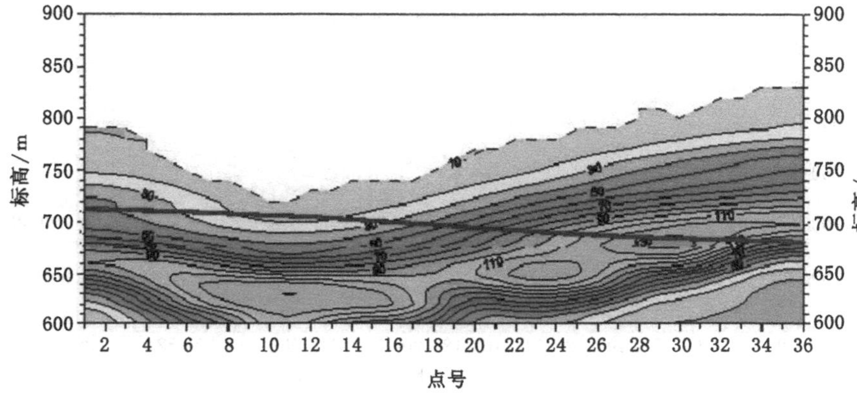

图 6-80　79# 测线拟视电阻率断面示意图

(75) 80# 测线分析

在拟视电阻率断面图 6-81 中标高 700 m 左右，80# 测线 1# ～19# 点、32# ～36# 点等值线阻值较低，视电阻率阻值在 60 以下，该测线电阻率阻值反映为低阻异常，为煤层采空区积水的反映。

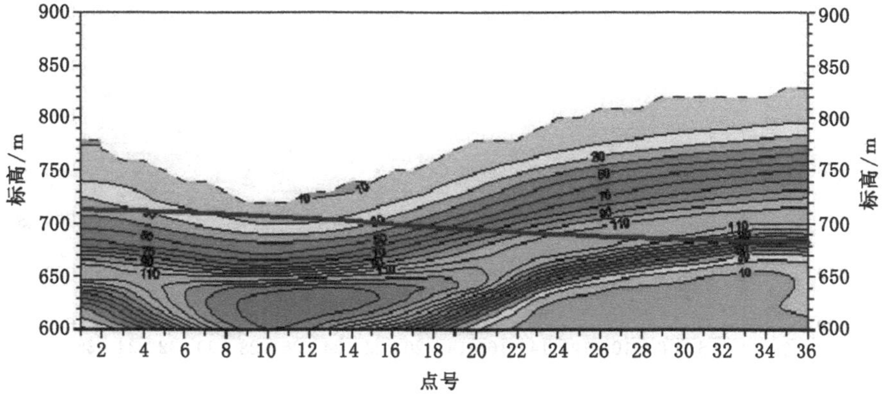

图 6-81　80# 测线拟视电阻率断面示意图

(76) 81# 测线分析

在拟视电阻率断面图 6-82 中标高 700 m 左右,81# 测线 1# ~19# 点、34# ~36# 点等值线阻值较低,视电阻率阻值在 60 以下,该测线电阻率阻值反映为低阻异常,为煤层采空区积水的反映。

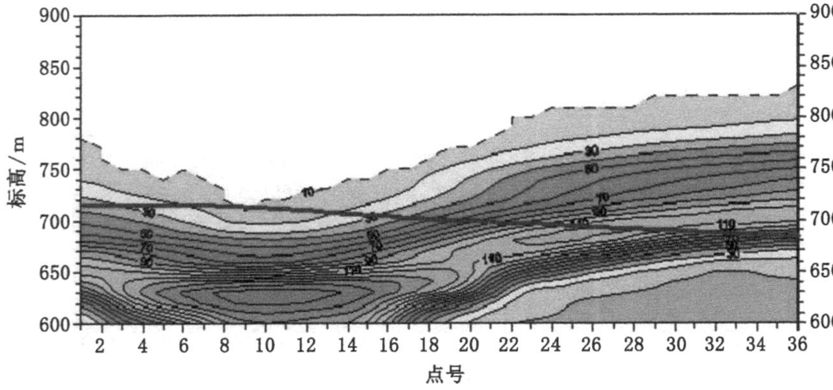

图 6-82　81# 测线拟视电阻率断面示意图

(77) 82# 测线分析

在拟视电阻率断面图 6-83 中标高 700 m 左右,82# 测线 1# ~18# 点等值线阻值较低,视电阻率阻值在 60 以下,该测线电阻率阻值反映为低阻异常,为煤层采空区积水的反映。

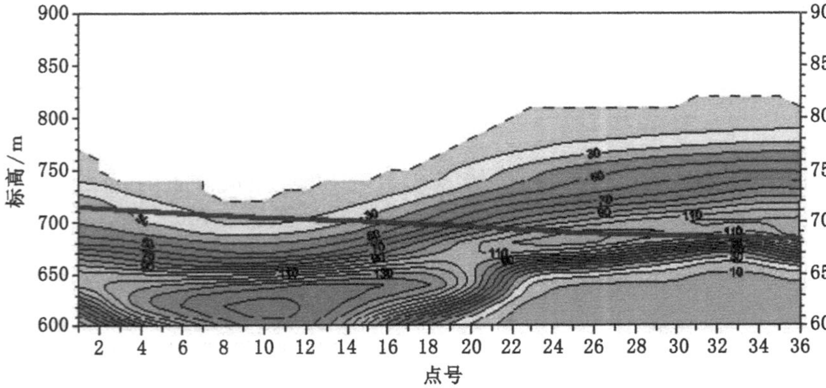

图 6-83　82# 测线拟视电阻率断面示意图

(78) 83# 测线分析

在拟视电阻率断面图 6-84 中标高 700 m 左右，83# 测线 1# ～19# 点等值线阻值较低，视电阻率阻值在 60 以下，该测线电阻率阻值反映为低阻异常，为煤层采空区积水的反映。

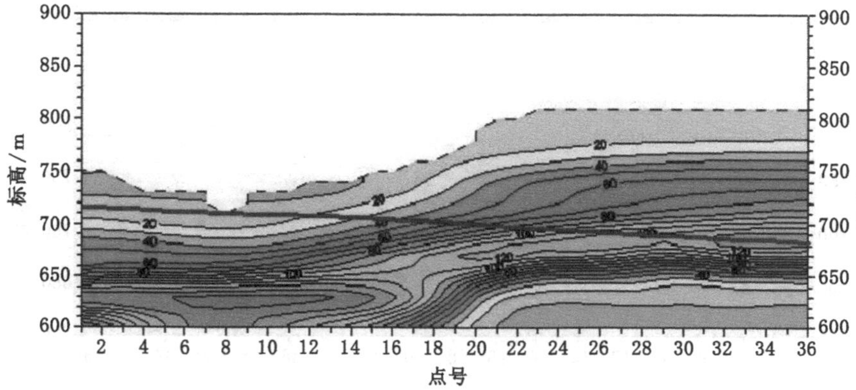

图 6-84　83# 测线拟视电阻率断面示意图

(79) 84# 测线分析

在拟视电阻率断面图 6-85 中标高 700 m 左右，84# 测线 1# ～18# 点等值线阻值较低，视电阻率阻值在 60 以下，该测线电阻率阻值反映为低阻异常，为煤层采空区积水的反映。

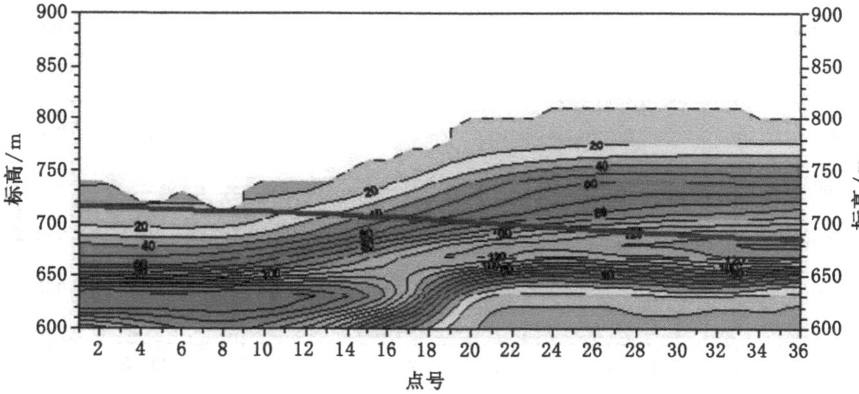

图 6-85　84# 测线拟视电阻率断面示意图

(80) 85# 测线分析

在拟视电阻率断面图 6-86 中标高 700 m 左右，85# 测线 1# ～18# 点等值线阻值较低，视电阻率阻值在 60 以下，该测线电阻率阻值反映为低阻异常，为煤层采空区积水的反映。

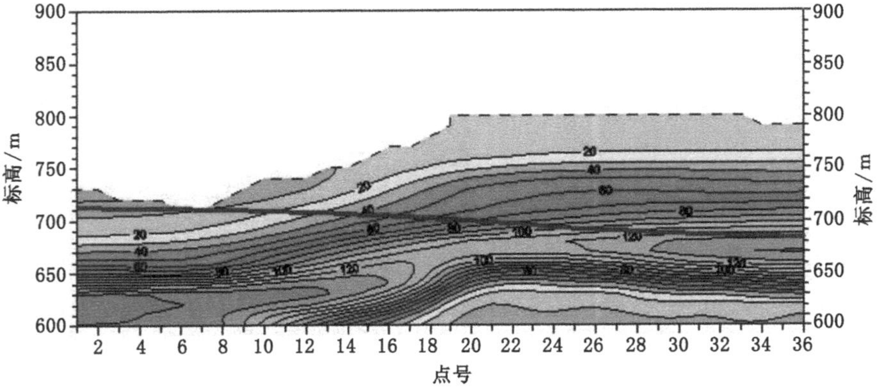

图 6-86　85# 测线拟视电阻率断面示意图

(81) 86# 测线分析

在拟视电阻率断面图 6-87 中标高 700 m 左右，86# 测线 1# ～15# 点等值线阻值较低，视电阻率阻值在 60 以下，该测线电阻率阻值反映为低阻异常，为煤层采空区积水的反映。

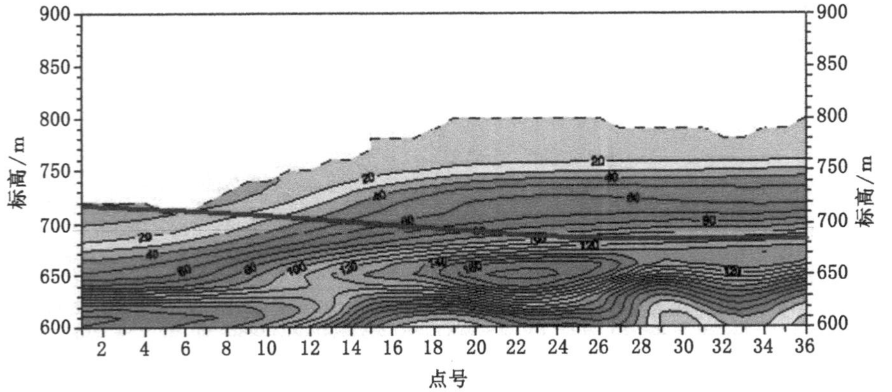

图 6-87　86# 测线拟视电阻率断面示意图

(82) 87# 测线分析

在拟视电阻率断面图 6-88 中标高 700 m 左右，87# 测线 1# ~15# 点等值线阻值较低，视电阻率阻值在 60 以下，该测线电阻率阻值反映为低阻异常，为煤层采空区积水的反映。

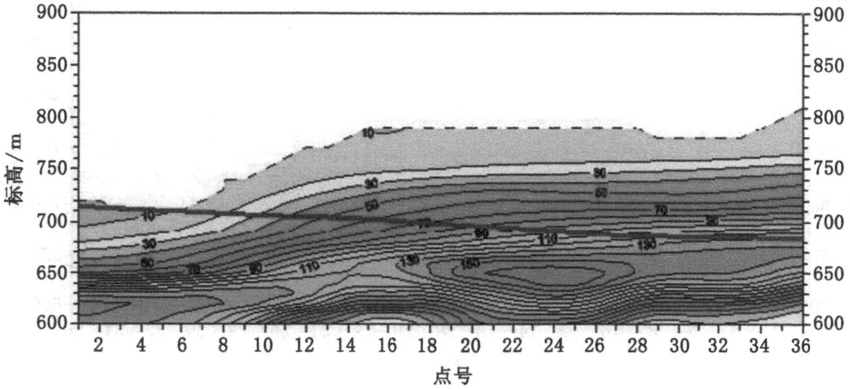

图 6-88　87# 测线拟视电阻率断面示意图

(83) 88# 测线分析

在拟视电阻率断面图 6-89 中标高 700 m 左右，88# 测线 7# ~16# 点等值线阻值较低，视电阻率阻值在 60 以下，该测线电阻率阻值反映为低阻异常，为煤层采空区积水的反映。

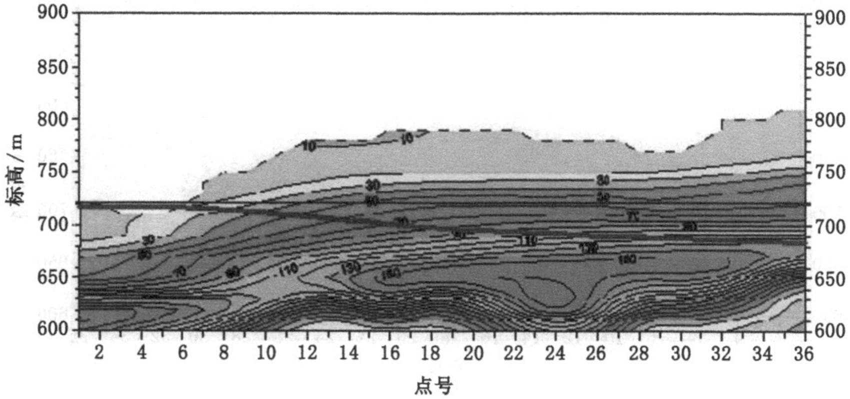

图 6-89　88# 测线拟视电阻率断面示意图

(84) 89# 测线分析

在拟视电阻率断面图 6-90 中标高 700 m 左右，89# 测线 5# ～17# 点等值线阻值较低，视电阻率阻值在 60 以下，该测线电阻率阻值反映为低阻异常，为煤层采空区积水的反映。

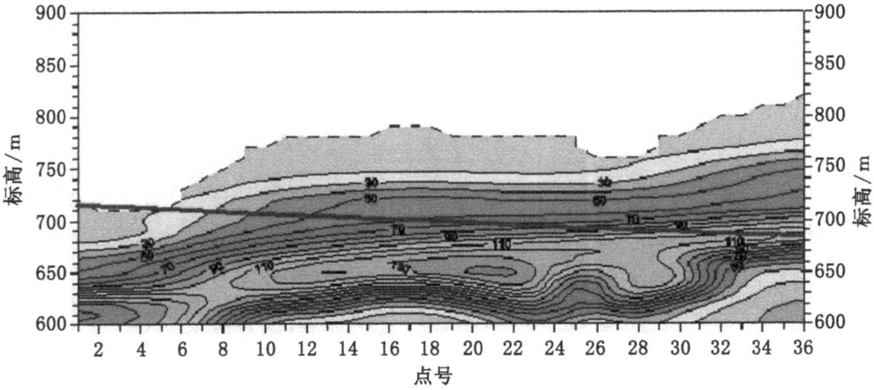

图 6-90　89# 测线拟视电阻率断面示意图

(85) 90# 测线分析

在拟视电阻率断面图 6-91 中标高 700 m 左右，90# 测线 4# ～14# 点等值线阻值较低，视电阻率阻值在 60 以下，该测线电阻率阻值反映为低阻异常，为煤层采空区积水的反映。

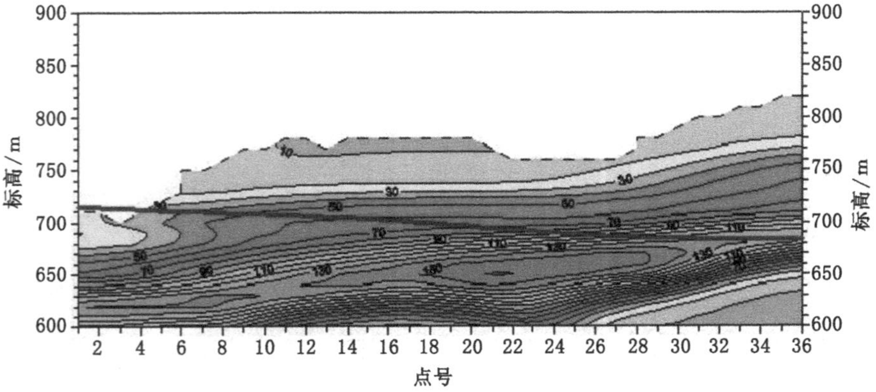

图 6-91　90# 测线拟视电阻率断面示意图

(86) $91^{\#}$ 测线分析

在拟视电阻率断面图 6-92 中标高 700 m 左右，$91^{\#}$ 测线 $4^{\#}$ ～$14^{\#}$ 点等值线阻值较低，视电阻率阻值在 60 以下，该测线电阻率阻值反映为低阻异常，为煤层采空区积水的反映。

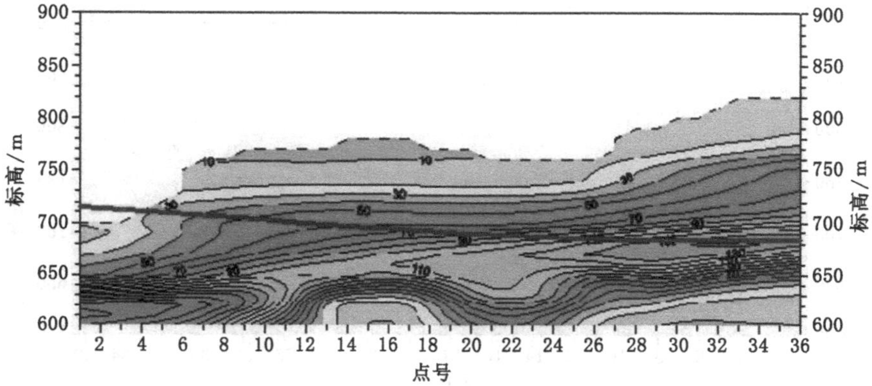

图 6-92　$91^{\#}$ 测线拟视电阻率断面示意图

(87) $92^{\#}$ 测线分析

在拟视电阻率断面图 6-93 中标高 700 m 左右，$92^{\#}$ 测线 $5^{\#}$ ～$13^{\#}$ 点等值线阻值较低，视电阻率阻值在 60 以下，该测线电阻率阻值反映为低阻异常，为煤层采空区积水的反映。

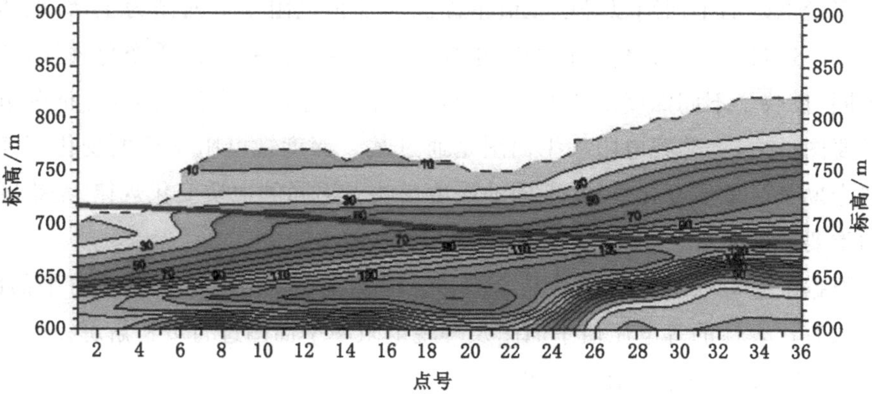

图 6-93　$92^{\#}$ 测线拟视电阻率断面示意图

(88) 93# 测线分析

在拟视电阻率断面图 6-94 中标高 700 m 左右，93# 测线 1# ～21# 点等值线阻值较低，视电阻率阻值在 60 以下，该测线电阻率阻值反映为低阻异常，为煤层采空区积水的反映。

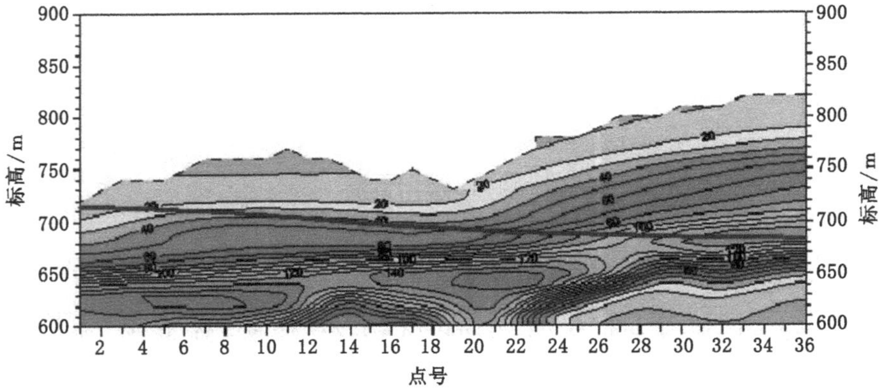

图 6-94　93# 测线拟视电阻率断面示意图

根据各测线确定的胜利煤矿首采区积水情况，将各单条测线探测的积水区段布置在 2# 煤层工程布置图上，其探测结果如图 6-95 所示。

6.4.2　典型平面图分析解释

瞬变电磁的平面图以等电压值平面图和等视电阻率平面图为主，等电压值平面图是通过某一测道电压值的变化规律来反映全勘查区地质变化规律，测道的不同，反映了不同深度地质变化规律，深度随测道的增大而增大，是推断解释的重要图件之一，等视电阻率平面图是通过某一深度视电阻率值的变化规律来反映全勘查区地质变化规律，不同的深度反映了不同的地质变化规律，是推断解释的重要图件之一。

根据勘查区煤层的埋深情况，绘制了 14 测道、16 测道的等电压值平面图，现选取有代表性的等电压值平面图及等视电阻率平面图进行分析解释。

(1) 14 测道等电压值平面图

从图 6-96 可以看出，深色区域为电压高值区，测区内主要有 5 处大的高电压值异常，分别叙述如下：

Ⅰ为 41# ～47# 测线的 1# ～22# 点，表现为电压值较高，等值线密集分布，

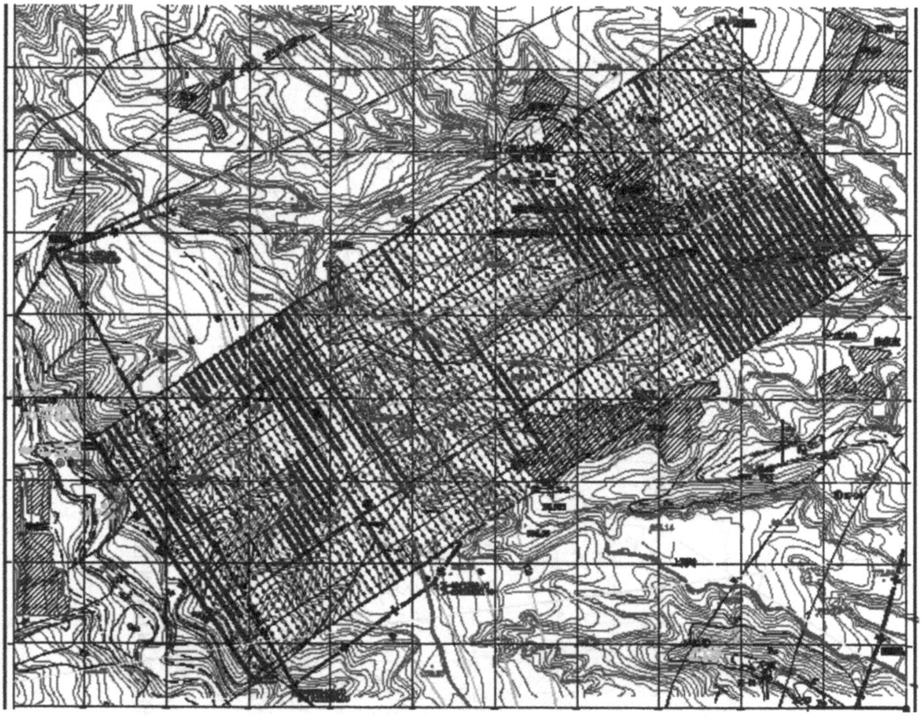

图 6-95　物探成果示意图

地面无铁磁物质干扰，有老窑巷道和采空区，推断为老窑采空积水区，解释可靠性为高。

Ⅱ为 $41^{\#}$～$45^{\#}$ 测线的 $31^{\#}$～$36^{\#}$ 点，表现为电压值较高，等值线密集分布，地面无铁磁物质干扰，有老窑采空区，推断为老窑采空积水区，解释可靠性为高。

Ⅲ为 $71^{\#}$～$77^{\#}$ 测线的 $20^{\#}$～$31^{\#}$ 点，表现为电压值较高，有老窑采空区，地面无铁磁物质干扰，处于 $2^{\#}$ 煤层底板较低处，推断为老窑采空积水区，解释可靠性为中等。

Ⅳ为 $80^{\#}$～$84^{\#}$ 测线的 $17^{\#}$～$36^{\#}$ 点，表现为电压值较高，有老窑采空区，地面无铁磁物质干扰，处于 $2^{\#}$ 煤层底板较低处，推断为老窑采空积水区，解释可靠性为中等。

Ⅴ为 $75^{\#}$～$88^{\#}$ 测线的 $1^{\#}$～$15^{\#}$ 点，表现为电压值较高，有老窑采空区，地面无铁磁物质干扰，处于 $2^{\#}$ 煤层底板较低处，推断为老窑采空积水区，解释可靠性为中等。

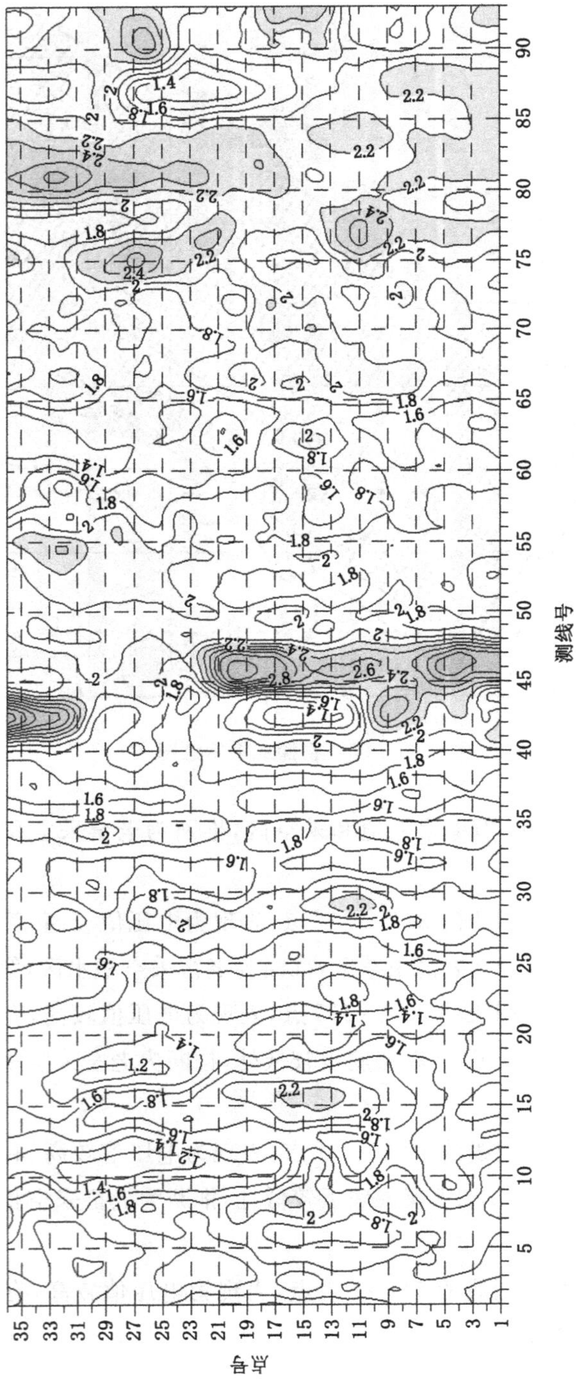

图 6-96　14测道等电压值平面图（单位：V）

(2) 16 测道等电压值平面图

从图 6-97 可以看出，深色区域为电压高值区，测区内主要有 5 处大的高电压值异常，分别叙述如下：

Ⅰ为 41# ～47# 测线的 1# ～22# 点，表现为电压值较高，等值线密集分布，地面无铁磁物质干扰，有老窑巷道和采空区，推断为老窑采空积水区，解释可靠性为高。

Ⅱ为 41# ～45# 测线的 31# ～36# 点，表现为电压值较高，等值线密集分布，地面无铁磁物质干扰，有老窑采空区，推断为老窑采空积水区，解释可靠性为高。

Ⅲ为 72# ～77# 测线的 20# ～31# 点，表现为电压值较高，有老窑采空区，地面无铁磁物质干扰，处于 2# 煤层底板较低处，推断为老窑采空积水区，解释可靠性为中等；

Ⅳ为 80# ～84# 测线的 16# ～36# 点，表现为电压值较高，有老窑采空区，地面无铁磁物质干扰，处于 2# 煤层底板较低处，推断为老窑采空积水区，解释可靠性为中等。

Ⅴ为 75# ～88# 测线的 1# ～13# 点，表现为电压值较高，有老窑采空区，地面无铁磁物质干扰，处于 2# 煤层底板较低处，推断为老窑采空积水区，解释可靠性为中等。

6.4.3　直流激电测深资料分析

根据瞬变电磁法圈定的高电压异常区，在 42# ～29# 点、42# ～32# 点、42# ～35# 点辅助性地布置了激电测深工作，进一步确定瞬变电磁圈定的异常区性质和深度。

直流激电测深的主要参数有视电阻率 ρ_s 和视极化率 η_s，视电阻率 ρ_s 测深曲线横、纵坐标均采用对数坐标，模数均为 6.25 cm，横坐标代表供电电极距 $AB/2$(即勘探深度)，纵坐标代表视电阻率 ρ_s，将不同供电电极距 $AB/2$ 的 ρ_s 值相连成线，即为测深曲线。ρ_s 值的大小与地层岩性有关，黄土、黏土和泥岩的值较低，砂岩的值与其粒度的大小有关，ρ_s 值越大，地层的粒度越粗，反之则越细。视电阻率 ρ_s 测深曲线主要反映了各测点垂直方向电性变化情况。同样，η_s 测深曲线与 ρ_s 测深曲线类似，η_s 值的大小与地层的富水程度有关，富水性越好，η_s 值越大，反之则越小。视电阻率 ρ_s 测深曲线主要反映了各测点垂直方向电性变化情况。

现对所测单支曲线分析如下：

42# ～29# 点：从 ρ_s 单支曲线看出[图 6-98(a)]，$AB/2$ 为 3～18 m 时曲线由

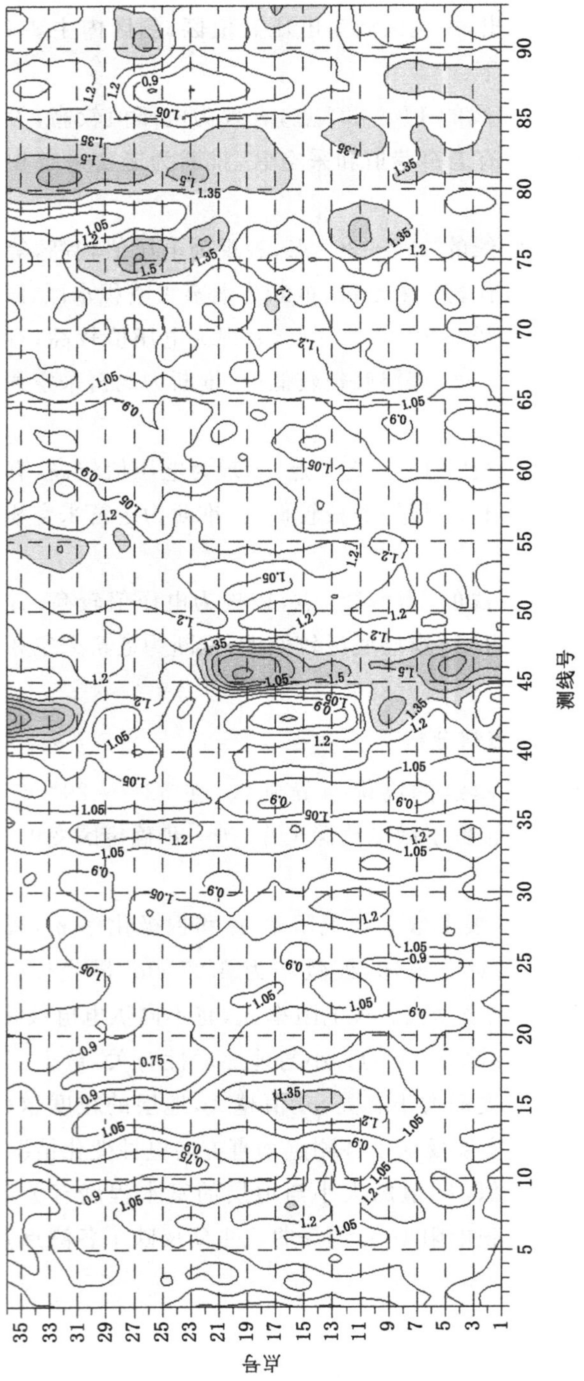

图 6-97　16 测道等电压值平面图（单位：V）

高到低变化，为表土层的反映；$AB/2$ 为 18～45 m 的低阻段时为风化带反映；$AB/2$ 为 45～240 m 时曲线沿某一角度直线上升，阻值较高，为煤系地层的反映。从 η_s 单支曲线看出[图 6-98(b)]，η_s 值整体上较低，η_s 值基本上在 0.7%以下变化，说明地层的富水性较差。

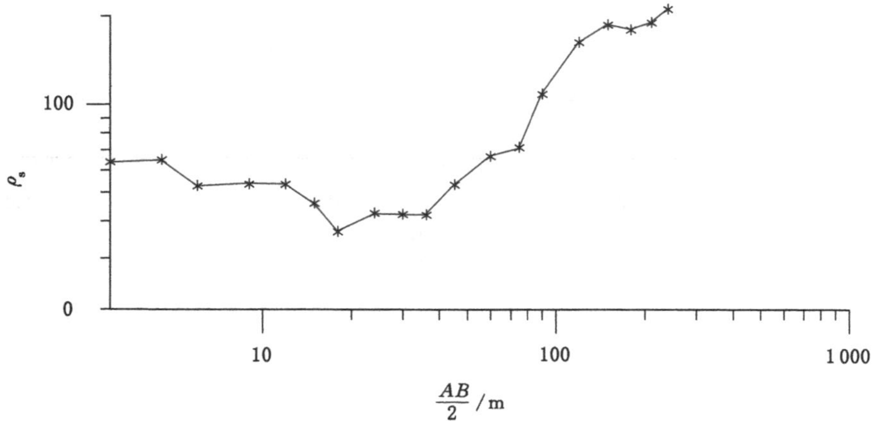

(a)

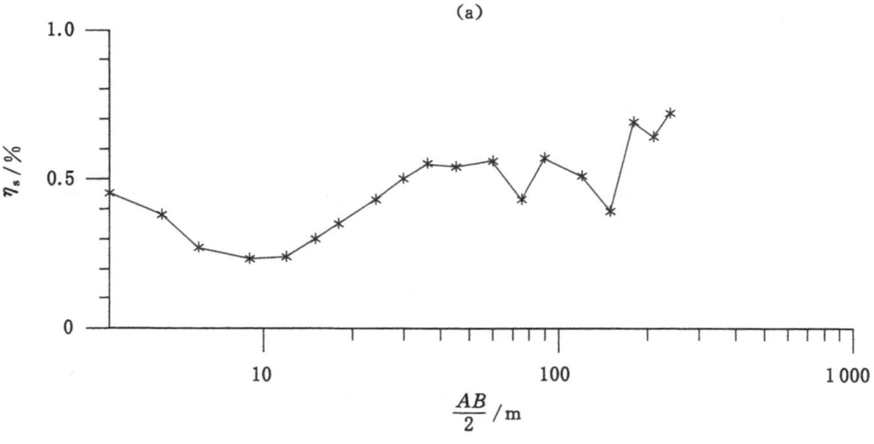

(b)

图 6-98　直流激电测深图(一)

42# ～32# 点：从 ρ_s 单支曲线看出[图 6-99(a)]，$AB/2$ 为 3～12 m 时曲线由高到低变化，为表土层的反映；$AB/2$ 为 12～30 m 的低阻段时为风化带反映；$AB/2$ 为 30～240 m 时曲线沿某一角度直线上升，阻值较高，为煤系地层的反映。从单支曲线看出[图 6-99(b)]，η_s 值在 30～150 m 整体上较低，基本上在0.7%以下变化；η_s 值在 150～210 m 出现高值异常，η_s 值达 0.9%，说明此段地层的富水性较好。

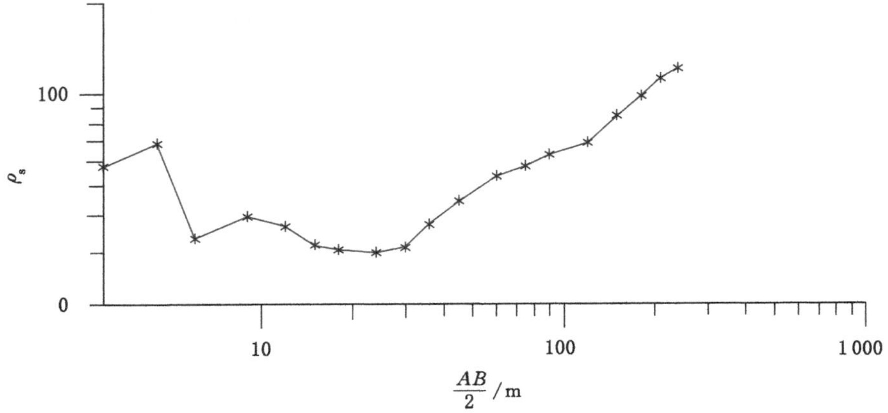

(a)

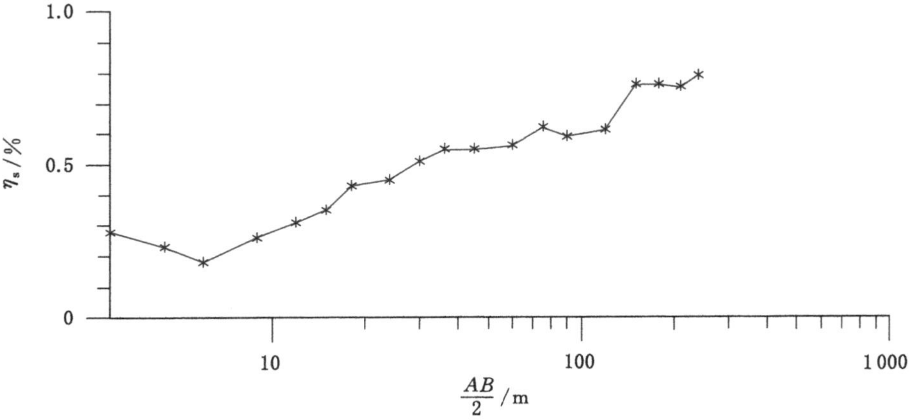

(b)

图 6-99 直流激电测深图(二)

42[#]~35[#]点:从 ρ_s 单支曲线看出[图 6-100(a)],$AB/2$=3~15 m 时曲线由高到低变化,为表土层的反映;$AB/2$ 为 15~30 m 的低阻段时为风化带反映;$AB/2$ 为 30~240 m 时曲线沿某一角度直线上升,阻值较高,为煤系地层的反映。从 η_s 单支曲线看出[图 6-100(b)],η_s 值在 3~150 m 时整体上较低,基本上在 0.7%以下变化;η_s 值在 150~210 m 出现高值异常,η_s 值达 0.9%,说明此段地层的富水性较好。

对比三个测点的极化率曲线可知,在 180~210 m 之间的极化率值,42[#]~35[#]点明显高于 42[#]~32[#]点,42[#]~32[#]点明显高于 42[#]~29[#]点,说明 42[#]~

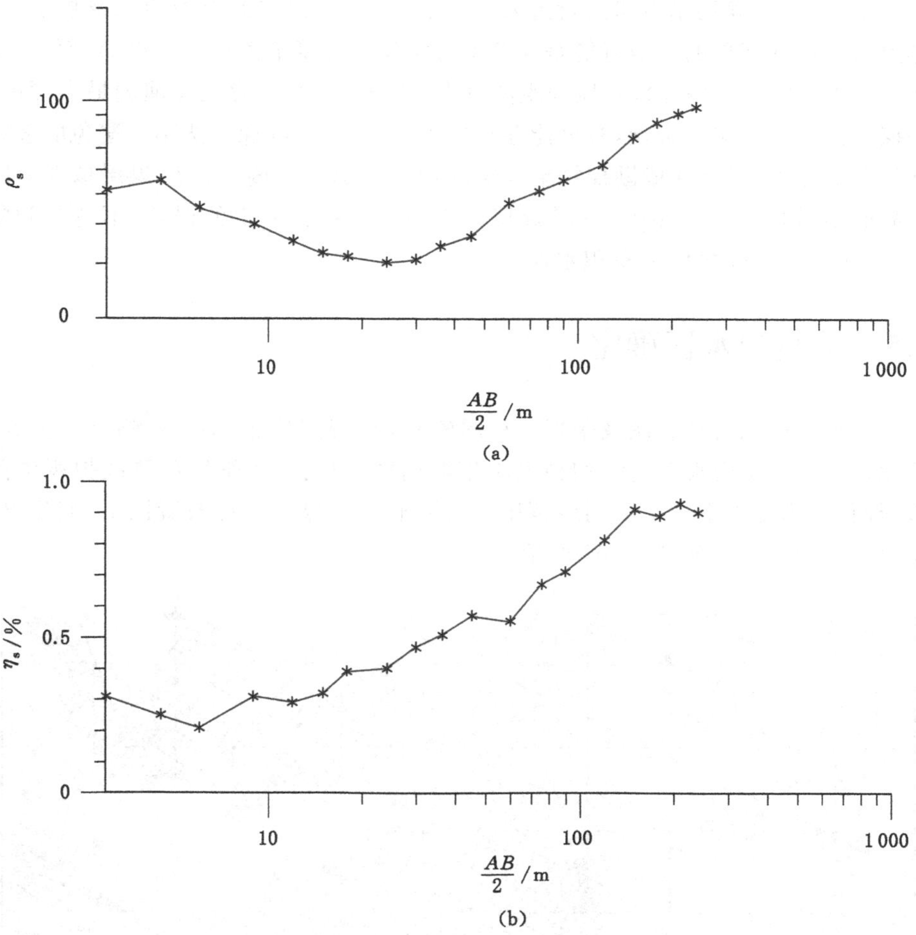

图 6-100　直流激电测深图(三)

$35^{\#}$点处的富水性最好，位于积水区内；$42^{\#}$～$32^{\#}$点富水性次之，位于积水区的边界；$42^{\#}$～$29^{\#}$点富水性最差，位于积水区外。这基本上反映了瞬变电磁法所圈定积水区的积水情况，说明瞬变电磁法所圈定的积水区较为准确、可靠。

根据$2^{\#}$煤层 93 条测线拟视电阻率断面示意图，对$9^{\#}+10^{\#}+11^{\#}$煤层采空积水区情况进行分析研究。$9^{\#}+10^{\#}+11^{\#}$煤层与$2^{\#}$煤层间距为 84 m，通过$9^{\#}+10^{\#}+11^{\#}$煤层赋存情况可知，在拟视电阻率断面图上的显现特征，除$1^{\#}$、$3^{\#}$、$69^{\#}$、$71^{\#}$、$72^{\#}$、$73^{\#}$、$75^{\#}$、$76^{\#}$测线拟视电阻率断面图上反映$9^{\#}+10^{\#}+11^{\#}$煤层无采空积水情况外，其他测线均显示$9^{\#}+10^{\#}+11^{\#}$煤层为采空积水区。根据现在走访踏查、井下物探、水文地质资料、钻孔柱状图等相关资料，得知

$9^{\#}+10^{\#}+11^{\#}$煤层基本未进行过采动作业，不可能存在大面积的采空积水区。导致出现这种现象的原因可能是瞬变电磁法反演深度最大可达 200 m，而 $9^{\#}+10^{\#}+11^{\#}$煤层赋存较深，与地表距离过大，超过了瞬变电磁法反演的最大深度。勘探区受输电线路的影响，有可能存在电磁干扰、地面勘探方法不可避免的多解性问题等原因，可能造成勘探结果与实际地质情况有所偏差。$2^{\#}$煤层拟视电阻率断面图对判定 $9^{\#}+10^{\#}+11^{\#}$煤层采空积水区存在一定的误差，不适合判断 $9^{\#}+10^{\#}+11^{\#}$煤层的采空积水性。

6.5 采空积水区确定

根据区内综合柱状图及采掘工程图资料，$2^{\#}$煤层底板标高为 680～750 m，因此，顺 $2^{\#}$煤层底板等高线切视电阻率断面图。根据 $2^{\#}$煤层各测线拟视电阻率断面图，确定采空积水区测线范围，并绘制在 $2^{\#}$煤层工程布置图上，确定 $2^{\#}$煤层采空积水区。如图 6-101 所示。

图 6-101 拟视电阻率判断的采空积水范围示意图

将 2# 煤层工程布置图与测道等电压值平面图进行结合分析研究，确定胜利煤矿 2# 煤层首采区采空积水情况，划定采空积水区。最终确定 2# 煤层采空积水区如图 6-102 所示。

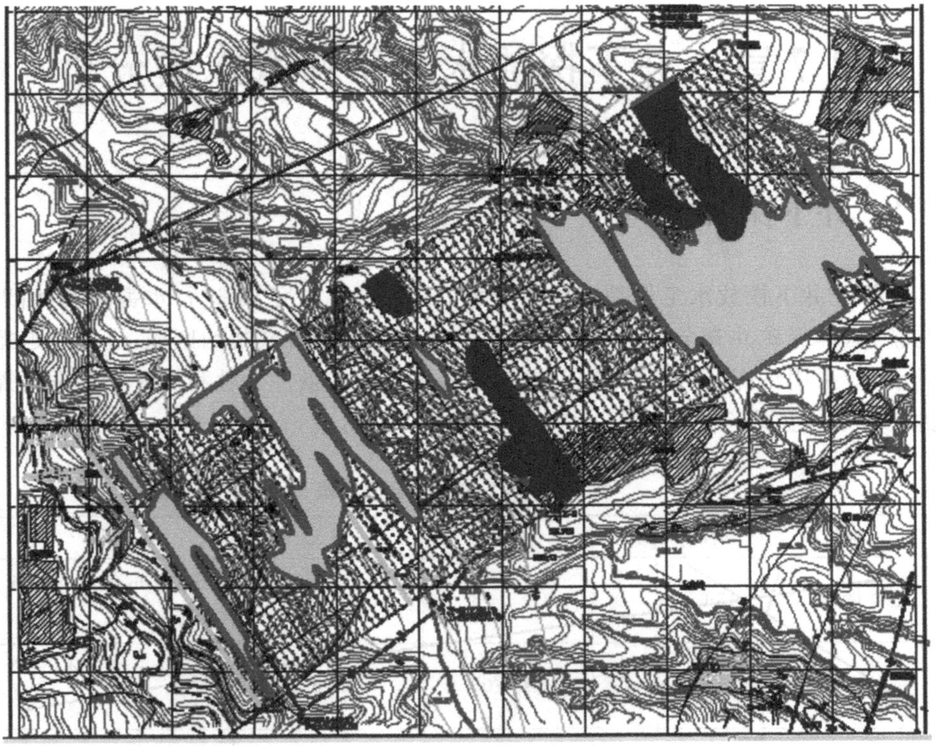

图 6-102　拟视电阻率结合测道等电压值确定的采空积水范围示意图

第7章 井下探放水及矿井水水质分析

7.1 井下探放水

煤矿井下探放水工作是矿井防治水工作的重要内容，是进行水害防治、治理与整改，确保矿井安全生产的主要手段。在矿井受水害威胁的区域，进行巷道掘进前，应采用钻探、物探和化探等方法查清水文地质条件。胜利煤矿在井下钻探的统计资料见表7-1。

表7-1 井下钻探情况调查表

地点	时间	孔号	角度	进尺	备注
主斜井486 m	2013-05-30	①	341°/－3°	11.5 m	前方10 m处有水涌出(满孔水)
主斜井486 m	2013-05-30	②	341°/0°	40 m	前方10 m处出水，满孔出水
主斜井486 m	2013-05-31	①	251°/－5°	18 m	遇煤层顶板，钻孔中有水涌出
主斜井486 m	2013-05-31	②	251°/－8°	22 m	12 m处出现采空，22 m后发现钻空，且可以推进钻杆，退出钻杆后发现钻头丢了
主斜井488 m	2013-06-03	①	281°/－5°	2m	钻孔弹簧卡盘，7215AC轴承坏，修理弹簧卡盘
胶带巷123 m	2013-06-05	①	145°45′/－8°	27 m煤＋5 m岩	32 m探煤，27 m后变岩石
胶带巷123 m	2013-06-06	②	145°45′11″/－11°	20 m煤＋3 m岩	23 m探煤，20 m后变岩石

表 7-1(续)

地点	时间	孔号	角度	进尺	备注
胶带巷 123 m	2013-06-06	③	145°45′11″/－5°	31 m 煤＋1.6 m 岩	32.6 m 探煤，31 m 后变岩石
胶带巷 123 m	2013-06-07	④	166°45′11″/＋5.5°	65 m	64 m 煤，1 m 岩石
轨道巷 170 m	2013-06-11	①	143°48′24″/＋5°	10 m	全岩(红褐色)
103 胶带巷 470 m	2013-06-12				搬家、安装
103 胶带巷 470 m	2013-06-13	①	209°11′40″/＋3°	20 m	泥岩
103 胶带巷 470 m	2013-06-14	②	209°11′40″/＋1°	25 m	泥岩
103 胶带巷 470 m	2013-06-15	③	209°11′40″/－3°	50 m	前 18 m 泥岩，后 32 m 煤
103 胶带巷 470 m	2013-06-15	③	209°11′40″/－3°	20 m	煤
103 胶带巷 470 m	2013-06-16	④	230°11′40″/－5°	45 m	16 m 泥岩，29 m 煤
103 胶带巷 470 m	2013-06-16	④	230°11′40″/－5°	5 m	机组坏
主井 501 m	2013-06-20	①	341°/－15°	7 m	
主井 501 m		②	341°/－10°	7.5 m	
主井 501 m		③	341°/－12°	15 m	
主井 335 m	2013-03-18	①	341°/－21.5°	54.5 m	补
主斜井 420 m	2013-04-22	①	341°/－20°	80 m	补
主斜井 464 m	2013-05-11	①	341°/－20.5°	75 m	补
主斜井 471 m	2013-05-13	①	89°/0°	23 m	补
主斜井 471 m	2013-05-14	①	110°/－5°	5 m	补
主斜井 471 m	2013-05-14	②	110°/－8°	4 m	补
主斜井 471 m	2013-05-14	③	120°/－2°	26 m	
主斜井 471 m	2013-05-14	④	205°/－15°	10 m	
轨道巷 207 m	2013-06-28	①、②	143°48′24″/＋5°、143°48′24″/＋10°	65 m、15 m	
胶带巷 190 m	2013-07-12	①	145°45′11″/＋21°	17 m	14 m 后涌水
胶带巷 190 m	2013-07-12	②	145°45′11″/＋5°	77 m	14 m 岩石＋16 m 泥岩后涌水(断层裂隙水)
103 胶带巷(6 联巷)146 m	2013-07-14	①	209°11′40″/＋1°	76 m	全煤
103 胶带巷(6 联巷)146 m	2013-07-14	②	187°11′40″/－1°	40 m	38 m 见泥岩(铝质)

表 7-1(续)

地点	时间	孔号	角度	进尺	备注
103 胶带巷(6 联巷)146 m	2013-07-14	③	189°10′40″/+1°	60 m	50 m 见铝质泥岩
103 胶带巷(6 联巷)146 m	2013-07-14	④	231°11′40″/+4°	75 m	全煤
103 胶带巷(6 联巷)203 m	2013-07-30	①	209°11′40″/+2.5°	37 m	35 m 遇泥岩
103 胶带巷(6 联巷)203 m	2013-07-30	②	209°11′40″/0°	46 m	35 m 遇泥岩
103 胶带巷(6 联巷)203 m	2013-07-31	③	209°11′40″/+7°	28 m	26 m 遇泥岩
103 胶带巷(6 联巷)203 m	2013-07-31	④	209°11′40″/−10°	10 m	8 m 遇底板泥岩
103 胶带巷(6 联巷)203 m	2013-07-31	⑤	209°11′40″/−5°	16 m	13 m 遇底板
103 胶带巷(6 联巷)203 m	2013-08-01	⑥	231°11′40″/+5°	26 m	26 m 泥岩
103 胶带巷(6 联巷)203 m	2013-08-01	⑦	188°/+2°	66 m	66 m 灰岩
103 胶带巷(6 联巷)203 m	2013-08-02				拆机组
主斜井 592 m	2013-08-09				准备工作
主斜井 592 m	2013-08-10	①	341°/−21.5°	25 m	
主斜井 592 m	2013-08-10	①	341°/−21.5°	48 m	全部岩层
主斜井 592 m	2013-08-10	②	319°/−21.5°	25 m	在 21 m 处遇到煤
主斜井 592 m	2013-08-11	②			
主斜井 592 m	2013-08-11	②			总进尺 102 m，在 63 m、75 m、97 m 处遇到裂隙，其中 97 m 处最大
主斜井 592 m	2013-08-12	②			
主斜井 592 m	2013-08-12	②			
主斜井 592 m	2013-08-13				拆机组
主斜井 663 m	2013-09-26	②	+35°	3 m	总进尺 40 m
主斜井 663 m	2013-09-26	①	−60°	3 m+6 m	

表 7-1(续)

地点	时间	孔号	角度	进尺	备注
主斜井 663 m	2013-09-27	②	+35°	18 m	煤层见煤长度 6 m
主斜井 663 m	2013-09.27	②	+35°	19 m	30 m 见煤，巷道左帮
胶带巷 390 m	2013-10-22				机组安装
胶带巷 390 m	2013-10-22	①	+12°	35 m	灰色砂岩
胶带巷 390 m	2013-10-23	①	+12°	25 m	灰色砂岩
胶带巷 390 m	2013-10-23	①	+12°	10 m	共进 70 m
主副水仓				105 m	注粉煤灰孔
轨道巷 370 m	2013-11-03				移机组
轨道巷 370 m	2013-11-03				移机组
轨道巷 370 m	2013-11-04				移机组
轨道巷 370 m	2013-11-04	①	137°48′24″/+5.5°	58 m	20 m 后见煤(1～20 m 岩石)
轨道巷 370 m	2013-11-05	①	137°48′24″/+5.5°	26 m	至 8.2 m 后无煤遇岩石
轨道巷 370 m	2013-11-05	②	137°48′24″/+30°	18 m	7 m 开始见煤，19 m 遇岩石
轨道巷 370 m	2013-11-05	③	113°48′24″/+25°	18 m	7 m 开始见煤，19 m 遇岩石
1902 回风巷 126 m	2013-11-06	①	139°13′7″/−8°	13 m	遇底板(全煤)
1902 回风巷 126 m	2013-11-06	②	139°/0°	21 m	
1902 回风巷 126 m	2013-11-07	②	139°/0°	49 m	49 m 全部见煤
1902 回风巷 126 m	2013-11-07	③	187°13′7″/+5°	52 m	全部煤(见顶板)
1902 回风巷 126 m	2013-11-08	④	209°13′7″/+3°	80 m	全部煤(钻头堵)
1902 回风巷 220 m	2013-11-19	①	209°13′7″/+2°	70 m	68 m 后便出现灰白色铝质泥岩

表 7-1(续)

地点	时间	孔号	角度	进尺	备注
1902 回风巷 220 m	2013-11-19	②	187°13′7″/+2°	75 m	全部煤
1902 回风巷 288 m	2013-11-27	①	204°13′17″/+3.5°	42 m	全部煤
1902 回风巷 288 m	2013-11-27	①	204°13′17″/+3.5°	6 m	变灰白色铝质泥岩
1902 回风巷 288 m	2013-11-28	③	204°13′17″/+7°	70 m	69 m 后变底板
1902 回风巷 288 m	2013-11-27	②	200°13′17″/+4.5°	50 m	
1902 回风巷 288 m	2013-11-28	④	204°13′17″/+9°	40 m	10 m 全部煤
1902 回风巷 288 m	2013-11-29	④	204°13′17″/+9°	62 m	
轨道巷 8 前 28 m 交叉"牛鼻子"前 454 m(断层处)	2013-12-10	①	143°48′24″/+4.5°	14 m	全部岩石
	2013-12-10	①	143°48′24″/+4.5°	47 m	27 m 不反水,断 2 根管
	2013-12-11	①	143°48′24″/+4.5°	14 m	全部岩石
	2013-12-11	②	121°48′24″/+4.5°	18 m	全部岩石
	2013-12-11	②	121°48′24″/+4.5°	41 m	全部岩石,断 2 根管
1902 回风巷 395 m	2013-12-11	①	+5°	23 m	
1902 回风巷 395 m	2013-12-11	①	+5°	58 m	
1902 回风巷 395 m	2013-12-12	②	+3°	60 m	
1902 回风巷 395 m	2013-12-12	②	+3°	29 m	
1902 回风巷 395 m	2013-12-13	③	−5.5°/0°	7 m/8 m	−5.5°:7 m,泥岩;0°:8 m,泥岩
1902 回风巷 395 m	2013-12-13	④	+6.5°	32 m	

表 7-1(续)

地点	时间	孔号	角度	进尺	备注
1902 回风巷 395 m	2013-12-13	④	+6.5°	50 m	
1902 回风巷 446 m	2013-12-21				安装机组
1902 回风巷 446 m	2013-12-21	①	+3.5°	33 m	
1902 回风巷 446 m	2013-12-22	①	+3.5°	48 m	46 m 见底板
1902 回风巷 446 m	2013-12-22	②	+6°	20 m	7 m 见底板
1902 回风巷 446 m	2013-12-22	②	+6°	60 m	
1902 回风巷 446 m	2013-12-22	③	偏左+6°	83 m	80 m 见底板
1902 回风巷 446 m	2013-12-23	④	偏右+9°	25 m	钻杆堵塞
1902 回风巷 446 m	2013-12-23	⑤	偏右+7°	19 m	7 m 见底板
1902 回风巷 446 m	2013-12-23	⑤	偏右+7°	56 m	
1902 回风巷 446 m	2013-12-24	⑥	+30°中心	11 m	过泥岩时有少量出水
1902 回风巷 446 m	2013-12-24	⑥	+30°	10 m	见泥岩后不出水
1902 回风巷 446 m	2013-12-24	⑦	+27°偏左 25°	23 m	13 m 出水，水量一直不变
1902 回风巷 446 m	2014-01-02	①	119°13′17″	56 m、78 m	共计 145 m，全部煤
1902 回风巷 446 m	2014-01-02	①	119°13′17″	134 m	
1902 回风巷 446 m	2014-01-02	①	119°13′17″	145 m	

表 7-1(续)

地点	时间	孔号	角度	进尺	备注
1902 回风巷 446 m	2014-01-10	①		32 m	全部煤，103 胶带巷至 1902 回风巷的流水通道
1902 回风巷 446 m	2014-01-10	②		33 m	

通过对钻探资料的归纳整理，可以查出出水点，具体见表 7-2。

表 7-2 钻探出水点

地点	时间	孔号	角度	进尺	备注
主斜井 486 m	2013-05-30	①	341°/－3°	11.5 m	前方 10 m 处有水涌出(满孔水)
主斜井 486 m	2013-05-30	②	341°/0°	40 m	前方 10 m 处出水，无积水，满孔出水
主斜井 486 m	2013-05-31	①	251°/－5°	18 m	遇煤层顶板，钻孔中有水涌出
胶带巷 190 m	2013-07-12	①	145°45′11″/＋21°	17 m	14 m 后涌水
胶带巷 190 m	2013-07-12	②	145°45′11″/＋5°	77 m	14 m 岩石＋16 m 泥岩后涌水(断层裂隙水)
1902 回风巷 446 m	2013-12-24	⑥	＋30°中心	11 m	过泥岩时有少量水出到钻进 21 m 处，水量不变
1902 回风巷 446 m	2013-12-24	⑥	＋30°	10 m	21 m 见泥岩，不反水
1902 回风巷 446 m	2013-12-24	⑦	＋27°偏左 25°	23 m	13 m 出水，水量一直不变

其中，主斜井 486 m 从主井剖面图中可以看出，主井距 2# 煤层较近，因此可以判定此处上方 2# 煤层存在采空积水区。胶带巷 190 m 处为 F3 断层裂隙水，断层走向 250°，倾向 160°，倾角 75°，断层带带宽 2.8 m。可以判定为断层裂隙水。1902 回风巷 446 m 处距离刁底河较近，因此判定呈现出采空区积水特征。

另外，通过调查在 103 胶带巷掘进到距刁底河附近时有顶板淋水现象，因此可以判定此处为 2# 煤层采空积水区。

同时，针对新准备 103 盘区顶板无淋水现象，因此可以从井下物探图中去除此处的低阻异常区。

7.2 矿井水水质分析

地下水在形成过程中，由于受到含水层的沉积期、地层岩性、建造和地化环境等诸多因素的影响，使储存在不同含水层中地下水的主要化学成分有所不同，矿区不同含水层地下常规水水质有着不同特征离子。常见煤矿水源类型分为砂岩裂隙水、灰岩水、采空区积水、老窑水（老空水）、第四系冲积含水层水、地表水。

7.2.1　常见煤矿水源类型特征

（1）砂岩裂隙水

砂岩含水层内各种长石砂岩的风化水解和离子交换作用，使流经砂岩含水层的地下水一般演化为 HCO_3^--Na^+ 型水，水中大部分 Ca^{2+}、Mg^{2+} 因沉淀作用含量降低。裂隙水一般分为：成岩裂隙水、风化裂隙水、构造裂隙水，裂隙含水系统一般是由一条或几条大的导水通道（如断层、大裂隙、侵入岩与围岩接触带等）为骨干汇同周围的中小裂隙而形成的。在裂隙水类型中，煤矿上主要为顶板砂岩裂隙水，在岩层围岩性质、水离子交换、有机质氧化（生成大量 CO_2，对岩层进行侵蚀）的作用下，导致砂岩裂隙水表现为：pH 值偏高、碱度偏高、HCO_3^- 偏高，而 Ca^{2+}、Mg^{2+} 因沉淀作用含量降低，而阳离子 Na^+、K^+ 因离子交换作用成为优势离子，一般含量较高，例如：义煤集团东部矿区砂岩水化验结果如表 7-3 所列。

表 7-3　义煤集团东部矿区砂岩水化验结果

水源类型	钾/(mg·m^{-3})	钙/(mg·m^{-3})	镁/(mg·m^{-3})	钠/(mg·m^{-3})	pH 值	碱度/(mg·m^{-3})	碳酸氢根/(mg·m^{-3})	碳酸根/(mg·m^{-3})	氯离子/(mg·m^{-3})
义煤集团孟津煤矿	12.123	6.71	0.718	514.5	7.5	500	1 073.2	43.303	63.81
	13.122	2.43	1.48	412.3	8.6	500	1 111.5	114.07	63.17
	12.622	4.57	1.099	463.4	8.05	500	1092.4	78.686	63.49
义煤集团新安煤矿	11.231	4.341	0.958	216.6	8.9	210.21	156.86	243.58	33.678
	10.211	4.341	0.479	208.0	9.1	110.23	46.784	346.43	35.45
	10.721	4.341	0.718	212.3	9.0	160.22	101.82	295.00	34.564
义煤集团义安煤矿	10.211	4.16	5.81	287.2	8.5	200.11	291.77	200.19	85.08
	10.21	4.23	4.52	289.2	8.6	201.22	310.22	203.21	86.32
	10.210	4.195	5.165	288.2	8.55	200.66	300.22	201.7	85.7
义煤集团新义煤矿	13.221	45.13	30.41	152.4	7.35	268.34	415.24	0	41.41
	15.124	51.22	22.52	138.7	7.41	289.18	386.15	0.162	81.84
	14.172	48.17	26.46	145.5	7.38	278.7	400.69	0.081	61.625

(2) 岩溶水

岩溶水在煤矿井下包括:太原组灰岩水($L_1 \sim L_8$ 薄层灰岩)、奥陶系灰岩水、寒武系岩溶水。在水岩化学作用下,岩层里 Na、K、Ca、Mg、S 等化学元素迁移到地下水中,在熔岩反应和熔浆化学作用、水气化学作用、岩岩化学等作用下,地球系统的化学元素进行着周而复始的凝集迁移,同时水又有良好的流动性,这样就形成了岩溶水特有的水化学场。地下水在较纯质的灰岩中运移,受围岩成分($CaO \cdot MgO \cdot CO_2 \cdot SO_2 \cdot SiO_2 \cdot H_2O$)的影响,灰岩水中的钙、镁、硫酸根离子在侵蚀性二氧化碳的溶蚀作用下,会使水样中的钙、镁、硫酸根等离子浓度增加,形成了岩溶水 $SO_4^{2-} \cdot HCO_3^- \text{-} Ca^{2+} \cdot Mg^{2+}$ 型为主的水质,例如:义煤集团东部矿区灰岩水化验结果如表 7-4 所列。

表 7-4 义煤集团东部矿区灰岩水化验结果(一)

水源类型	钾 /(mg·m^{-3})	钙 /(mg·m^{-3})	镁 /(mg·m^{-3})	钠 /(mg·m^{-3})	硫酸盐 /(mg·m^{-3})	pH 值	碱度 /(mg·m^{-3})	碳酸氢根 /(mg·m^{-3})	碳酸根 /(mg·m^{-3})	氯离子 /(mg·m^{-3})
新安煤矿、孟津煤矿太灰水	8.32	85.71	30.11	55.39	139.9	7.745	261.88	304.6	0	42.761
	9.34	86.76	32.23	80.75	83.14	7.81	267.01	325.6	0	82.28
	8.83	86.24	31.17	81.22	87.22	7.89	256.32	343.2	0	81.22
新安煤矿奥灰水	11.2	94.99	29.49	80.75	83.14	7.81	267.01	325.6	0	82.28
	12.2	94.33	30.22	81.22	87.22	7.89	256.32	343.2	0	81.22
	10.2	95.45	32.22	79.33	86.22	7.91	257.44	345.3	0	82.32
孟津煤矿奥灰水	13.2	98.4	81.51	29.83	134	8.45	234.22	338.3	11.85	75.98
	12.1	99.22	83.22	28.11	143	8.34	243.22	343.2	10.22	76.22
	12.7	98.81	82.365	28.97	138.5	8.395	238.72	340.8	11.04	76.1
义安煤矿奥灰水	10.2	80.86	30.453	48.4	152.6	7.736	253.19	195.7	2.388	44.23
	9.34	81.23	34.22	49.22	156.2	7.87	267.22	201.2	3.22	45.32
	9.78	81.05	32.337	48.81	154.4	7.803	260.20	198.5	2.804	44.775
义安煤矿、新义煤矿寒灰水	3.23	68.46	30.72	58.73	35.96	7	234.33	311.3	0	63.81
	4.32	69.4	29.58	51.41	33.72	6.7	238.72	305.4	0	60.27
	3.78	68.93	30.15	55.07	34.84	6.85	236.53	308.3	0	62.04

(3) 采空区积水

采空区积水根据年代长短、水质流动性和补给导通的不同,水质离子含量也不尽相同。一般来说，年代久、密闭的采空区积水趋向老窑水特性，老空水性质明显。而相对那些年代短、新建矿井的采空区而言，采空区积水多为其他水源补给，像砂岩水补给、裂隙水补给等等，在离子特性上表现为砂岩水、裂隙水性质。一般表现为 pH 值偏高、碱度偏高、HCO_3^- 偏高，而 Ca^{2+}、Mg^{2+} 含量低，而阳离子 Na^+、K^+ 离子一般含量较高，例如：义煤集团东部矿区灰岩水化验结果如表 7-5 所列。

表 7-5　义煤集团东部矿区灰岩水化验结果(二)

水源类型	钾/(mg·m^{-3})	钠/(mg·m^{-3})	钙/(mg·m^{-3})	镁/(mg·m^{-3})	硫酸盐/(mg·m^{-3})	pH 值	碱度/(mg·m^{-3})	碳酸氢根/(mg·m^{-3})	碳酸根/(mg·m^{-3})	氯离子/(mg·m^{-3})
新安煤矿采空区水	1.411	129	23.8	10.58	43.48	7.79	445.48	598.35	4.48	24.8
	1.432	131	26.7	9.86	43.69	7.68	448.91	576.77	1.46	23.78
	1.421	130	25.3	10.22	44.59	7.35	447.18	587.53	2.97	24.29
石豪煤矿采空区水	3.453	129	22.7	11.41	42.61	7.36	449.24	586.42	2.68	22.82
	2.967	130	23	10.29	41.82	7.58	448.63	580.61	3.83	21.43
	3.726	128	24.6	10.57	41.96	7.42	446.51	582.59	1.82	22.74

(4) 老空水

老空水的水质类型比较复杂，它和老空水的水源有关，砂岩水进入老空区后，在开放的环境中，砂岩水中溶解和吸收空气中的二氧化碳，破坏了砂岩水原有的离子平衡状态，使水中的 pH 值降低，侵蚀性二氧化碳的存在使采空区水中的 Ca^{2+}、Mg^{2+} 有所增加，煤系地层中硫铁矿的氧化产生 SO_4^{2-}，同时使 pH 值有所下降。

老空水之所以呈酸性，一般是由黄铁矿氧化而成。在煤层开采以前，处于还原条件下的黄铁矿是比较稳定的。但在煤矿开采以后，在老窑中，这些黄铁矿遇到有氧气的水后，形成易溶的硫酸盐，并释放出 H^+，形成酸性水。这样在酸性的老窑水条件下，水质中 Ca^{2+}、Mg^{2+}、Fe、Na^+、SO_4^{2-} 等离子明显偏高，而 pH 值偏低，这就形成了老空水的离子特性。

因此，各含水层水化学组成及水化学含量表现出各自的特征，各种水源的水化学性质差异比较显著。

(5) 第四系冲积含水层水、地表水

第四系冲积层水和地表水随着地理位置、矿区周围环境的不同而表现不同，其离子特性与井下水而言，有着明显的差异。具体离子特征随地区的不同而不同，例如：小浪底库区水及丹河水化验结果如表 7-6 所列。

表 7-6　小浪底库区水及丹河水化验结果

水源类型	钾 /(mg·m^{-3})	钠 /(mg·m^{-3})	钙 /(mg·m^{-3})	镁 /(mg·m^{-3})	硫酸盐 /(mg·m^{-3})	pH 值	碱度 /(mg·m^{-3})	碳酸氢根 /(mg·m^{-3})	碳酸根 /(mg·m^{-3})	氯离子 /(mg·m^{-3})
丹河水	2.07	107.43	23.99	12.17	139	8.02	245.21	343.33	1.59	12.17
	2.15	98.42	24.65	14.61	137.2	8.03	247.72	347.99	1.64	14.61
	2.11	102.92	24.32	13.39	135.3	8.03	246.46	345.65	1.61	13.39
小浪底库区水	2.548	44.43	59.857	32.244	104.4	8.45	176.3	195.71	2.39	85.45
	2.45	46.23	60.22	33.22	106.4	8.56	189.22	198.22	2.33	85.33
	2.499	45.33	60.04	32.732	105.4	8.505	182.76	196.97	2.36	85.39

经过对常见煤矿水源类型特征进行总结归纳，具体如表 7-7 所列。

表 7-7　常见煤矿水源类型特征

常见煤矿水源类型	特征
砂岩裂隙水	pH 值偏高、碱度偏高、HCO_3^- 偏高，而 Ca^{2+}、Mg^{2+} 因沉淀作用含量降低，而阳离子 Na^+、K^+ 因离子交换作用成为优势离子，一般含量较高
岩溶水	水样中的钙、镁、硫酸根等离子浓度增加，形成了岩溶水 $SO_4^{2-}\cdot HCO_3^- - Ca^{2+}\cdot Mg^{2+}$ 型为主的水质
采空区积水	一般表现为 pH 值偏高、碱度偏高、HCO_3^-]偏高，而 Ca^{2+}、Mg^{2+} 含量低，而阳离子 Na^+、K^+ 离子一般含量较高
老空水	水质中 Ca^{2+}、Mg^{2+}、Fe、Na^+、SO_4^{2-} 等离子明显偏高，而 pH 值偏低
第四系冲积含水层水、地表水	第四系冲积层水和地表水随着地理位置、矿区周围环境的不同而表现不同，其离子特性与井下水而言，有着明显的差异

7.2.2　胜利煤矿出水点水质分析

针对胜利煤矿井下出水点进行水样采集，采样地点分别为 1902 回风巷 450 m、主斜井 480 m 水仓、副斜井旧水仓、立井和主水仓。由山西省地矿局二一三实验室进行水样检测，水质检测结果分别见表 7-8～表 7-12。

表 7-8　1902 回风巷 450 m 水质报告原始数据

种类	数值	备注
Ca^{2+}	591.29 mg/L	
Mg^{2+}	121.65 mg/L	
Cl^{-}	19.22 mg/L	
SO_4^{2-}	1 605.88 mg/L	
CO_3^{2-}	0.0 mg/L	
HCO_3^{-}	508.66 mg/L	
总硬度	1 988.23 mg/L	
总矿化度	2 745 mg/L	
pH 值	7.66	

表 7-9　主斜井 480 m 水仓水质报告原始数据

种类	数值	备注
Ca^{2+}	295.71 mg/L	
Mg^{2+}	111.76 mg/L	
Cl^{-}	36.86 mg/L	
SO_4^{2-}	934.92 mg/L	
CO_3^{2-}	0.00 mg/L	
HCO_3^{-}	485.38 mg/L	
总硬度	1 201.80 mg/L	
总矿化度	1 610 mg/L	
pH 值	7.02	

表 7-10　副斜井旧水仓水质报告原始数据

序号	检测项目	单位	检测值	序号	检测项目	单位	检测值
1	色	度	18	7	总铁	mg/L	<0.004 5
2	臭和味		无	8	锰	mg/L	0.456
3	混浊度	NTU	4.2	9	铜	mg/L	0.023
4	肉眼可见物		有	10	锌	mg/L	<0.001
5	pH		7.94	11	挥发酚类(以苯酚计)	mg/L	—
6	总硬度(以碳酸钙计)	mg/L	1 036.14	12	耗氧量 COD_{Mn} (以 O_2 计)	mg/L	0.93

表 7-10(续)

序号	检测项目	单位	检测值	序号	检测项目	单位	检测值
13	硫酸盐	mg/L	784.71	20	汞	mg/L	<0.000 1
14	氯化物	mg/L	26.60	21	镉	mg/L	<0.004
15	溶解性总固体	mg/L	1 395	22	铬	mg/L	<0.019
16	氟化物	mg/L	0.38	23	铅	mg/L	<0.002
17	氰化物	mg/L	—	24	铝	mg/L	0.252
18	砷	mg/L	<0.001	25	硝酸盐氮(以氮计)	mg/L	0.07
19	硒	mg/L	<0.000 4				

表 7-11　立井(2[#]出水点)水质报告原始数据

种类	数值	备注
Ca^{2+}	438.26 mg/L	
Mg^{2+}	139.36 mg/L	
Cl^{-}	29.71 mg/L	
SO_4^{2-}	1 432.43 mg/L	
CO_3^{2-}	0.00 mg/L	
HCO_3^{-}	294.92 mg/L	
总硬度	1 675.18 mg/L	
总矿化度	2 565 mg/L	
pH 值	7.64	

表 7-12　主水仓水质报告原始数据

种类	数值	备注
Ca^{2+}	374.08 mg/L	
Mg^{2+}	130.62 mg/L	
Cl^{-}	29.71 mg/L	
SO_4^{2-}	1 307.13 mg/L	
CO_3^{2-}	10.64 mg/L	
HCO_3^{-}	243.51 mg/L	
总硬度	1 478.52 mg/L	
总矿化度	2 690 mg/L	
pH 值	7.79	

表 7-8 中的水样水质显示出一种采空区积水的水质特征：总矿化度高(2 745 mg/L)，总硬度高(1 988.23 mg/L)，SO_4^{2-} 含量高(1 605.88 mg/L)。

90%以上的矿井水 pH 值小于 7，呈酸性或弱酸性水，只有到枯水季，个别水样 pH 值稍大于 7，呈弱碱性；高矿化度、高硬度也是矿井水水质的共同特征。所以说，矿井水水质总体是显示出一种煤矿采空区积水的水质特征。

采空区积水分析：由于 1902 回风巷 450 m 处前方为刁底河，此处之前存在过小窑，水源可能是小窑的采空区积水，在丰水期受大气和河流的补给。

如果采煤不再扩大煤层上覆岩层的破坏，水量将会保持现有水平或稍有增大，不会发生瞬时大量突水，但要增加一个长期的排水负担；相反，如果煤层上覆岩层遭受巨大破坏，大量积水将突然灌入井下，后果比较严重。

主斜井 480 m 水仓水样水质分析结果经过分析对比，认为水样整体呈现出岩溶水特性。

副斜井旧水仓水样水质分析结果经过分析对比，认为水样整体呈现出砂岩裂隙水和采空区积水特性，但通过与其他矿井水中的氯离子组分来看，认为采空区积水可能性大一些。

表 7-11 中的水样水质显示出一种采空区积水的水质特征：总矿化度高(2 565 mg/L)，总硬度高(1 675.18 mg/L)，SO_4^{2-} 含量高(1 432.43 mg/L)。

表 7-12 中的水样水质显示出一种采空区积水的水质特征：总矿化度高(2 690 mg/L)，总硬度高(1 478.52 mg/L)，SO_4^{2-} 含量高(1 307.13 mg/L)。

第 8 章　采空积水区综合判定

8.1　采空积水区验证分析

通过对井下巷道出水点的水质分析，并将采空积水区地点投影到 2# 煤层，可以推断出水点上部是否存在采空积水区，具体分析如下。

① 立井（2# 出水点）水质显示出一种采空区积水的水质特征，但投影到 2# 煤层底板等高线图上该位置附近并无采空积水特征区域，但该位置附近存在 2# 煤层采掘巷道，可能由于 2# 煤层巷道积水，也可能为岩溶裂隙水。

② 主水仓水质显示出一种采空区积水的水质特征，但投影到 2# 煤层底板等高线图上该位置附近并无采空积水特征区，因此，该位置的水质特征可能为岩溶裂隙水。

在井下各条巷道采掘过程中，均未发现 9# ＋10# ＋11# 煤层采空区及突水现象。根据这个事实，可以对井下物探得出的异常区进行验证，最后剔除不可靠的异常区域。详见表 8-1。

表 8-1　井下采掘工程揭露情况表

井下采掘工程巷道名称	剔除异常区域名称
盘区胶带巷	1902 回风巷 5 m 处顺层探测低阻异常区域二
	1902 回风巷 80 m 处顺层探测低阻异常区域二
盘区轨道巷	1902 回风巷 5 m 处顺层探测低阻异常区域一
	1902 回风巷 80 m 处顺层探测低阻异常区域二
	1902 回风巷 190 m 处顺层探测低阻异常区域一
	胶带大巷 10 m 处顺层探测高阻异常区域
5302 顺槽	1902 回风巷 190 m 处顺层探测低阻异常区域二
1902 回风巷	1902 回风巷 5 m 处顺层探测低阻异常区域一
	1902 回风巷 190 m 处顺层探测低阻异常区域一
	胶带大巷 10 m 处顺层探测高阻异常区域

表 8-1(续)

井下采掘工程巷道名称	剔除异常区域名称
胶带大巷	胶带大巷 10 m 处顺层探测高阻异常区域
	南回风联络巷开口处顺层探测低阻异常区域二
	胶带大巷 200 m 处顺层探测低阻异常区域
	胶带大巷 300 m 处顺层探测高阻异常区域
	北轨道巷 295 m 处顺层探测低阻异常区域一
	胶带大巷 400 m 处顺层探测高阻异常区域
北轨道大巷	北轨道巷 295 m 处顺层探测高阻异常区域
	胶带大巷 10 m 处顺层探测高阻异常区域
	胶带大巷 200 m 处顺层探测低阻异常区域
	胶带大巷 300 m 处顺层探测高阻异常区域
	南回风联络巷开口处顺层探测低阻异常区域二
	胶带大巷 400 m 处顺层探测高阻异常区域
	北轨道巷 100 m 处顺层探测低阻异常区域一

根据井下采掘巷道揭露，共剔除异常区域 13 处，分别为：1902 回风巷 5 m 处顺层探测低阻异常区域一、1902 回风巷 5 m 处顺层探测低阻异常区域二、1902 回风巷 80 m 处顺层探测低阻异常区域二、1902 回风巷 190 m 处顺层探测低阻异常区域一、1902 回风巷 190 m 处顺层探测低阻异常区域二、南回风联络巷开口处顺层探测低阻异常区域二、北轨道巷 100 m 处顺层探测低阻异常区域一、北轨道巷 295 m 处顺层探测低阻异常区域一、北轨道巷 295 m 处顺层探测高阻异常区域、胶带大巷 10 m 处顺层探测高阻异常区域、胶带大巷 200 m 处顺层探测低阻异常区域、胶带大巷 300 m 处顺层探测高阻异常区域、胶带大巷 400 m处顺层探测高阻异常区域。

8.2　采空积水区积水情况判定

根据地面采用瞬变电磁法物探、井下物理勘探，并结合主要含水层静水位标高、井下采掘工程揭露、井下出水点水质分析、井下钻探资料以及对以往小窑、老窑采掘工作和相关积水情况的调查，对井下积水区范围进行了推断和确定，2# 煤层采矿积水区共计 21 处，见表 8-2，9# ＋10# ＋11# 煤层采空积水区共计 16 处，见表 8-3。

采(老)空区积水量采用《矿井安全手册》中老空区积水量估算公式进行

估算：

$$Q=K\cdot M\cdot F/\cos\alpha \tag{8-1}$$

式中 Q——预测积水量，m^3；

K——充水系数，取 0.2～0.4；

M——煤层采高，m；

F——积水区面积，m^2；

α——煤层倾角，(°)。

表 8-2　2# 煤层采空积水区积水情况判定表

<table>
<tr><th>煤层</th><th>采(古)空区编号</th><th>积水面积/m²</th><th>采高/m</th><th>充水系数 K</th><th>煤层倾角/(°)</th><th>积水量/万 m³</th><th>判定方法</th></tr>
<tr><td rowspan="23">2# 煤层</td><td>2-1</td><td>314</td><td>1.52</td><td>0.2</td><td>5.2</td><td>0.009 58</td><td>小窑、老窑走访调查</td></tr>
<tr><td>2-2</td><td>314</td><td>1.52</td><td>0.2</td><td>5.2</td><td>0.009 58</td><td>小窑、老窑走访调查</td></tr>
<tr><td rowspan="2">2-3</td><td rowspan="2">3 762</td><td rowspan="2">1.52</td><td rowspan="2">0.2</td><td rowspan="2">10.8</td><td rowspan="2">0.116</td><td>地面物探</td></tr>
<tr><td>地面钻探 K8 砂岩含水层静水位标高</td></tr>
<tr><td rowspan="3">2-4</td><td rowspan="3">27 909</td><td rowspan="3">1.52</td><td rowspan="3">0.2</td><td rowspan="3">5.1</td><td rowspan="3">0.852</td><td>地面物探</td></tr>
<tr><td>地面钻探 K8 砂岩含水层静水位标高</td></tr>
<tr><td>1902 回风巷 450 m 水样水质分析</td></tr>
<tr><td rowspan="2">2-5</td><td rowspan="2">14 060</td><td rowspan="2">1.52</td><td rowspan="2">0.2</td><td rowspan="2">6.3</td><td rowspan="2">0.43</td><td>地面物探</td></tr>
<tr><td>地面钻探 K8 砂岩含水层静水位标高</td></tr>
<tr><td rowspan="3">2-6</td><td rowspan="3">85 835</td><td rowspan="3">1.52</td><td rowspan="3">0.2</td><td rowspan="3">8.5</td><td rowspan="3">2.64</td><td>地面物探</td></tr>
<tr><td>地面钻探 K8 砂岩含水层静水位标高</td></tr>
<tr><td>副斜井旧水仓 3# 水样水质分析</td></tr>
<tr><td rowspan="2">2-7</td><td rowspan="2">6 500</td><td rowspan="2">1.52</td><td rowspan="2">0.2</td><td rowspan="2">3.1</td><td rowspan="2">0.198</td><td>地面物探</td></tr>
<tr><td>地面钻探 K8 砂岩含水层静水位标高</td></tr>
<tr><td rowspan="2">2-8</td><td rowspan="2">4 072</td><td rowspan="2">1.52</td><td rowspan="2">0.2</td><td rowspan="2">3.5</td><td rowspan="2">0.124</td><td>地面物探</td></tr>
<tr><td>地面钻探 K8 砂岩含水层静水位标高</td></tr>
<tr><td rowspan="2">2-9</td><td rowspan="2">10 178</td><td rowspan="2">1.52</td><td rowspan="2">0.2</td><td rowspan="2">2.1</td><td rowspan="2">0.31</td><td>地面物探</td></tr>
<tr><td>地面钻探 K8 砂岩含水层静水位标高</td></tr>
<tr><td rowspan="3">2-10</td><td rowspan="3">22 899</td><td rowspan="3">1.52</td><td rowspan="3">0.2</td><td rowspan="3">3.2</td><td rowspan="3">0.697</td><td>地面物探</td></tr>
<tr><td>地面钻探 K8 砂岩含水层静水位标高</td></tr>
<tr><td>小窑、老窑走访调查</td></tr>
</table>

表 8-2(续)

煤层	采(古)空区编号	积水面积/m^2	采高/m	充水系数 K	煤层倾角/(°)	积水量/万 m^3	判定方法
2$^{\#}$煤层	2-11	147 141	1.52	0.2	3.6	4.482	小窑、老窑走访调查 地面钻探 K_8 砂岩含水层静水位标高 ZK302 钻孔柱状图
	2-12	3 342	1.52	0.2	3.5	0.102	小窑、老窑走访调查 地面钻探 K_8 砂岩含水层静水位标高
	2-13	28 080	1.52	0.2	4.7	0.857	地面物探 地面钻探 K_8 砂岩含水层静水位标高
	2-14	11 531	1.52	0.2	4.5	0. 352	小窑、老窑走访调查 地面物探 地面钻探 K_8 砂岩含水层静水位标高
	2-15	172 892	1.52	0.2	3.6	5.267	小窑、老窑走访调查 地面物探 地面钻探 K_8 砂岩含水层静水位标高
	2-16	27 896	1.52	0.2	3.6	0.85	地面物探 地面钻探 K_8 砂岩含水层静水位标高 小窑、老窑走访调查
	2-17	8 614	1.52	0.2	3.3	0.262	小窑、老窑走访调查 地面钻探 K_8 砂岩含水层静水位标高
	2-18	231 201	1.52	0.2	2.3	7.034	小窑、老窑走访调查 地面钻探 K_8 砂岩含水层静水位标高 ZK303 钻孔柱状图
	2-19	125 664	1.52	0.2	16.7	3.988	小窑、老窑走访调查 地面钻探 K_8 砂岩含水层静水位标高 ZK203 钻孔柱状图
	2-20	1 257	1.52	0.2	4.4	0.038 3	小窑、老窑走访调查 地面钻探 K_8 砂岩含水层静水位标高
	2-21	712	1.52	0.2	9.8	0.022	地面钻探 K_8 砂岩含水层静水位标高 地下 9$^{\#}$ +10$^{\#}$ +11$^{\#}$ 物探推测

表 8-3　$9^{\#}+10^{\#}+11^{\#}$ 煤层采空积水区积水情况判定表

煤层	采(古)空区编号	积水面积/m^2	采高/m	充水系数 K	煤层倾角/(°)	积水量/万 m^3	判定方法
$9^{\#}+10^{\#}+11^{\#}$ 煤层	10-1	5 988	2.62	0.2	8.2	0.317	井下物探 地面钻探 K_8 砂岩含水层静水位标高
	10-2	64	2.62	0.2	9.6	0.003 4	井下物探 地面钻探 K_8 砂岩含水层静水位标高
	10-3	41 354	2.62	0.2	11.6	2.212 1	井下物探 小窑、老窑走访调查 地面钻探 K_8 砂岩含水层静水位标高
	10-4	1 135	2.62	0.2	8.7	0.060 2	井下物探 地面钻探 K_8 砂岩含水层静水位标高
	10-5	1 846	2.62	0.2	1.1	0.096 7	井下物探 地面钻探 K_8 砂岩含水层静水位标高
	10-6	272	2.62	0.2	1.1	0.014 3	井下物探 地面钻探 K_8 砂岩含水层静水位标高
	10-7	7 384	2.62	0.2	1.1	0.387	井下物探 地面钻探 K_8 砂岩含水层静水位标高
	10-8	783	2.62	0.2	9.5	0.041 6	井下物探 地面钻探 K_8 砂岩含水层静水位标高
	10-9	2 586	2.62	0.2	1.4	0.135 5	井下物探 地面钻探 K_8 砂岩含水层静水位标高
	10-10	138 424	2.43	0.2	3	6.736 6	小窑、老窑走访调查 地面钻探 K_8 砂岩含水层静水位标高
	10-11	156 388	2.43	0.2	2.7	7.608 9	小窑、老窑走访调查 地面钻探 K_8 砂岩含水层静水位标高
	10-12	112 240	3.19	0.2	8.2	7.234 9	小窑、老窑走访调查 地面钻探 K_8 砂岩含水层静水位标高
	10-13	1 049	2.62	0.2	3.3	0.055 1	小窑、老窑走访调查 地面钻探 K_8 砂岩含水层静水位标高
	10-14	66 272	3.19	0.2	7.9	4.268 7	小窑、老窑走访调查 地面钻探 K_8 砂岩含水层静水位标高
	10-15	149 945	3.62	0.2	9.5	11.007	小窑、老窑走访调查 地面钻探 K_8 砂岩含水层静水位标高
	10-16	289	3.62	0.2	7.5	0.021 1	小窑、老窑走访调查 地面钻探 K_8 砂岩含水层静水位标高

根据钻孔 ZK102 柱状图，此钻孔下方 9# +10# +11# 煤层已采空，但根据现有资料，无法对其采空范围及积水情况进行进一步的判断，推测可能是由附近未调查到的小窑开采所造成。为了安全起见，建议采掘工作推进到此钻孔周围附近，必须进行超前探放水。

参考文献

[1] BOOTH C J.The effects of longwall coal mining on overlying aquifers[J]. Geological society special publications,2002,198:17-45.

[2] ELSWORTH D,LIU J,et al.Topographic influence of longwall mining on ground-water Supplies[J].Ground water,1995,33(5):786-793.

[3] 余学义,王鹏,刘俊,等.孟巴矿 1204 工作面导水裂隙带高度探测研究[J].中州煤炭,2014(1):83-86.

[4] 余学义,刘俊,赵兵朝,等.孟巴矿特厚煤层分层开采覆岩导水裂隙带高度测定[J].煤矿安全,2013,44(8):169-171,174.

[5] 刘新河,段文堂,杨本生.水下矿床开采的相似模拟研究[J].黄金,2001,22(5):18-20.

[6] 刘红元,刘建新,唐春安.采动影响下覆岩垮落过程的数值模拟[J].岩土工程学报,2001,23(2):201-204.

[7] 陈建杰,吴庆伟.1930 煤矿导水裂隙带高度预计[J].山东煤炭科技,2014(10):170-171.

[8] 熊晓英.导水裂隙带高度探测新方法综述[J].安徽地质,2004,14(2):95-98.

[9] 李焕春,张有朝,王士平.高密度高分辨电阻率法在采空区“三带”的探测研究[J].河北煤炭,1999(2):38-40.

[10] 王连国,王占盛,黄继辉,等.薄基岩厚风积沙浅埋煤层导水裂隙带高度预计[J].采矿与安全工程学报,2012,29(5):607-612.

[11] 朱国维,王怀秀.利用超声成像技术辅助判定覆岩破坏钻孔的导水裂缝带高度[J].淮南工业学院学报,1999,19(3):5-10.

[12] 程学丰,刘盛东,刘登宪.煤层采后围岩破坏规律的声波 CT 探测[J].煤炭学报,2001,26(2):153-155.

[13] 李凤琴,郭兵兵.基于微地震监测的导水裂隙带三维空间分布[J].煤,2010,19(9):61-62.

[14] 李振华,许延春,李龙飞,等.基于 BP 神经网络的导水裂隙带高度预测[J].采矿与安全工程学报,2015,32(06):905-910.

[15] 杨国勇,陈超,高树林,等.基于层次分析-模糊聚类分析法的导水裂隙带发育高度研究[J].采矿与安全工程学报,2015,32(2):206-212.
[16] 谭希鹏,施龙青,王娟,等.基于支持向量机的导水裂隙带发育高度预测[J].煤矿安全,2014,45(8):46-49.
[17] 陈凯,严桂凤,文江,等.趋势面分析法在预测导水裂隙带高度中的应用[J].中国煤炭,2013,39(2):52-54,59.
[18] 卜万奎.关键层位置对导水裂隙带高度的控制作用研究[J].贵州大学学报(自然科学版),2011,28(6):33-35,51.
[19] 桂和荣,周庆富,廖多荪,等.综放开采最大导水裂隙带高度的应力法预测[J].煤炭学报,1997,22(4):375-379.
[20] 施龙青,辛恒奇,翟培合,等.大采深条件下导水裂隙带高度计算研究[J].中国矿业大学学报,2012,41(1):37-41.
[21] 吴福增,张宗国,于振亚.导水裂隙带发育高度研究[J].山东煤炭科技,2016(5):145-146,149.
[22] 吕文宏.覆岩顶板导水裂隙带发育高度模拟与实测[J].西安科技大学学报,2014,34(3):309-313.
[23] ZHE J P, GREENHALGH S, MARESCOT L. Multi-channel, full waveform and flexible electrode combination resistivity imaging system [J].ASEG extended abstracts,2006,2006(1):1-3.
[24] GREENHALGH S A, BING Z, GREEN A. Solutions, algorithms and inter-relations for local minimization search geophysical inversion [J]. Journal of geophysics and engineering,2006,3(2):101-113.
[25] 李林贵,黄胜昔,杨柱,等.综合物探技术在金属矿山水害防治中的应用[J].采矿技术,2015,15(2):71-73.
[26] 花育才,项首龙,夏双力,等.电法勘探在煤矿防治水中的应用[J].中国煤田地质,2006,18(4):66-68.
[27] 何继善.电法勘探的发展和展望[J].地球物理学报,1997,40(S1):308-316.
[28] MORET G J M, ROSE A W. Resistivity level runs to detect water-filled mine voids between drill holes[J].Mine water and the environment,2007,26:23-28.
[29] 鲁辉,薛云峰,胡伟华.采空区的特征与探测技术研究[J].水利规划与设计,2014(2):27-33.
[30] BARNETT C T. Simple inversion of time-domain electromagnetic data [J].Geophysics,2012,49(7):925.

[31] QUINCY E A, MOORE N E. Remote sensing of an underground coal-burn cavity with a wide-band induction system[J]. IEEE transactions on geoscience electronics, 1976, 14(4): 236-243.

[32] KING A. Cindered coal detection using transient electromagnetic methods [J]. Geoexploration, 1987, 24(4/5): 367-379.

[33] 阳红.综合电磁法技术研究及其应用效果[D].成都:成都理工大学,2012.

[34] GARG N R, KELLER G V. Spatial and temporal analysis of electromagnetic survey data[J]. Geophysics, 1986, 51(1): 85-89.

[35] SJÖDAHL P, DAHLIN T, ZHOU B. 2.5D resistivity modeling of embankment dams to assess influence from geometry and material properties[J]. Geophysics, 2006, 71(3): 107-114.

[36] SOPHOCLEOUS M, PASCHETTO J E, OLEA R A. Ground-water network design for northwest Kansas, using the theory of regionalized variables[J]. Groundwater, 1982, 20(1): 48-58.

[37] 石亚雄,孙少安,吴丽华,等.微重力测量在溶洞探测中的应用[J].物探与化探,1991,15(6):468-470.

[38] JASTRAM C, TESSMER E. Elastic modelling on a vertically varying spacing[J]. Geophysical prospecting, 2006, 42(4): 357-370.

[39] OPRŠAL L, ZAHRADNÍK J. Elastic finite-difference method for irregular grids[J]. Geophysics, 1999, 64(1): 240-250.

[40] MEJU M A. Geoelectromagnetic exploration for natural resources: models, case studies and challenges[J]. Surveys in geophysics, 2002, 23(2/3): 133-206.

[41] 贾文懿.放射性勘探的科技进展[J].物探与化探,1989,13(5):381-385.

[42] 诺维科夫 Г Ф.苏联发展放射性勘探方法的成就[J].地球物理学报,1958,7(1):61-69.

[43] 邱元德,梁锦华,赵友清,等.油气放射性勘探的振兴与前景[J].石油地球物理勘探,1992,27(3):378-386,430.

[44] 葛君伟,贾文懿.放射性方法在我国找寻油气藏中的应用进展[J].物探与化探,1992,16(4):259-266.

[45] BAI M, ELSWORTH D. Modeling of subsidence and stress-dependent hydraulic conductivity for intact and fractured porous media[J]. Rock mechanics and rock engineering, 1994, 27(4): 209-234.

[46] YOUNGER P L, WOLKERSDORFER C. Mining impacts on the fresh water environment: technical and managerial guidelines for catchment

scale management[J].Mine water and the environment,2004,23(SUPPL.1):2-80.

[47] 朱四新.高密度电阻率法在煤矿采空区勘查中的应用研究[J].勘察科学技术,2014(S1):102-105,109.

[48] 薛金芳,柴智.高密度电法探测煤矿采空区的效果分析[J].安阳师范学院学报,2007(2):137-139.

[49] 钟韬.超高密度电法在探测采空区中的应用研究[D].成都:成都理工大学,2008.

[50] 叶红星.基于地震属性分析的红柳林煤矿采空区解释[J].煤田地质与勘探,2014,42(3):87-91.

[51] 王建文,孙秀容,王宏科,等.综合地震勘探方法在陕北煤田采空区探测中的应用[J].中国煤炭地质,2010,22(9):48-54.

[52] 汝亮.瞬变电磁多用途处理解释系统研制[D].西安:长安大学,2010.

[53] 朴化荣.电磁测深法原理[M].北京:地质出版社,1990.

[54] 曾孝箴,王延良.脉冲式航电仪及其在地质填图和找矿中的应用[J].长春地质学院学报,1979(3):1-9.

[55] 蒋邦远.实用近区磁源瞬变电磁法勘探[M].北京:地质出版社,1998.

[56] 牛之琏.时间域电磁法原理[M].长沙:中南大学出版社,2007.

[57] 李貅.瞬变电磁测深的理论与应用[M].西安:陕西科学技术出版社,2002.

[58] 方文藻,李予国.大回线法瞬变电磁测深正演计算[J].煤田地质与勘探,1991(2):49-53.

[59] 方文藻,李予国,李貅.瞬变电磁测深法原理[M].西安:西北工业大学出版社,1993.

[60] 陈明生,闫述,石显新,等.二维地质体的瞬变电磁场响应特征[J].地震地质,2001,23(2):252-256.

[61] 肖怀宇.带地形的瞬变电磁法三维数值模拟[D].北京:中国地质大学(北京),2006.

[62] 胡承林.综合物探技术在煤矿采空区的应用研究[D].成都:成都理工大学,2011.

[63] 薛国强,李勇,杨静东.瞬变电磁法在公路地质勘察中的应用[J].石油仪器,2006,20(2):41-43.

[64] 张运霞,牛向东,韩自豪,等.瞬变电磁法在矿井水害治理工作中的应用[J].工程地球物理学报,2004,1(5):418-423.

[65] 陈善乐,汪华君,李雨成.基于瞬变电磁法探测工作面底板含水性研究[J].

煤炭科学技术，2014，42(3)：96-98.
[66] 张江燕，张义平，肖川.基于综合瞬变电磁法的采空区探测技术应用[J].煤炭技术，2014，33(4)：71-73.
[67] 解海军，孟小红，王信文，等.煤矿积水采空区瞬变电磁法探测的附加效应[J].煤田地质与勘探，2009，37(2)：71-74.
[68] 刘敦文，古德生，徐国元，等.采空区充填物探地雷达识别技术研究及应用[J].北京科技大学学报，2005，27(1)：13-16.
[69] 刘圆，朱建新，彭林.隐覆采空区的地质雷达探测[J].现代矿业，2011(7)：66-67.
[70] 邱钰，童立元，方磊.地质雷达在华南山区高速公路下伏典型小煤窑采空区探测中的应用研究[J].公路交通科技(应用技术版)，2012(6)：115-117.
[71] 张金才，茹瑞典，耿德庸，等.地质雷达探测技术在煤矿区的应用[J].煤炭科学技术，1994，22(6)：21-23.
[72] 付天光.综合物探方法探测煤矿采空区及积水区技术研究[J].煤炭科学技术，2014，42(8)：90-94.
[73] 闫长斌，徐国元.综合物探方法及其在复杂群采空区探测中的应用[J].湖南科技大学学报(自然科学版)，2005，20(3)：10-14.
[74] 张雷，陈创举，戴如金.综合物探技术在老窑采空区火灾探测中的应用[J].中国安全生产科学技术，2014，10(S1)：229-231.
[75] 过江，古德生，罗周全.金属矿山采空区 3D 激光探测新技术[J].矿冶工程，2006，26(5)：16-19.
[76] 陈凯，杨小聪，张达.采空区三维激光扫描变形监测系统[J].矿冶，2012，21(1)：60-63.
[77] 杨彪.基于 CMS 实测的采空区危险度分析及其处理[D].长沙：中南大学，2008.
[78] 杨少平，弓秋丽，文志刚，等.地球化学勘查新技术应用研究[J].地质学报，2011，85(11)：1844-1877.
[79] 张坤.同位素在河南煤矿水文地质条件研究中的应用[D].焦作：河南理工大学，2012.
[80] 索孝东，石东阳.油气地球化学勘探技术发展现状与方向[J].天然气地球科学，2008，19(2)：286-292.
[81] 李小青，刘其暄.复杂水文地质条件下矿井水的综合治理[J].能源技术与管理，2005(3)：17-18.
[82] 朱若军，程久龙，张要田，等.矿井工作面开采水文地质条件综合地球物理探测研究[J].中国矿业，2010，19(7)：98-101.